基于退化建模的设备剩余寿命预测方法

Equipment Remaining Useful Lifetime Prediction Method Based on Degradation Modeling

蔡忠义　王泽洲　项华春　唐圣金　董骁雄　著

国防工业出版社

·北京·

内 容 简 介

本书从设备复杂非线性退化特征建模的角度出发，系统开展基于退化建模的设备剩余寿命预测方法研究，主要内容包括：数据驱动的设备退化建模方法、基于非线性退化建模的设备剩余寿命预测方法、基于隐含非线性退化建模的设备剩余寿命预测方法、考虑随机失效阈值影响的设备剩余寿命预测方法、融入不完全维护效果的设备剩余寿命预测方法、基于加速退化建模的设备剩余寿命预测方法、基于比例加速退化建模的设备剩余寿命预测方法。

本书可作为控制科学与工程、管理科学与工程等相关专业研究生的教学参考书，也可供通用质量特性相关领域工程技术人员学习参考。

图书在版编目(CIP)数据

基于退化建模的设备剩余寿命预测方法/蔡忠义等著.—北京：国防工业出版社，2022. 10

ISBN 978-7-118-12643-3

Ⅰ. ①基… Ⅱ. ①蔡… Ⅲ. ①机械设备—预期寿命 Ⅳ. TH17

中国版本图书馆 CIP 数据核字(2022)第 188552 号

※

国防工业出版社出版发行

(北京市海淀区紫竹院南路 23 号　邮政编码 100048)

三河市众誉天成印务有限公司印刷

新华书店经售

*

开本 710×1000　1/16　**印张** 11　**字数** 208 千字

2022 年 10 月第 1 版第 1 次印刷　**印数** 1—1500 册　**定价** 89. 00 元

国防书店：(010)88540777　　书店传真：(010)88540776

发行业务：(010)88540717　　发行传真：(010)88540762

前言

随着航空技术的快速发展,人们对各类电子设备的功能需求逐渐增多,使得设备在构成、功能和应用上变得复杂化、综合化和智能化。这些设备由于受工作负荷、运行环境、随机冲击等因素的影响,其性能会出现退化现象,例如,机载电子战系统发射机行波管输出功率衰减、飞行控制系统陀螺仪漂移量增大、锂电池容量减少等。我们将这类在实际服役或运行过程中受内部应力和外部环境综合作用而出现性能退化趋势并最终可能演变为失效的设备称为随机退化设备。

对于影响飞行安全和任务完成的关键/重要设备,一旦失效,将引发严重事故。如果能在设备性能退化初期,通过获取表征设备健康状态的各类性能退化特征量,定量评估设备健康状态、预测设备的剩余使用寿命(remaining useful life, RUL)并据此采取有效维护措施,对于提高飞机飞行安全性和可靠性具有重大现实意义。2016 年国务院发布的《"十三五"国家科技创新规划》将"重大工程复杂系统的灾变形成及预测"作为支撑国家重大战略任务的基础研究。由此可见,准确预测设备剩余寿命已成为当前亟须突破的科学问题。

本书着眼设备健康管理的现实需求,立足于设备退化过程的复杂非线性监测数据,采用数据驱动的方法,拟开展基于退化建模的设备剩余寿命预测方法研究,重点解决设备复杂非线性退化过程的演变规律、考虑随机失效阈值影响和不完全维修活动对剩余寿命预测结果的影响机理、步进加速应力下剩余寿命自适应预测策略等问题。通过研究,不仅可以丰富和发展当前退化建模及剩余寿命预测理论,而且可以进一步拓展剩余寿命预测方法的应用领域,为开展基于状态的预测维护和智能健康管理提供技术支撑,具有一定的科学研究意义和工程应用价值。

全书共 8 章。第 1 章主要阐述基于退化建模的设备剩余寿命预测方法研究的背景及意义、研究现状和总体研究思路;第 2 章主要阐述常见的数据驱动的退化模型、退化建模过程分析,以及常用的退化模型参数估计算法;第3章主要针对设备退化过程中呈现出的时变不确定性、非线性、个体退化差异、测量不确定性等特征,开展基于非线性退化建模的设备剩余寿命预测方法研究;第4章主要针对设备退化过程中呈现出的时变不确定性、非线性、隐含性等特征,开展基于隐含非线性退化建模的设备剩余寿命预测方法研究;第5章主要针对具有随机失效阈值的退化型设备,开展考虑随机失效阈值影响的设备剩余寿命预测方法研究;第6章主要针对已服役设备寿命周期内经历不完全维修活动,开展融入不完全维护效果的设备剩余寿命预测方法研究;第7章主要针对新研设备步进加速应力试验场合,开展基于加速退化建模的设备剩余寿命预测方法研究;第8章主要针对经历加速退化试验的设备,基于加速因子不变原则,开展基于比例加速退化建模的设备剩余寿命预测方法研究。

本书主要是作者近几年承担的中国博士后科学基金项目"多维状态监测数据驱动的设备剩余寿命预测方法研究(项目编号2017M623415)"、国家自然科学基金青年项目"复杂非线性监测数据驱动的机载电子设备剩余寿命预测方法(项目编号71901216)"、空军工程大学校长基金、省部级技术基础项目等研究成果的系统整理和总结。本书的写作与内容完善得到了国防科技大学郭波教授和蒋平副教授、空军工程大学陈云翔教授、张诤敏教授、空军研究院航空兵研究所李航航研究员、中国电子科技集团公司第29研究所邓林研究员的指导与支持,谨向他们表示由衷的感谢。

由于作者水平有限,以及所做研究工作的局限性,书中难免存在不妥之处,恳求广大读者批评指正。

作者

2021年6月

目录

第1章 绪论

1.1 研究背景及意义

随着航空技术的快速发展,人们对各类电子设备的功能需求逐渐增多,使得设备在构成、功能和应用上变得复杂化、综合化和智能化[1]。这些设备由于受工作负荷、运行环境、随机冲击等因素的影响,其性能会出现退化现象,例如,机载电子战系统发射机输出功率衰减、飞行控制系统陀螺仪漂移量增大、锂电池容量减少等。我们将这类在实际服役或运行过程中受内部应力和外部环境综合作用而出现性能退化趋势并最终可能演变为失效的设备称为随机退化设备(以下简称设备)[2,3]。

对于影响飞行安全和任务完成的关键/重要设备,一旦失效,将引发严重事故。例如,2008 年美军关岛基地 B-2 隐身轰炸机因飞行控制系统大气数据传感器长期受潮失效而发生首例坠毁事故;2013 年日本航空 1 架 B-787 客机在停机坪上发生辅助动力锂电池过热起火,导致该型客机全部停飞[4]。如果能在设备性能退化初期,通过获取表征设备健康状态的各类性能退化特征量,定量评估设备健康状态、预测设备的剩余使用寿命(remaining useful life, RUL)并据此采取有效维护措施,对于提高飞机飞行安全性和可靠性具有重大现实意义。2016 年国务院发布的《“十三五”国家科技创新规划》将“重大工程复杂系统的灾变形成及预测”作为支撑国家重大战略任务的基础研究[5]。由此可见,准确预测设备剩余寿命已成为当前亟须突破的科学问题。

工程实践表明,预测与健康管理(prognostics and health management, PHM)可以有效减少设备维护费用、降低失效事件风险、提高系统可靠性,已广泛应用于航空、航天等高风险高可靠性行业[6]。而实现 PHM 需要突破的核心技术是通过传感器获取设备的各类性能退化信息,预测设备的剩余使用寿命,进而采取最佳的维护策略,以期实现基于状态的预测维护和自主保障。例如,美军 EA-18G“咆哮者”电子战飞机通过机上内置传感器在线监测主要任务设备的健康状态,测算设备剩余使用寿命,以便地勤人员及早准备所需备件和工具。然而设备受自身复杂性、外部环境、随机冲击和非理想测量手段等影响,往往难以直接监测到设备性能退化数据，导致设备退化过程不可避免地呈现非线性、随机性、隐含性等复杂特征，特别是监测数据与隐含的真实退化数据之间的非线性随机关系。这里将上述这些特征定义为复杂非线性退化特征、将具有该特征的隐含或部分可监测的性能退化数据定义为复杂非线性监测数据。当复杂非线性监测数据被用来预测设备剩余寿命时，准确建模这些复杂非线性退化特征，并量化由此引入的预测结果不确定性是当前剩余寿命预测研究的热点难题。

受制造工艺和运行环境的影响，不同设备个体之间存在着一定差异性，其直观表现为设备失效阈值的不确定性[7]。例如，蓄电池的充电容量、燃油泵的压力值、电子对抗系统发射机的输出功率等，都难以采用固定值进行描述[8-10]。当考虑失效阈值的随机性时，准确量化由此引入的剩余寿命预测结果的不确定性影响，以及由此带来的维修决策的不确定性，也是当前设备剩余寿命预测研究面临的难点问题[11]。

对于执行多样化军事任务的四代机、大型运输机、预警机等高技术航空装备而言，其中关键设备在交付使用后需要进行一系列预防性维护保养活动，以改善系统及设备的健康状况。例如，机载电子对抗系统发射机长期服役后会出现功率参数漂移，导致输出功率衰减，此时需进行参数校准。这类维护活动的效果介于不维护（维护如旧）与完全维护（维护如新）之间，称为不完全维修[12-13]。开展使用阶段不完全维修活动对已服役设备健康状态的影响机理研究，准确量化由此引入的预测结果不确定性是当前剩余寿命预测研究的现实问题。

随着高可靠性长寿命设备的研制需求不断增多，加速试验方法逐渐受到重视。例如，与传统单管发射机相比，新一代高性能阵列发射机具有批量小、价值高、寿命长的特点，在研制阶段可采用加速退化试验方法，以期缩短试验时间和成本[14]。开展研制阶段加速应力下新研设备的退化建模及剩余寿命预测研究可为制定设备在使用阶段的最佳维护策略提供技术支撑，也是当前剩余寿命预测研究的现实问题。

因此，本书着眼设备健康管理的现实需求，立足于设备退化过程的复杂非线性监测数据，采用数据驱动的方法，拟开展基于退化建模的设备剩余寿命预测方法研究，重点解决设备复杂非线性退化过程的演变规律、考虑随机失效阈值影响和不完全维修活动对剩余寿命预测结果的影响机理、步进加速应力下剩余寿命自适应预测策略等问题。通过研究，不仅可以丰富和发展当前退化建模及剩余寿命预测理论，而且可以进一步拓展剩余寿命预测方法的应用领域，为开展基于状态的预测维护和智能健康管理提供技术支撑，具有一定的科学研究意义和工程应用价值。

1.2 数据驱动的剩余寿命预测方法概述

剩余使用寿命是指设备从当前时刻到失效时刻的有效时间间隔，简称剩余寿命。考虑到设备实际运行环境、负载的随机动态变化，通常认为剩余寿命具有随机特性[3]。近年来，国内外对于剩余寿命预测方法的研究十分活跃。马里兰大学Pecht 教授[15]、火箭军工程大学胡昌华教授[16]、西安交通大学雷亚国教授[17]将剩余寿命预测方法总体上分为三类：基于机理模型的方法、数据驱动的方法和前两者相融合的方法。

基于机理模型的方法是在深入分析设备失效机理基础上，建立机理模型并据此预测剩余寿命[18-20]，但由于建立大多数实际运行设备的机理模型几乎难以实现，使得该方法应用受限。数据驱动的方法则是利用监测到的设备性能退化数据，进行剩余寿命预测，可细分为人工智能方法和统计数据驱动的方法[21]。人工智能方法是通过机器学习模拟设备退化过程的演变规律，但这种方法只能外推出剩余寿命期望值[22-23]，具有一定局限。考虑到设备工作负荷、运行环境的随机动态性，通常假设剩余寿命是一个条件随机变量。正是基于这一假设，统计数据驱动的方法是以概率论为理论基础，利用统计模型或随机过程模型，描述设备退化过程的动态行为，建立退化过程演变规律模型，外推出剩余寿命的概率分布，以刻画预测结果的不确定性。这种方法具有良好的适用性，成为当前研究热点。

周东华[24]、司小胜等[3]从数据获取途径，将监测数据分为直接监测数据和间接监测数据。直接监测数据主要是指能够直接反映设备性能退化或健康状态的监测数据，如设备磨损、疲劳裂纹增长等退化数据。直接监测数据驱动的剩余寿命预测方法主要是分析设备性能退化轨迹，进而预测退化数据首次达到设备失效阈值的时间。常见的方法有：一是基于统计回归分析的方法，即首先采用回归模型（如随机系数回归模型）对直接监测到的退化过程进行建模，然后基于退化过程的先验知识，并结合在线监测数据来完成模型辨识，进而预测设备剩余寿命；二是基于时间序列分析的方法，即针对数据本身所包含的信息进行分析与建模，如神经网络，能够进一步通过性能退化变量外推出设备剩余寿命；三是基于随机过程分析的方法，即对于性能退化过程具有一定随机性的设备而言，可利用常见的随机过程（如维纳过程、Gamma 过程、马尔可夫过程等）对设备退化过程进行建模，进而预测设备剩余寿命[24]。

间接监测数据主要是指能够间接反映设备性能退化状态或健康状态的监测数据，如轴承振动分析数据、油液分析数据等。间接监测数据驱动的剩余寿命预测方法，主要是针对性能退化过程数据不可直接监测的设备进行寿命预测，通常采用特定的系统模型（如隐含退化模型）进行剩余寿命预测。常见的方法有：一是基于随机滤波技术的方法，即通过构建状态空间模型，能够自然地建模设备监测数据与隐含状态的关系，实现剩余寿命预测结果依赖于所有的监测数据；二是基于协变量风险模型的方法，即将设备的监测信息作为影响性能退化的协变量，同时考虑设备随时间的退化和与退化相关的运行监测信息，使得预测的结果同时体现了同类设备的共性属性和服役设备的个体差异；三是基于隐马尔可夫模型的方法，即将设备性能退化过程假设为不可直接观测的马尔可夫过程,然后基于可观测信息与相应的学习模型或算法,估计当前信息对应的退化状态[3]。

由于直接监测到表征设备健康状态的性能退化数据难以实现,导致隐含或部分可监测的退化过程广泛存在于实际服役设备中。为便于区分,以下将直接监测数据通称为退化数据,将间接监测数据通称为监测数据。本书研究的是统计数据驱动的剩余寿命预测方法,研究过程可以概括为退化建模、先验参数估计、剩余寿命预测三个环节,如图 1.1 所示。

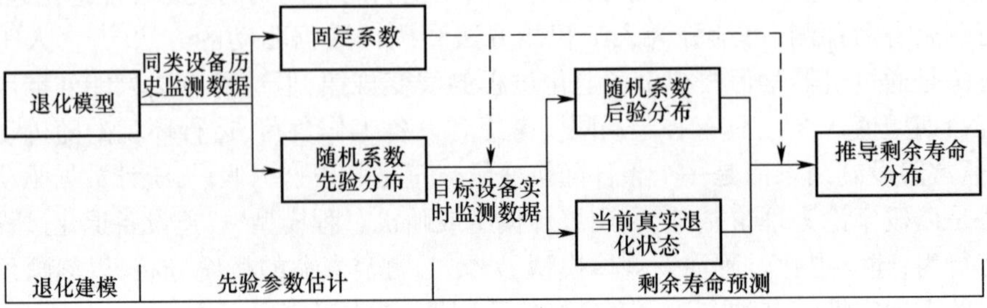

图 1.1　统计数据驱动的剩余寿命预测过程

首先,建立与设备复杂非线性退化特征相匹配的退化模型;然后,利用多台同类设备历史监测数据,求解出退化模型中表征同类设备共性特征的固定系数和表征目标设备个性特征的随机系数先验分布;最后,在贝叶斯框架下,利用目标设备从开始运行到当前时刻的实时监测数据,更新随机系数的后验分布和当前真实退化状态,基于首达时分布推导出设备剩余寿命分布解析式。下面将系统分析对应的国内外研究现状。

1.3　国内外研究现状

1.3.1　退化建模的研究现状

退化建模主要是刻画设备退化过程的动态行为。利用统计模型建立设备退化过程演变规律模型的研究起步较早,其代表性研究是 1993 年由 Lu 和 Meeker 提出的一种随机系数回归模型来描述设备性能退化过程,并推导设备退化过程首次达到失效阈值的时间(以下简称首达时,first hitting time, FHT)概率分布[25]。基于该研究的重要影响,涌现出了许多类似的模型扩展和变形[26]。需要注意的是应用这类模型存在一个潜在假设,即设备同属一类且具有相同的退化形式。该模型主要用于描述一类设备总体退化过程,但对于剩余寿命预测研究所针对的具体服役设备(以下简称目标设备)而言,应用该类模型意味着确定性退化轨迹,难以体现设备退化过程的时变不确定性[3]。

考虑到设备退化过程的时变不确定性,唐圣金[27]、Son[28]等认为随机过程可以更好地描述设备性能退化过程的演变规律。常见的随机过程有维纳过程、Gamma 过程和马尔可夫链等。后两类随机过程主要是描述严格单调、不可逆的退化过程,这与工程中普遍存在的非单调退化特征不匹配。线性维纳过程则能较好地描述具有线性退化趋势的非单调退化过程。其中,漂移系数是退化速率参数,扩散系数则是用于描述退化过程时变不确定性的参数。由于具有良好的数学计算特性,线性维纳过程及其扩展形式已被广泛应用于各类电子设备退化建模及剩余寿命预测研究,如激光器、LED、锂电池、陀螺仪等[29-32]。

线性维纳过程主要用于建模处于平稳工作环境且退化速率基本不变的设备退化过程,但在工程实际中设备工况、负载、运行环境等会随着时间发生变化,退化速率也会呈现出非线性退化特征。这种情况下线性维纳退化模型将难以描述退化过程的时变非线性特征。针对非线性退化过程,一般采用两种建模方法:一是假设非线性退化数据可以经过一定的数据变换技术,转换为线性退化数据,进而采用线性维纳过程进行退化建模。但并不是所有的非线性数据都可以线性化处理,该研究存在一个潜在假设,即变换后的随机项仍是标准布朗运动,这几乎很难成立[33]。二是直接建立非线性退化模型。司小胜等[34]提出了一种通用的非线性维纳过程,建立了非线性维纳退化模型,推导出退化过程首达时的概率分布,对于解决非线性退化建模问题具有重要影响。基于该研究成果,涌现出了许多类似的模型扩展和变形,如一般化退化模型[35]、两阶段退化模型[31,36]等。

由于在设计、生产、使用过程中受到外部环境随机冲击,同类设备之间出现个体性能退化差异、退化量值呈现出随机性。这种差异称为随机效应。一般将描述随机效应的参数称为随机系数。这种随机效应会对设备剩余寿命预测结果产生不确定性影响。为了描述随机效应,Peng 等[37]首次将漂移系数看作一个正态型随机变量,建立了考虑随机效应的线性维纳退化模型。需要注意的是该研究存在一个潜在假设,即在描述同类设备总体退化特征时,漂移系数是一个随机变量;而在描述某一具体设备个性退化特征时,随机系数则是一固定值。这一假设称为单元特定假设。受该研究的启发,后来学者对模型进行了改良和扩展应用[38-39]。王小林等[40]、Huang 等[41]将漂移系数看作一个偏正态随机变量,正态分布是其特殊情形,但对于该形式的适用条件还需进一步研究。

由于受到噪声、扰动、不稳定测量仪器等影响,监测到的设备退化过程不可避免地带有测量误差、呈现出隐含性。当前对于隐含退化建模的研究逐渐受到重视。Whitmore[42]首次将测量误差看作一个标准正态型随机变量,且与漂移系数的方差项、标准布朗运动之间独立同分布,进而建立了考虑测量误差的线性维纳退化模型。基于该研究,后续学者对该模型进行了扩展应用[43]。Tang 等[27,44]分别建立了同时考虑随机效应和测量误差的线性、非线性维纳退化模型。Lei 等[45]、Si 等[46]、Zheng 等[47]将退化过程自身的时变不确定性、随机效应和测量误差归纳为剩余寿命预测结果的三层不确定性,通过扩散系数、漂移系数的方差、测量误差的方差进行刻画,建立了相应的非线性维纳退化模型。以上这些研究都是假设设备监测数据与真实退化数据之间是线性相关的,并没有考虑到工程中普遍存在的非线性随机关系。这种关系普遍存在于具有非线性输入输出关系、扰动或系统本身具有诸多不确定性因素的非线性随机系统中。虽然建模这种非线性随机关系会增加计算难度,但却有助于提高预测精度且所建模型更具一般性。司小胜[3]、Feng 等[48]研究了退化过程的非线性随机关系,但忽略了随机效应对退化建模的不确定性影响。目前关于设备复杂非线性退化特征建模的研究所见不多。

另外,学者还将退化建模研究拓展到具体应用场景。工程实际中设备交付后会经历一系列不完全维修活动,如视情进行力矩器动平衡调整以减小陀螺仪的漂移误差,定期更换润滑剂以改善轴承的转动不稳定等。郑建飞等[49]将每次维护后的退化过程视为一个阶段线性维纳过程,将整个退化过程建模看作多阶段线性维纳退化建模。然而这种做法并没有考虑到设备复杂非线性退化特征,而且对于各阶段退化过程之间的关系还需进一步研究。裴洪等[50]采用维纳过程,分阶段建立不完全维修干预的退化模型,描述了不完全维修活动对设备退化量和退化速率的双重影响,但该研究未考虑设备的复杂非线性退化特征。Wang 等[51]采用齐次泊松过程,建模不完全维修活动的累积影响,但该研究存在一个潜在假设,即每次维护时间间隔是预先设定的,这与工程中视情维修情况不符。

加速退化试验是目前关注度较高的一种高效试验方法,特别是步进加速退化试验非常适用于新研设备。根据工程经验,一般采用指数型加速模型,建立维纳过程的漂移系数与加速应力之间的函数关系[52-53]。加速退化建模研究是在一般退化建模的基础上,开展加速应力场合下的适用性研究。Hao 等[54]、Cai 等[55]建立了考虑随机效应和测量误差的非线性步进加速退化模型,但仍旧是假设设备退化过程是线性随机关系,具有一定局限性。目前关于加速应力下复杂非线性退化建模的研究所见不多。

1.3.2 先验参数估计的研究现状

先验参数估计在整个预测过程中起着承上启下的作用,其结果可用于评估一类设备总体寿命分布,也可作为推断目标设备剩余寿命的先验信息。基于维纳过程的退化模型(即维纳退化模型)参数估计一般采用极大似然估计(maximum likelihood estimation, MLE)算法。具体做法是根据相邻监测时刻的退化增量服从正态分布的性质,构建似然函数,利用多台同类设备历史监测数据估计出未知参数。学者 Peng 等[37]首次采用 MLE 算法,估计出考虑随机效应的线性维纳退化模型参数。基于该研究,后续学者拓展了 MLE 算法的应用。Ye 等[17]采用 MLE 算法,估计考虑随机效应的非线性维纳退化模型参数。郑建飞等[49]、Wang 等[51]采用 MLE 算法,估计考虑不完全维修影响的非线性维纳退化模型参数。以上这些研究在构建似然函数时存在一个潜在假设,即各设备的漂移系数是随机的。这与单元特定假设相矛盾,而且在极端情况下可能会出现漂移系数方差的估计值为负的情况。

为解决这一问题,Tang[27]改良了 MLE 算法,首次提出了两步 MLE 算法,即首先估计出每个设备的漂移系数,再计算出漂移系数的均值和方差,以保证漂移系数的方差始终为正。Lei 等[45]采用两步 MLE 算法,估计出考虑随机效应和测量误差的线性维纳退化模型参数。Tang 等[44]采用两步 MLE 算法,估计出考虑随机效应和测量误差的非线性维纳退化模型参数。蔡忠义等[55]采用两步 MLE 算法,估计出考虑随机效应和测量误差的非线性加速退化模型参数。两步 MLE 算法虽然可以克服漂移系数的方差为负的不足,但却引发一个新的问题,即求出的参数估计值可能陷入局部最优。而且在构建似然函数时,这些研究都是默认漂移系数相对于各设备的现实值是存在的,但实际上各设备的漂移系数是未知的、隐含的。

期望最大化(expectation maximization, EM)算法的应用可以很好地解决上述问题。它是一种在含有隐含变量的概率模型中寻求参数极大似然估计的迭代估计算法。Huang 等[56]、Li 等[57]采用 EM 算法,估计出考虑随机效应的非线性维纳退化模型参数。Zhai 等[43]采用 EM 算法,估计出考虑随机效应和测量误差的非线性维纳退化模型参数。但应用 EM 算法求解多个未知参数的迭代计算过程较为复杂,对该算法的使用条件还需进一步研究。

进行退化模型参数估计时,不管是 MLE 算法,还是 EM 算法,都需要多台同类设备历史监测数据作为输入信息。对于处于研制阶段的关键新研设备而言,几乎难以实现,只能立足于单台新研设备从开始运行到当前时刻的监测数据。这种基于单台设备当前监测数据的参数估计称为参数自适应估计,目前这方面的研究比较少。孙国玺等[58]研究了随机系数回归模型参数自适应估计问题;司小胜[3]、Feng 等[48]研究了维纳退化模型参数自适应估计问题。但这些研究还不够深入,未考虑到随机效应对先验参数估计的影响且尚未拓展应用于加速应力场合。

1.3.3 剩余寿命预测的研究现状

剩余寿命预测环节主要包括剩余寿命分布推导和隐含状态更新两部分[59]。剩余寿命分布推导主要是考虑隐含状态对预测结果的不确定性影响,采用全概率公式,基于首达时分布推导出设备剩余寿命的分布函数[33]。对于目标设备而言,需要利用现场退化数据更新剩余寿命分布中隐含状态,以满足预测结果的个性需求。

Gebraeel 等[60]首次采用贝叶斯更新机制，基于现场退化数据来更新随机系数，进而更新剩余寿命分布。基于该研究，后续学者改进了更新方法并拓展应用于基于维纳过程的剩余寿命预测研究中。对于隐含退化建模而言，隐含状态包括随机系数和真实退化状态，但 Tang 等[44]、蔡忠义等[55]只更新了剩余寿命分布中随机系数，并没有准确估计当前真实退化状态，会降低预测精度；司小胜[3]、Feng 等[48]只更新了剩余寿命分布中真实退化状态，并没有准确估计当前随机系数后验分布，同样会降低预测精度。

为了同时更新随机系数和真实退化状态，当前研究主要采用的是贝叶斯框架下基于随机滤波的方法，即先建立目标设备当前退化状态与隐含状态之间的状态空间方程，再采用滤波算法来更新隐含状态的后验分布。考虑到设备退化过程的隐含性，Zheng 等[47]、Si 等[61]等同样采用 Kalman filter（KF）算法，更新随机系数和真实退化状态。但 KF 主要针对的是线性随机系统和高斯假设下的模型，具有一定局限。为了适应非线性随机系统，后续学者改进了滤波算法，提出了扩展的 KF（extended Kalman filter, EKF）[3,48]、粒子滤波（particle filtering, PF）[45]、无迹卡尔曼滤波（unscented Kalman filter, UKF）[62]等算法。其中，EKF 算法是将非线性函数的泰勒展开式进行一阶线性化截断，忽略高阶项，这样势必增加线性化后的系统滤波误差；PF 算法则需要更多的粒子样本，不仅会增加迭代计算量，而且计算过程会发生粒子退化现象；UKF 算法是对非线性系统状态函数进行近似，避免了线性化误差且计算简单、精度高，但状态参数初值、系统噪声、模型扰动等都对滤波精度产生影响。目前尚未见到有效解决非线性随机系统中同时更新随机系数和真实退化状态的研究报道。

研究表明，失效阈值不仅影响设备首达时分布，也会影响设备剩余寿命的分布。在现有设备剩余寿命分布推导研究中，大多认为失效阈值是一个已知的固定常数[63-65]，但由于生产制造过程中设备个体之间存在一定差异性，以及使用过程中外界环境随机冲击的影响，同类设备不同个体的失效特性往往不尽相同且具备一定随机性，导致难以简单采用同一个固定值来描述，如弹簧的形变量、陀螺仪的漂移量、裂纹的长度等[66-67]。因此，需要研究随机失效阈值对设备剩余寿命分布的不确定性影响。

在当前研究中，随机失效阈值已应用于对失效物理模型[68]、比例风险模型[69]、Gamma 过程模型[70]的寿命/剩余寿命进行预测。Usynin 等[71]首次在维纳退化模型中讨论了随机失效阈值对设备可靠性估计的影响，但未能给出失效阈值的具体分布类型与剩余寿命分布的解析表达。Wang 等[72]、Huang 等[73]分别研究了随机失效阈值满足指数随分布和正态分布条件下维纳退化模型的剩余寿命分布推导问题，但上述方法仅给出了剩余寿命分布的积分形式，未推导出解析表达式。Wei 等[74]则假定失效阈值是一个正态随机变量，并基于线性维纳过程推导出了考虑随机失效阈值的剩余寿命条件分布解析表达式。在此基础上，Tang 等[75]通过对随机失效阈值施加非负约束进一步提升了剩余寿命预测的准确性。该研究采用截断正态分布来描述随机失效阈值的非负性,并在此基础上推导出了设备剩余寿命概率分布的解析表达式。进一步分析可以发现,现有考虑随机失效阈值影响的剩余寿命分布推导研究均围绕线性退化模型开展分析,无法适用于广泛存在的非线性退化过程,从而制约了方法的适用范围。此外,上述研究也未考虑个体差异与测量误差对剩余寿命预测的影响。

从上述国内外研究现状分析看,虽然已有大量退化建模方法被陆续提出,但这些研究大多对设备多种退化特征建模考虑不全,仍旧没有一种系统的、通用的退化建模方法,能够准确描述设备退化过程的复杂非线性退化特征。同时,研制阶段的加速退化试验、使用阶段的不完全维修活动和失效阈值随机性都是当前退化建模需要考虑的典型应用场景,对设备退化过程建模会产生新的不确定性影响。因此,建模具体应用场景下设备复杂非线性退化特征是一项具有挑战和难度的研究,这在很大程度上也增加了先验参数估计的难度。目前关于复杂非线性退化特征及其具体应用场景的模型参数估计研究所见不多,特别是基于单台新研设备从开始运行到当前时刻的监测数据,开展参数自适应估计研究更是一个亟须解决的科学问题,目前这方面的研究还比较少。剩余寿命预测的关键是利用目标设备当前监测数据来更新剩余寿命分布中的随机系数和真实退化状态。现有基于随机滤波的更新方法大多研究的是线性随机系统,少数针对非线性随机系统的研究又未能同时更新随机系数和真实退化状态。

1.4 总体研究思路

针对现有研究存在的不足,本书综合运用数理统计、可靠性分析、剩余寿命预测、数值仿真等理论、方法与技术,从设备复杂非线性退化特征建模的角度出发,突破设备复杂非线性退化过程的演变规律、随机失效阈值和不完全维修活动对剩余寿命预测的影响机理、步进加速应力下剩余寿命自适应预测策略等关键科学问题。

全书分为 8 章。

第 1 章:论述基于退化建模的设备剩余寿命预测方法研究的背景及意义,分析当前数据驱动的剩余寿命预测方法研究的总体概述,对涉及的相关领域研究现状进行综述,分析当前研究存在的问题,阐述本书总体研究思路。

第 2 章:阐述常见的数据驱动的退化模型,包括退化轨迹模型、退化量分布模型和随机过程模型;分析退化建模一般过程,包括失效机理分析、退化试验设计、退化数据处理、退化模型选取、分布假设检验;阐述退化模型参数估计的常用算法。

第 3 章:针对设备退化过程中呈现出的时变不确定性、非线性、个体退化差异、测量不确定性等特征,采用非线性维纳过程,建立考虑随机效应的非线性退化模型、考虑随机效应和测量误差的非线性退化模型，基于 EM 算法求解先验参数估计，基于 KF 算法更新隐含状态的后验分布，基于首达时分布推导设备剩余寿命分布。

第 4 章：针对设备退化过程中呈现出的时变不确定性、非线性、隐含性等特征，采用非线性维纳过程，建立隐含非线性退化模型，基于 MLE 算法求解先验参数估计，基于贝叶斯方法更新漂移系数，基于 EKF 算法更新隐含状态的后验分布，基于首达时分布推导设备剩余寿命分布。

第 5 章：针对具有随机失效阈值的设备，建立考虑随机效应和测量误差的非线性维纳退化模型，提出基于 EM 算法的退化模型参数估计法和失效阈值分布系数估计法，实现对退化模型参数与失效阈值分布系数的准确估计；基于 KF 算法实现对设备退化状态在线更新；基于随机失效阈值非负假设，推导出考虑随机失效阈值影响的剩余寿命概率密度函数解析表达式。

第 6 章：针对已服役设备寿命周期内经历不完全维修活动，采用非线性维纳过程和非齐次复合泊松过程，建立考虑不完全维修的设备退化模型，基于 MLE 法分步估计退化模型的先验参数，基于 KF 算法更新隐含状态的后验分布，基于首达时分布求解融入不完全维护效果的剩余寿命分布。

第 7 章：针对新研设备步进加速应力试验场合，采用非线性维纳过程和 Arrhenius 模型，分别建立考虑随机效应的步进加速退化模型、考虑随机效应和测量误差的步进加速退化模型，基于两步 MLE 算法求解先验参数估计，基于贝叶斯推断方法来更新隐含状态的后验分布，基于 KF 来同步更新随机系数和当前状态同步，基于首达时分布求解设备剩余寿命分布。

第 8 章：针对经历加速退化试验的设备，基于加速因子不变原则，证明漂移系数与扩散系数的比例关系，并据此建立考虑个体差异与测量误差的非线性比例加速退化模型；进一步，针对加速退化试验样本为多台设备和单台设备两种情况，分别建立基于两步 MLE 算法的参数估计方法和基于 EM-KF 算法的参数自适应估计方法；然后，基于 KF 算法在线更新设备的退化状态，并推导出额定应力条件下设备剩余寿命的概率密度函数。

本书主要章节的总体研究思路如图 1.2 所示。

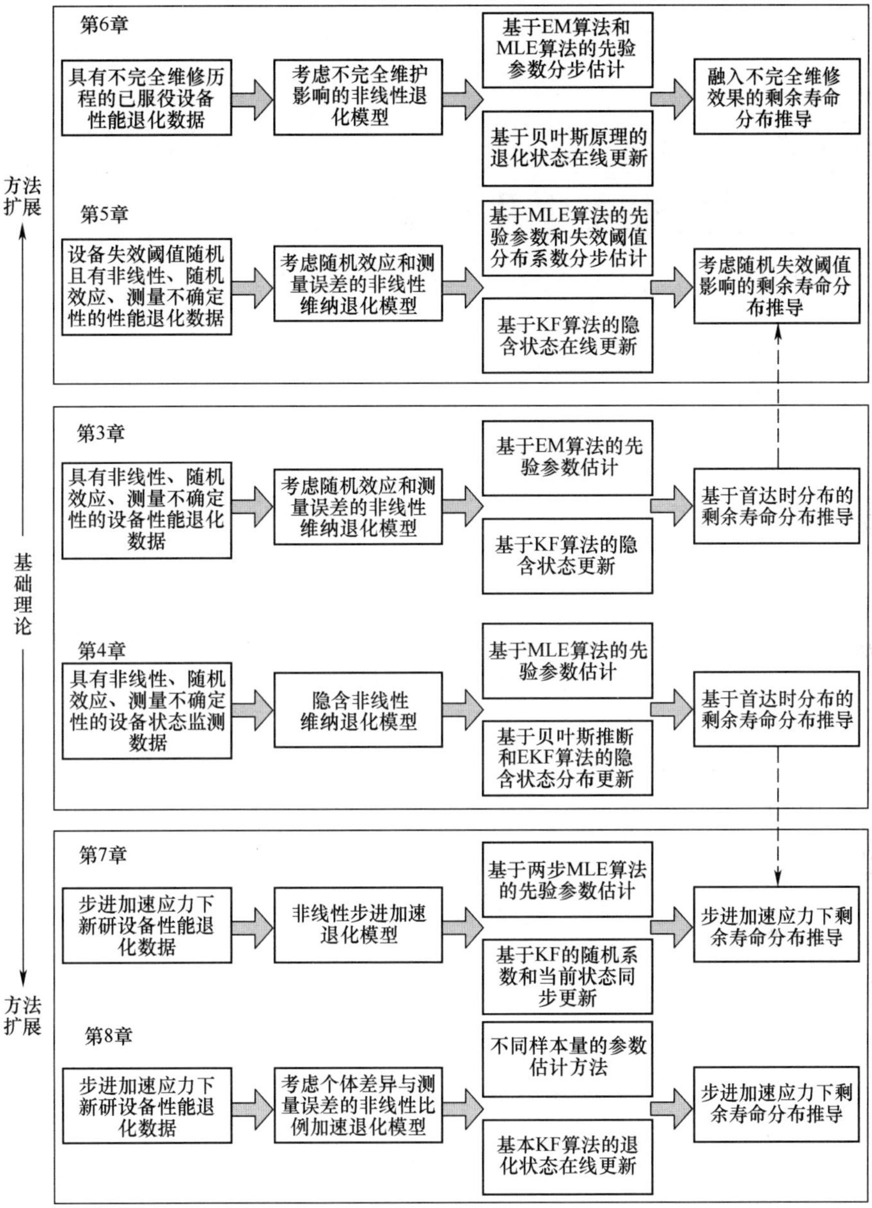
方法扩展
基础理论
方法扩展
第6章
具有不完全维修历程的已服役设备性能退化数据
考虑不完全维护影响的非线性退化模型
基于EM算法和MLE算法的先验参数分步估计
基于贝叶斯原理的退化状态在线更新
融入不完全维修效果的剩余寿命分布推导
第5章
设备失效阈值随机且有非线性、随机效应、测量不确定性的性能退化数据
考虑随机效应和测量误差的非线性维纳退化模型
基于MLE算法的先验参数和失效阈值分布系数分步估计
基于KF算法的隐含状态在线更新
考虑随机失效阈值影响的剩余寿命分布推导
第3章
具有非线性、随机效应、测量不确定性的设备性能退化数据
考虑随机效应和测量误差的非线性维纳退化模型
基于EM算法的先验参数估计
基于KF算法的隐含状态更新
基于首达时分布的剩余寿命分布推导
第4章
具有非线性、随机效应、测量不确定性的设备状态监测数据
隐含非线性维纳退化模型
基于MLE算法的先验参数估计
基于贝叶斯推断和EKF算法的隐含状态分布更新
基于首达时分布的剩余寿命分布推导
第7章
步进加速应力下新研设备性能退化数据
非线性步进加速退化模型
基于两步MLE算法的先验参数估计
基于KF的随机系数和当前状态同步更新
步进加速应力下剩余寿命分布推导
第8章
步进加速应力下新研设备性能退化数据
考虑个体差异与测量误差的非线性比例加速退化模型
不同样本量的参数估计方法
基本KF算法的退化状态在线更新
步进加速应力下剩余寿命分布推导

图 1.2　总体研究思路

第2章
数据驱动的设备退化建模方法

2.1 引言

退化建模是开展目标设备剩余寿命预测的基础和前序工作。当前高可靠性长寿命设备的不断涌现,使得基于额定应力的传统试验方式难以在短时间内获取大量失效数据,基于大样本数据的统计分析方法也不再适用,转而研究设备内在性能参数的退化过程及其数学模型。近年来,越来越多的研究人员发现,通过监测设备内部性能参数的退化过程及其特征,利用收集到设备性能参数随时间变化的数据,建立与其退化特征相符的退化模型,同样可以有效评估设备可靠性或寿命。本章将从退化建模方法的一般过程着手,分析常见的数据驱动的退化模型以及退化模型选取的因素和准则,以及较为常用的参数估计算法,进而为后续剩余寿命预测研究奠定基础。

2.2 数据驱动的退化模型

2.2.1 退化轨迹模型

设备的退化轨迹一般有线性(如汽车轮胎、刹车片的磨损)、凸型(如金属疲劳裂纹的生长)、凹型(如电子器件性能参数的衰减退化)三种情况,如图 2.1 所示。

退化轨迹模型是指假定设备的性能退化轨迹已知,用确定性的函数来描述设备的关键性能参数随时间变化的过程模型,表示为

$$X(t) = g(t;\eta,\delta) \tag{2.1}$$

式中:$g(\cdot)$ 为时间 t 的退化轨迹函数;$X(t)$ 为性能退化量;η 为固定系数,描述设备共性退化特征;δ 为随机系数,描述设备个体之间的退化差异性。

通常,上述三种退化轨迹都可用线性退化轨迹函数进行描述,即

$$X(t) = \alpha + \beta t \tag{2.2}$$

$$\ln X(t) = \alpha + \beta t \tag{2.3}$$

$$\ln X(t) = \alpha + \beta \ln t \tag{2.4}$$

式中：α,β 为待定参数。

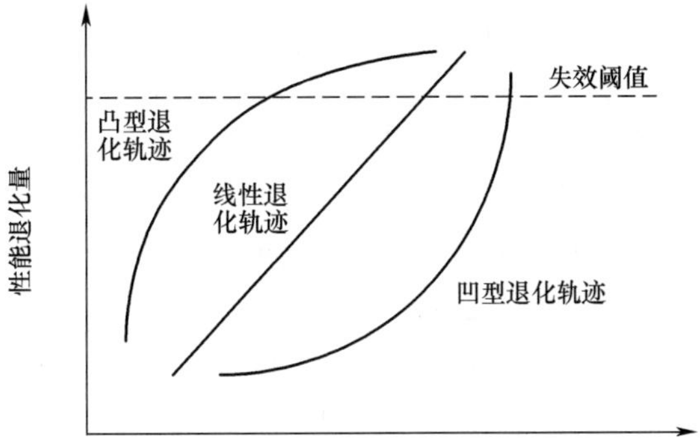

图 2.1　设备常见的性能退化轨迹

退化轨迹与寿命分布之间的关系如图 2.2 所示。

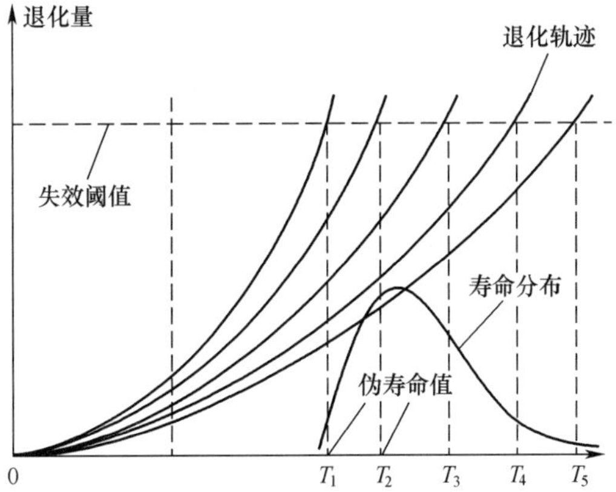

图 2.2　退化轨迹与寿命分布之间的关系

当假定 α 服从某一分布函数时，称为随机截距线性模型；当假定 β 服从某一分布函数时，称为随机斜率线性模型[76-77]。

1. 随机截距线性模型

假定截距 α 的累积分布函数为 $G(\alpha)$、概率密度函数为 $g(\alpha)$，失效阈值为 $\omega(\omega > \alpha)$，则 $X(t)$ 的累积分布函数、概率密度函数可表示为

$$F_X(x|t) = 1 - G\left(\frac{x - \alpha}{t}\right) \tag{2.5}$$

$$f_X(x|t)=\frac{1}{t}g\left(\frac{x-\alpha}{t}\right)\quad(x>\alpha) \tag{2.6}$$

则设备的累积分布函数、概率密度函数可表示为

$$F_T(t)=1-G\left(\frac{\omega-\alpha}{t}\right) \tag{2.7}$$

$$f_T(t)=\frac{\omega-\alpha}{t^2}g\left(\frac{\omega-\alpha}{t}\right)\quad(t>0) \tag{2.8}$$

2. 随机斜率线性模型

假定斜率β的累积分布函数为$G(\beta)$、概率密度函数为$g(\beta)$,失效阈值为ω,则$X(t)$的累积分布函数、概率密度函数可表示为

$$F_X(x|t)=G(x-\beta t) \tag{2.9}$$

$$f_X(x|t)=g(x-\beta t) \tag{2.10}$$

则设备的累积分布函数、概率密度函数可表示为

$$F_T(t)=G(\omega-\beta t) \tag{2.11}$$

$$f_T(t)=\beta g(\omega-\beta t) \tag{2.12}$$

2.2.2 退化量分布模型

退化量分布模型是假定设备在各监测时刻上的性能退化量服从同一类型分布,通过拟合各时刻上的性能退化数据来求解各时刻上分布参数值,如图2.3所示。

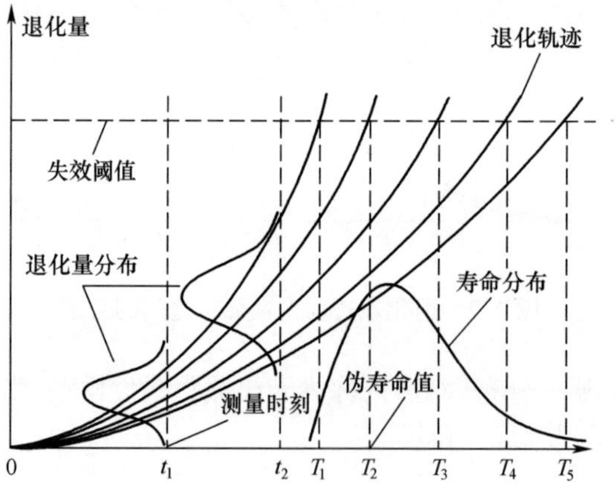

图2.3 退化量分布与寿命分布之间的关系

假设设备的性能退化量$X(t)$是时间的非减单调函数,各时刻上的退化量都服从同一类型的分布,可表示为

$$X(t) \sim f(x;\theta_1(t),\theta_2(t),\cdots,\theta_n(t)) \tag{2.13}$$

式中：$f(\cdot)$表示某一分布函数；$\theta_1(t),\theta_2(t),\cdots,\theta_n(t)$表示分布参数，用来表示性能退化量的矩随时间 t 的变化，可通过特定时刻上测量到的退化数据拟合求出。

(1) $f(\cdot)$ 为正态分布。

若 $X(t)$ 服从正态分布，均值为 $u(t)$，标准差为 $\sigma(t)$，失效阈值为 ω，则设备寿命 T 的可靠度函数表示为

$$R_T(t) = 1 - P\{x \geqslant \omega\} = F_X(x) = \Phi\left[\frac{\omega - \mu(t)}{\sigma(t)}\right] \tag{2.14}$$

(2) $f(\cdot)$ 为威布尔分布。

若 $X(t)$ 服从威布尔分布，形状参数为 $m(t)$，尺度参数为 $\eta(t)$，失效阈值为 ω，则设备寿命 T 的可靠度函数表示为

$$R_T(t) = 1 - P\{x \geqslant D\} = F_X(x) = 1 - \exp\left[-\left(\frac{\omega}{\eta(t)}\right)^{m(t)}\right] \tag{2.15}$$

2.2.3 随机过程模型

1. 维纳过程

若 $\boldsymbol{X}(t) = (X_1(t),X_2(t),\cdots,X_p(t))'$ 为 p 维随机向量且满足如下性质：

(1) 从时刻 t 到时刻 $t+\Delta t$ 的随机过程增量服从 p 维正态分布，即 $\boldsymbol{X}(t+\Delta t)-\boldsymbol{X}(t) \sim N(\boldsymbol{\lambda}\Delta t,\boldsymbol{\Sigma}\Delta t)$；

(2) 对于任意两个不重叠的时间区间 $[t_1,t_2]$ 和 $[t_3,t_4]$ ($t_1 < t_2 \leqslant t_3 < t_4$)，随机过程的增量 $\boldsymbol{X}(t_4)-\boldsymbol{X}(t_3)$ 与 $\boldsymbol{X}(t_2)-\boldsymbol{X}(t_1)$ 之间相互独立；

(3) $\boldsymbol{X}(t)$在 $t=0$ 处连续且 $\boldsymbol{X}(0)=(0,0,\cdots,0)'$。

则称 $\boldsymbol{X}(t)$为 p 元维纳过程，其参数 $\boldsymbol{\lambda},\boldsymbol{\Sigma}$ 分别表示为

$$\boldsymbol{\lambda} = (\lambda_1,\lambda_2,\cdots,\lambda_p)',\quad \boldsymbol{\Sigma} = \begin{pmatrix} \sigma_1^2 & \sigma_{12} & \cdots & \sigma_{1p} \\ \sigma_{21} & \sigma_2^2 & \cdots & \sigma_{2p} \\ \vdots & \vdots & \ddots & \vdots \\ \sigma_{p1} & \sigma_{p2} & \cdots & \sigma_p^2 \end{pmatrix}$$

若 $X(t)$ 为一维连续随机过程且满足如下性质[78]：

(1) 从时刻 t 到时刻 $t+\Delta t$ 的随机过程增量服从正态分布，即 $\Delta X = X(t+\Delta t) - X(t) \sim N(u\Delta t,\sigma^2\Delta t)$；

(2) 对于任意两个不重叠的时间区间 $[t_1,t_2]$ 和 $[t_3,t_4]$ ($t_1 < t_2 \leqslant t_3 < t_4$)，随机过程的增量 $X(t_4)-X(t_3)$ 与 $X(t_2)-X(t_1)$ 之间相互独立；

(3) $X(t)$ 在 $t=0$ 处连续且 $X(0)=0$。

则称 $X(t)$ 为带线性漂移的一元维纳过程（即一元线性维纳过程），可表示为

$$X(t)=\lambda t+\sigma_B B(t) \tag{2.16}$$

式中：λ 为漂移系数；σ_B 为扩散系数；$B(t)$ 为标准布朗运动。

由于 $X(t)$ 符合齐次马尔可夫过程，$X(t)$ 的均值 $E[X(t)]=\lambda t$ 和方差 $\mathrm{Var}[X(t)]=\sigma_B^2 t$ 都是时间的线性函数，即平均退化量 $E[X(t)]$ 与时间 t 呈线性关系且方差 $\mathrm{Var}[X(t)]$ 与时间 t 也呈线性关系，则维纳过程可用于描述设备线性退化过程。图 2.4 给出了基于维纳过程的某一仿真样本的退化轨迹，其中 $\lambda=1$，$\sigma_B=0.5$，置信度为 0.9，可以看出随着时间的增加，该样本的退化轨迹逐渐向其均值曲线逼近。

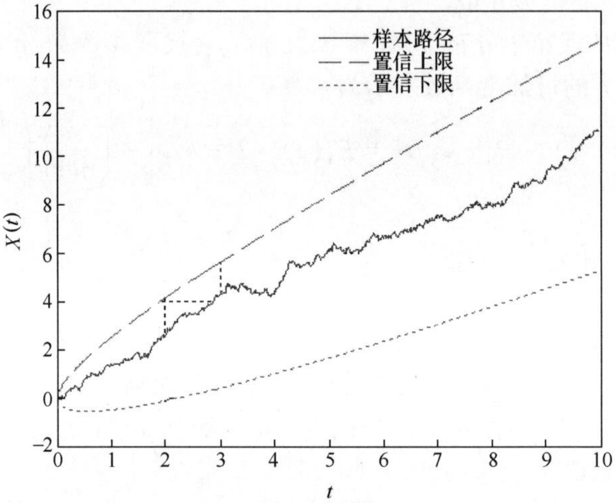

图 2.4　基于维纳过程的仿真样本退化轨迹

当 $X(t)$ 首次达到阈值 ω 时，则设备寿命 T 满足

$$T=\inf\{t \mid X(t)\geqslant \omega\} \tag{2.17}$$

经推导可知，设备的首达时服从逆高斯分布，则设备寿命的概率密度函数、累计分布函数为

$$f_T(t)=\frac{\omega}{\sqrt{2\pi\sigma_B^2 t^3}}\exp\left[-\frac{(\omega-\lambda t)^2}{2\sigma_B^2 t}\right] \tag{2.18}$$

$$F_T(t)=\Phi\left(\frac{\omega-\lambda t}{\sigma_B\sqrt{t}}\right)+\exp\left(\frac{2\lambda\omega}{\sigma_B^2}\right)\Phi\left(\frac{-\omega-\lambda t}{\sigma_B\sqrt{t}}\right) \tag{2.19}$$

式中：$\Phi(\cdot)$ 为标准正态分布函数。

2. Gamma 过程

当设备的退化过程具有严格单调、非负时，此时可选用 Gamma 过程来描述设备退化轨迹[79-80]。

若 $X(t)$ 为一维连续随机过程且满足如下性质：

(1) $P(X(0)=0)=1$;

(2) $X(t)$ 具有独立平稳增量,即对于任意 $t_1<t_2\leqslant t_3<t_4$,随机过程增量 $X(t_4)-X(t_3)$ 与 $X(t_2)-X(t_1)$ 之间相互独立;

(3) 对于任意 Δt,有 $X(t+\Delta t)-X(t)\sim \mathrm{Ga}(\alpha\Delta t,\beta)$。

其中,$\mathrm{Ga}(\alpha,\beta)$ 为 Gamma 分布($\alpha>0,\beta>0$ 分别为形状参数和尺度参数),其概率密度函数为

$$f(x;\alpha,\beta)=\frac{1}{\Gamma(\alpha)\beta^{\alpha}}x^{\alpha-1}\mathrm{e}^{-x/\beta}I_{(0,\infty)}(x) \tag{2.20}$$

式中:$\Gamma(\alpha)=\int_0^{\infty}x^{\alpha-1}\mathrm{e}^{-x}\mathrm{d}x$ 为 Gamma 函数;$I_{(0,\infty)}(x)=\begin{cases}1 & x\in(0,\infty)\\ 0 & x\notin(0,\infty)\end{cases}$。则称 $X(t)$ 为 Gamma 过程。根据 Gamma 过程独立增量的性质可知,$X(t)$ 的均值 $E[X(t)]=\beta\cdot\alpha t$ 和方差 $\mathrm{Var}[X(t)]=\beta^2\cdot\alpha t$。

当 $X(t)$ 首次到达失效阈值 ω 时,设备寿命的可靠度函数、概率密度函数分别为

$$R_T(t)=\frac{1}{\Gamma(\alpha t)}\int_0^{\omega\beta}s^{\alpha t-1}\mathrm{e}^{-s}\mathrm{d}s \tag{2.21}$$

$$f_T(t)=\frac{\alpha}{\Gamma(\alpha t)}\int_0^{\omega/\beta}\left[\ln s-\frac{\Gamma'(\alpha t)}{\Gamma(\alpha t)}\right]s^{\alpha t-1}\mathrm{e}^{-s}\mathrm{d}s \tag{2.22}$$

借助 Birnbaum-Sminders(BS)分布,经推导可知,设备累计分布函数、概率密度函数近似为

$$F_{BS}(t)\approx\Phi\left[\sqrt{\beta\omega}\left(\sqrt{\frac{\alpha t}{\beta\omega}}-\sqrt{\frac{\beta\omega}{\alpha t}}\right)\right] \tag{2.23}$$

$$f_{BS}(t)\approx\frac{\alpha\sqrt{\beta\omega}}{2\sqrt{2\pi}\beta\omega}\left[\left(\frac{\beta t}{\alpha t}\right)^{1/2}+\left(\frac{\beta t}{\alpha t}\right)^{3/2}\right]\exp\left[-2\beta\omega\left(\frac{\alpha t}{\beta\omega}+\frac{\beta\omega}{\alpha t}-2\right)\right] \tag{2.24}$$

2.3 退化建模过程分析

退化建模过程一般包括产品失效机理分析、退化试验设计、退化数据处理、退化模型选取、分布假设检验等主要环节。

2.3.1 失效机理分析

失效机理是指导致产品发生失效的物理、化学、热力学或其他的原因和过程。例如,对于电子元器件和机械零件而言,其失效机理主要是变形、磨损、疲劳断裂、

腐蚀四种;对于微电子封装而言,其失效机理主要是过应力、磨损。不同类型的应力,对产品失效影响不同[14]。振动(含碰撞)的主要失效机理为加剧机械结构疲劳损伤、电路板管脚裂纹等;电压变化的主要失效机理为缩短电子器件寿命、暴露缺陷等。

美国马里兰大学先进生命周期工程中心(CALCE)提出的四种失效概念模型,可以对上述失效机理进行分析与建模,以便定量化描述产品的失效过程,具体如下[81]:

(1) 应力-强度模型。当且仅当产品上所施加的应力超过特定强度量值时,才会引发产品失效,否则不会对产品产生影响。这一模型可应用于晶体管的集电极与发射极之间施加的电压、弹簧受力拉伸或压缩等。

(2) 损伤-韧性模型。多次应力造成产品的不可恢复的损伤并出现累积效应,如磨损、疲劳裂纹、腐蚀等。当且仅当这种累积损伤超过产品韧性极限值时,才会引发产品失效,否则不会影响产品的功能性能。

(3) 激励-响应模型。已知系统中一个部件发生了失效,当且仅当该部件被激励时,才会出现响应失效并引发整个系统的失效,如车上刹车失灵而引发的车辆事故。这种失效模式只与关键事件的发生(被激励)有关,而与时间或循环个数无关。

(4) 容限-规格模型。当产品的性能指标容限在规格范围内时,则其性能特征可以满足功能要求。该模型适用于性能参数具有退化特征的产品。

在应用失效概念模型时,还需明确产品的退化量及其失效(故障)判据。常见的退化量包括:物理退化量,如图像、色谱、频率、灵敏度等;结构退化量,如阻尼、裂纹大小、刚度等;数学退化量,如统计量、特征向量等。一般这些退化量难以观测,为便于开展建模,也可选择与产品可靠性、寿命、失效存在一定关联的性能指标作为退化量,如激光器输入功率、电容器的两端电压值、陀螺仪的工作电流等。

GJB 451A-2005《可靠性维修性保障性术语》中对“故障”的定义为:产品不能或预计不能完成预定功能的事件或状态[82]。故障分类的方式很多,按照故障发生阶段划分,可分为早期、偶然、耗损故障;按照故障性质划分,可分为批次性、个别故障;按照故障之间的关系划分,可分为独立、从属、间歇故障;按照故障在现场(外场)使用中是否会出现,可分为关联、非关联故障。

2.3.2 退化试验设计

产品性能退化数据可以通过产品退化试验获取,特别是加速退化试验(accelerated degradation test, ADT),即在保持失效机理不变的前提下,给产品施加高于额定工作应力的应力量值,以加速产品的退化失效过程,从而在最短的时间内获取更多的数据样本。本书侧重于加速退化试验的设计,主要涉及试验假设、试验方案优化设计、试验数据测量等环节。

1. 试验假设

为了确保加速退化试验的有效性和加速性，一般做出如下假设：产品在各加速应力下的失效机理、模式都保持不变；在试验进程中产品的退化失效模型保持不变，变化的只是模型参数值；产品性能退化过程满足 Nelson 提出的累计退化模型（cumulative degradation model, CDM），即某一时刻产品的剩余寿命只与当前已累计退化量值及应力水平有关[83]。

2. 试验方案优化设计

首先，根据产品的失效机理分析结论和工程实践经验，选择合适的应力施加方式，有恒定应力、步进应力、序进应力等，制定出能反映产品失效规律的试验剖面。然后，根据试验目标，对试验方案进行优化设计，优化目标有试验数据估计出的参数值的方差最小、决策风险最低等，优化变量有试验截尾时间、各加速应力量值、试验样本数及各应力下的样本分布、产品性能参数监测数据的采集间隔等[84-85]。

3. 试验数据测量

对于加速退化试验中受试产品关键性能参数的测量有两种方式：一是非破坏性测量，即对产品的性能参数进行测量，不会影响其正常工作和后续试验进程，如测量激光器输入功率、电容器容量等；二是破坏性测量，即对产品的性能参数进行测量，会破坏其技术状态而不能继续试验，如测量弹簧材料的拉伸系数。

2.3.3 退化数据处理

利用性能退化数据来开展产品的退化建模及剩余寿命预测研究，首先应保证性能退化数据的真实性、完整性和准确性。这直接影响着预测结果的可信性和有效性。环境因素是影响性能退化数据准确性和真实性的重要原因，它既作用于产品自身，也作用于产品运行、试验、测试、记录等各个环节，对产品的性能退化数据会造成难以避免的干扰和污染。如果退化模型采用了被污染的性能退化数据，会降低预测结果的可信性。因此，在对性能退化数据进行预处理的过程中，除了对它们进行常规的误差处理、剔出异常值等外，还应剔除环境因素的影响。

在各环境因素中温度波动是电子产品试验中的主要误差源之一[86]。在标定温度下，由于试验设备的控制精度存在一定的局限性或受外界环境的温度波动影响，产品会处于一个温度小幅波动变化的环境，电子产品的性能参数往往存在明显随温度的变化而变化的漂移现象，使得其性能参数出现波动，导致所获得的性能退化参数值不但存在时间作用下的退化趋势[87-88]，同时存在温度波动作用下的漂移波动，这种现象显然对性能退化数据造成了污染[89]。

因此，这里采用小波分析理论，在保持原有数据主要特征不变的前提下，将所测量到的性能退化数据分解为退化趋势项、温度波动项和随机退化噪声项，从而剔除温度波动项对退化数据的影响。一种常见的方法处理退化数据前后对比情况如图 2.5 所示。

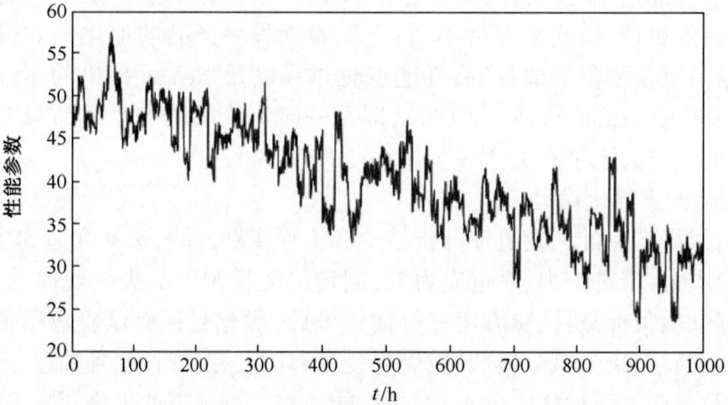

(a)

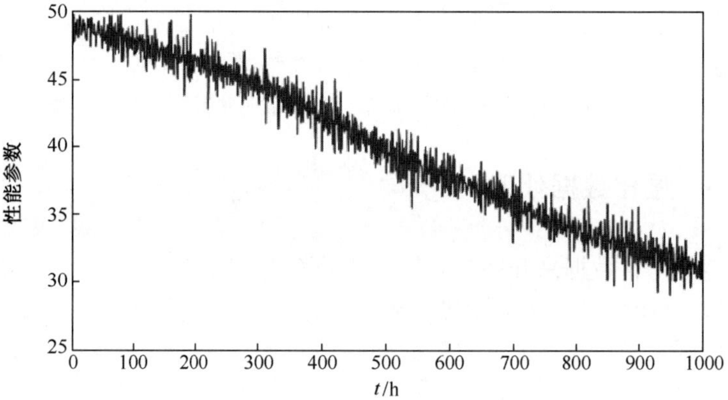

(b)

图 2.5　基于小波分析的处理前后退化数据图

(a)处理前的间接监测数据;(b)处理后的直接监测数据。

1. 小波分析理论

小波分析(wavelet analysis, WA)是一种基于时间-频率的信号分析方法,以一个基本函数 $\psi(t)$ 为母函数,通过对其进行时间平移和尺度变换,构造出函数族,去无限逼近所研究的信号函数;通过小波变换(wavelet transform, WT)算法,将所研究的信号中各种频率信号成分,分解到互不重叠且能反映时间特征的频带上[90]。

小波多分辨分析是将原始信号按照一定尺度分解为若干个不同分辨率的分量,一般为一个低频分量和若干个高频分量,且以后每次分解都只对低频分量进行分解(如图 2.6 所示),如此进行,便可以提高原始信号的分辨率。

如图 2.6 所示,S 为原始信号,A_1、A_2、A_3 为低频分量,D_1、D_2、D_3 为高频分量,经过三次分解后,原始信号 S 可表示为

$$S = A_3 + D_1 + D_2 + D_3 \tag{2.25}$$

2. 数据处理步骤

基于小波分析理论的退化数据处理流程如图 2.7 所示。

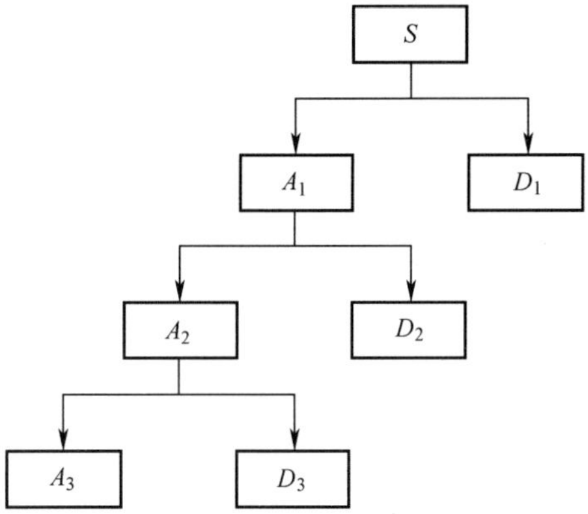

图 2.6　小波信号分解树

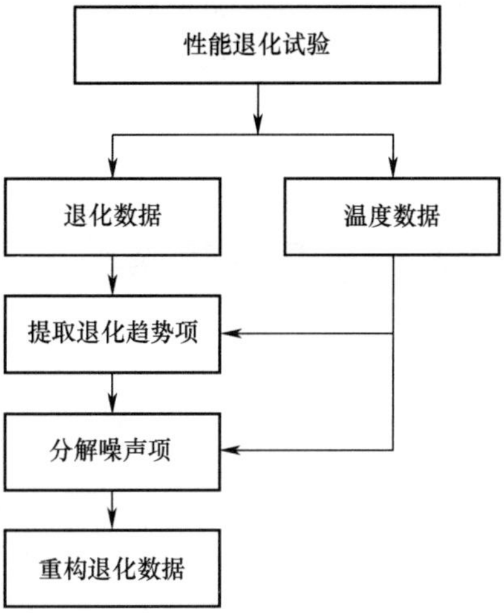

图 2.7　基于小波理论的退化数据处理流程

具体步骤阐述如下:

(1) 收集试验中的退化数据与温度数据。

将需处理的退化数据记为 x_p ,将退化数据测量点对应的试验温度数据记为 T ,从而得到退化数据与对应的温度数据组 (x_p, T) 。

(2) 提取退化趋势项。

将收集到的退化数据 x_p 分解为退化趋势项、温度波动项和随机退化噪声项,三者之间呈线性叠加关系,表示为

$$x_p = x_t + x_{nT} + x_{nR} \tag{2.26}$$

式中:x_t 为退化趋势项;x_{nT} 为温度波动项;x_{nR} 为随机退化噪声项。

为了剔除 x_{nT} 对 x_p 的影响,运用小波变换(WT)算法,将 x_p 近似分解为退化趋势项 x_t' 和噪声项 x_n (包括温度波动和随机退化产生的噪声),并不断调整分解参数,使之能对 x_n 与温度数据 T 进行相关性分析,从而得到两者之间的相关系数 r_1,以度量温度波动的影响。

当 r_1 达到最大值时,认为温度波动已完全提取,此时 x_p 可表示为

$$x_p = x_t' + x_n \tag{2.27}$$

(3) 分解噪声项。

为了剔除其中的温度波动项 x_{nT}，运用小波变换(WT)算法，还需对噪声项 x_n 进行进一步处理，分解为温度波动项 x'_{nT} 和随机退化噪声项 x'_{nR}，并不断调整分解参数，使之能对 x'_{nT} 与温度数据 T 进行相关性分析，从而得到两者之间的相关系数 r_2。

当 $r_2(r_2 > r_1)$ 达到最大值时，认为 x_n 中的温度波动项 x'_{nT} 和随机退化噪声项 x'_{nR} 已经完全分离。此时得到的 x'_{nT} 最接近为温度波动项 x_{nT}。

(4) 重构退化数据

由式(2.25)和式(2.26)，将处理后的真实退化数据记为 x'，可表示为

$$x' = x'_t + x'_{nR} \tag{2.28}$$

2.3.4 退化模型选取

在对产品剩余寿命进行预测时，需要根据产品退化数据，采用合适的退化模型，外推出产品的寿命或剩余寿命分布函数，从而得到产品的剩余寿命信息。因此，合理选择退化模型的类型，关系到最终的预测精度。

目前，一般可采用概率统计法、物理-统计法、失效物理法来建立产品的退化模型。各种方法特点及适用范围有所区别。概率统计法适用于大样本数据，可采用极大似然估计、最小二乘等算法来拟合求出预先选取的模型参数；物理-统计法适用于产品失效机理明晰且有一定的退化数据，可采用已知的经验模型来确定退化模型的类型及参数；失效物理法适用于有明确失效物理模型的产品，通过利用产品的退化速率微分方程来确定退化模型。

1. 选取需考虑的因素

通常，可考虑以下几个方面来选取退化模型：

(1) 考虑退化量与时间之间的关系。当产品退化量与时间总体上呈现出线性关系时，可选用线性退化模型进行退化过程建模；当产品退化量与时间总体上呈现出非线性关系时，可采用数据处理技术，先将线性数据组转化为线性数据组。

(2) 样本个体的退化轨迹分析。退化中的线性与非线性特征是样本总体反映出的退化特征，但针对单个样本进行退化建模时，需考虑其个体退化轨迹特征，如光滑性、连续性、跳跃性等。对于产品退化过程中的非连续、跳跃特征，则基于维纳过程的退化模型就不再适用了。

(3) 退化过程中的不确定性因素。产品在退化过程中存在退化量的时变不确定性、随机效应(个体之间的退化差异)和测量过程中的测量误差等因素。因此，在选取退化模型时，应能对这些不确定性因素进行描述，以客观反映出产品的退化规律。

2. 备选模型辨识

在对多个备选退化模型进行辨识时，可采用似然比检验、信息准则和均方误差等方法进行评价和优选，具体分析如下[91]。

1）似然比检验

极大似然估计法可用于求解模型中未知参数估计值，此时可用似然比检验法来比较嵌套模型的优劣。假设 L_2 是一般模型的似然，L_1 是嵌套模型的似然，有 $L_2 > L_1$，则似然比检验统计量可表示为

$$2\ln(L_2/L_1) = 2[\ln(L_2) - \ln(L_1)] \tag{2.29}$$

假设嵌套模型为更佳模型的条件下，当样本足够大，$2\ln(L_2/L_1)$ 可近似为自由度为 $k_2 - k_1$ 的 χ^2 分布（k_1, k_2 分别为嵌套模型和一般模型中待估参数个数），可用于对随机效应的显著性进行评价。

2）信息准则

对于多个适用的备选模型进行优劣评价时，可采用信息准则（information criterion, IC）。IC 值越小，说明备选模型的拟合适用性越好。其计算公式为

$$\mathrm{IC} = g(k) - 2\log[f(t \mid \hat{\theta})] \tag{2.30}$$

式中：$f(\cdot)$ 为与备选模型有关的函数（如似然估计函数 $L(\cdot)$）；$\hat{\theta}$ 为备选模型中未知参数向量 $\boldsymbol{\theta}$ 的估计值；k 为 $\boldsymbol{\theta}$ 的维数；$g(\cdot)$ 为已知的函数。

对于赤池信息准则（akaike information criterion, AIC）而言，$g(k) = k$；对于贝叶斯信息准则（Bayesian information criterion, BIC）而言，$g(k) = \log(n)k$（n 为观测数）。

3）均方误差

均方误差（mean squared error, MSE）是指参数估计值与其真实值之差平方的期望，可用来评价备选模型对可靠性特征参数评估的准确性。MSE 越小，说明备选模型对可靠性特征参数评估的准确性越高。其计算公式为

$$\mathrm{MSE} = \frac{1}{m}\sum_{i=1}^{m}[F(t_i) - F_0(t_i)]^2 \tag{2.31}$$

式中：$F(t_i)$ 为模型估计出的分布函数值；$F_0(t_i)$ 为实际的分布函数值；m 为两者比较时所取的测量点个数。

2.3.5 分布假设检验

在进行可靠性评估时，需根据样本数据情况对产品的寿命分布类型做出假设，以便进行后续基于假设分布类型的参数估计和可靠性评估建模。

分布类型假设的依据是拟合优度检验，在允许的显著水平下，接受产品的分布假设。拟合优度检验的基本步骤为[92]：

(1) 给出原假设 H_0:总体的分布函数 $F(x) = F_0(x)$;

(2) 构建一个统计量 D ,使其能客观反映总体分布与总体中样本所得的分布之间的偏差;

(3) 根据所收集到的样本数据以及所假设的分布函数,计算出 D 的观测值 d ;

(4)根据样本量大小和给定的显著水平 α ,查询得到 D 的临界值 d_0;

(5)比较 d 与 d_0 的大小,当 $d \leqslant d_0$ 时接受假设 H_0,反之则拒绝假设 H_0。

按照检验方法是否区分不同的分布类型,可将拟合优度检验方法分为通用检验方法和特定分布的专用检验方法,下面分别阐述。

1. 通用检验方法

1) Kolmogorov-Smirnov (KS)检验法

KS 检验统计量 D_n 表示为

$$D_n = \sqrt{n} \sup_x \left| F(x) - F_n(x) \right| \tag{2.32}$$

式中: $x_1, x_2, \cdots, x_n$ 为一组升序排列的样本数据; $F_n(x)$ 为样本数据的经验分布函数; $F(x)$ 为所假设的累积分布函数。

对于已知的样本数据,KS 检验统计量 D_n 可改写为

$$D_n = \sqrt{n} \max_{1 \leqslant i \leqslant n} \left\{ F(x_i) - \frac{i-1}{n}, \frac{i}{n} - F(x_i) \right\} \tag{2.33}$$

2) Cramer-von Mises (CvM)检验法

CvM 检验统计量 W_n^2 表示为

$$W_n^2 = n \int_{-\infty}^{+\infty} [F(x) - F_n(x)]^2 \mathrm{d}F(x) \tag{2.34}$$

式中: $F_n(x)$ 为样本数据的经验分布函数; $F(x)$ 为所假设的累积分布函数。

对于已知的样本数据,CvM 统计量 W_n^2 可改写为

$$W_n^2 = \frac{1}{12n} + \sum_{i=1}^{n} \left[F(x_i) - \frac{2i-1}{2n} \right]^2 \tag{2.35}$$

3) Anderson-Darling (AD)检验法

AD 检验统计量 A_n^2 表示为

$$A_n^2 = n \int_{-\infty}^{+\infty} \frac{[F(x) - F_n(x)]^2}{F(x)[1 - F(x)]} \mathrm{d}F(x) \tag{2.36}$$

式中: $F_n(x)$ 为样本数据的经验分布函数; $F(x)$ 为所假设的累积分布函数。

对于已知的样本数据,AD 统计量 A_n^2 可改写为

$$A_n^2 = -n - \frac{1}{n} \sum_{i=1}^{n} \left\{ (2i-1)\ln F(x_i) + (2n-2i+1)\ln[1 - F(x_i)] \right\} \tag{2.37}$$

4）Person 检验法

将 n 个样本按照时间取值范围,分为 k 个时间区间($k=1+3.3\lg n$),即 $(t_{(0)}, t_{(1)}]$, $(t_{(1)}, t_{(2)}]$, $\cdots$, $(t_{(k-1)}, t_{(k)}]$, n_i 为第 i 个区间内的失效样本数,总体 X 落入第 i 个区间的概率 p_i 可表示为

$$p_i = F(t_{(i)}) - F(t_{(i-1)}) \quad (i=1,2,\cdots,k) \tag{2.38}$$

则 Person 检验统计量 χ^2 可表示为

$$\chi^2 = \sum_{i=1}^{k} \frac{(n_i - np_i)^2}{np_i} \tag{2.39}$$

给定的显著水平 α 下的统计量 χ^2 的临界值表示为 $\chi^2_{1-\alpha}(k-m-1)$ 。

2. 特定分布的专用检验方法

1）指数分布的检验

（1）F 检验。

从总体中抽取 n 个样本进行截尾试验,试验中出现 r 个故障样本,故障时刻为 $t_1, t_2, \cdots, t_r$,记

$$Y_i = \begin{cases} (n-i-1)(t_i - t_{i-1}) & \text{无替换} \\ n(t_i - t_{i-1}) & \text{有替换} \end{cases} \tag{2.40}$$

则 F 检验统计量 φ 表示为

$$\varphi = \left(\frac{1}{2r_1}\sum_{i=1}^{r_1} Y_i\right) \Big/ \left(\frac{1}{2r_2}\sum_{i=r_1}^{r} Y_i\right) \tag{2.41}$$

（2）χ^2 检验。

从总体中抽取 n 个样本进行截尾试验,试验中出现 r 个故障样本,故障时刻为 $t_1, t_2, \cdots, t_r$,记

$$T(t_i) = \begin{cases} \sum_{j=1}^{i-1} t_j + (n-i-1)t_i & \text{无替换} \\ nt_i & \text{有替换} \end{cases} \tag{2.42}$$

则检验统计量 χ^2 表示为

$$\chi^2 = -2\sum_{i=1}^{r-1} \ln\left[\frac{T(t_i)}{T(t_r)}\right] \tag{2.43}$$

2）威布尔分布的检验

（1）F 检验。

从总体中抽取 n 个样本进行截尾试验,试验中出现 r 个故障样本,故障时刻为 $t_1, t_2, \cdots, t_r$,记 $X_i = \ln t_i$, $Z_i = (X_i - \mu)/\sigma$, $\mu = \ln\eta$, $\sigma = 1/m$ 且

$$l_i = \frac{X_{i+1} - X_i}{E(Z_{i+1}) - E(Z_i)} \quad (i=1,2,\cdots,r-1) \tag{2.44}$$

则 F 检验统计量 φ 表示为

$$\varphi = \frac{\sum_{i=[r/2]+1}^{r-1} \frac{l_i}{r - [r/2] - 1}}{\sum_{i=1}^{[r/2]} \frac{l_i}{[r/2]}} \tag{2.45}$$

(2) χ^2 检验。

从总体中抽取 n 个样本进行截尾试验,试验中出现 r 个故障样本,故障时刻为 $t_1, t_2, \cdots, t_r$,记 $X_i = \ln t_i$, $V_i = (r-i)(X_{r-i+1} - X_{r-i})$, $(i = 1,2,\cdots,r-1)$。则检验统计量χ^2 表示为

$$\chi^2 = \frac{2(r-1)\lg[\sum_{i=1}^{r-1} V_i/(r-1)] - 2\sum_{i=1}^{r-1} \lg V_i}{1 + \frac{r}{6(r-1)}} \tag{2.46}$$

3) 正态分布的检验。

从总体中抽取 n 个样本,按照其观测值从小到大排序为 $x_1, x_2, \cdots, x_n$,查询 $\alpha_{k,n}(k = 1,2,\cdots,l)$ 系数表得到所需的值,其中

$$l = \begin{cases} n/2 & n \text{ 为偶数} \\ (n-1)/2 & n \text{ 为奇数} \end{cases} \tag{2.47}$$

则 Shapiro-Wilk 检验统计量 Z 为

$$Z = \frac{\left\{\sum_{k=1}^{l} \alpha_{k,n}[x_{n+1-k} - x_k]\right\}^2}{\sum_{k=1}^{n} [x_k - \bar{x}]^2} \tag{2.48}$$

2.4 退化模型的参数估计

对于设备退化模型中未知参数,一般可采用最小二乘法、矩估计、极大似然估计法、期望最大化算法等进行点估计。这里主要对最小二乘法、极大似然估计法和期望最大化算法等适用范围较广的算法加以分析。

2.4.1 LS 法

最小二乘法(least squares, LS)一般用来估计线性函数或可线性化处理的函数的未知参数。对于 n 个观测数据点 $\{x_i, y_i\}$ $(i=1,2,\cdots,n)$,绘制出一条直线 $y = a + bx$ (a,b 为未知参数,也叫回归系数),使得该直线尽可能多地穿过这些观测

点。当该直线与各点垂直距离的平方之和 E（式(2.49)）达到最小时，所求的 a,b 值即为所求。

$$E = \sum_{i=1}^{n} (y_i - a - bx_i)^2 \tag{2.49}$$

令上式关于 a,b 的一阶偏导数为零，则有

$$\begin{cases} \dfrac{\partial E}{\partial a} = -2\sum_{i=1}^{n}(y_i - a - bx_i) = 0 \\ \dfrac{\partial E}{\partial b} = -2\sum_{i=1}^{n}(y_i - a - bx_i)x_i = 0 \end{cases} \tag{2.50}$$

求解上述方程组，得到的 $\hat{a},\hat{b}$ 即为所求。

2.4.2 MLE 法

MLE 法是可靠性数据分析中较为常用的一种参数点估计方法。设总体 X 的概率密度函数为 $f(x,\theta)$（θ 为待估参数）。现从总体中抽取一组 n 个样本，其观测值可表示为 $x_1,x_2,\cdots,x_n$，抽取概率为 $\sum_{i=1}^{n} f(x_i,\theta)\mathrm{d}x_i$。使该样本抽取的概率最大时，所得到的 θ 估计值 $\hat{\theta}$ 即为所求，则样本观测值的似然函数可表示为

$$L(\theta) = \prod_{i=1}^{n} f(x_i,\theta) \tag{2.51}$$

令上式(或取对数后)关于待估参数 θ 的一阶偏导数为零，则有

$$\frac{\partial L(\theta)}{\partial \theta} = 0 \text{ 或 } \frac{\partial \ln L(\theta)}{\partial \theta} = 0 \tag{2.52}$$

求得上述方程，即可求得待估参数 θ 估计值 $\hat{\theta}$。需要说明的是，对于含有多个未知参数且函数形式复杂的方程组，其求解过程计算复杂，可借助牛顿迭代法、搜索法、MATLAB 中遍历搜索函数 Fminsearch 等，进行快速求解。

2.4.3 EM 算法

EM 算法是 20 世纪 70 年代末由学者 A. P. Dempter 等提出的[93]，已在统计学领域广泛使用。EM 算法的基本函数形式为

$$\hat{\theta}^* = \arg\max_{\theta} p(z|\theta) \tag{2.53}$$

式中：z 为某观测数据，未知参数 θ 描述某个模型族，当似然函数 $p(z|\theta)$ 取最大值时，此时的 θ 即为所求。

定义一个对数似然函数 $L(\theta)=\ln p(z|\theta)$，且 k 次迭代后的最优估计值为 $\hat{\theta}_k$，则该对数似然函数的变化量可表示为

$$L(\theta)-L(\hat{\theta}_k)=\ln p(z|\theta)-\ln p(z|\hat{\theta}_k)=\ln\frac{p(z|\theta)}{p(z|\hat{\theta}_k)} \tag{2.54}$$

从式(2.53)可以看出，该对数似然函数的变化量取决于 θ，选择 θ 使上式右边极大化，从而使对数似然函数的变化量最大，但由于用于描述模型族的观测数据 z 可能不全，模型族中可能还有部分缺失数据，使得难以得到合理的 θ 取值。

令可观测到的数据为 z_o，不可观测到的数据为 z_m，两者构成了描述模型族的完整数据集。采用 EM 算法，估计出未知参数 $\boldsymbol{\theta}$ 最优值的步骤如下[94]。

1. E 步

利用当前未知参数的估计值 $\hat{\theta}_k$ 来计算似然函数 $L(\theta)$，计算公式为

$$L(\theta)\geqslant L(\hat{\theta}_k)+\Delta(\theta|\hat{\theta}_k) \tag{2.55}$$

其中，

$$\Delta(\theta|\hat{\theta}_k)=\sum_{z_m}p(z_m|z_o,\hat{\theta}_k)\ln\frac{p(z_o|z_m,\theta)p(z_m|\theta)}{p(z_m|z_o,\hat{\theta}_k)p(z_o|\hat{\theta}_k)} \tag{2.56}$$

2. M 步

通过对似然函数 $L(\theta)$ 求极值，即使得 $L(\hat{\theta}_k)+\Delta(\theta|\hat{\theta}_k)$ 取极大值，求得新的参数估计值 $\hat{\theta}_{k+1}$，计算公式为

$$\begin{aligned}\hat{\theta}_{k+1}&=\operatorname{argmax}\left[L(\hat{\theta}_k)+\sum_{z_m}p(z_m|z_o,\hat{\theta}_k)\ln\frac{p(z_o|z_m,\theta)p(z_m|\theta)}{p(z_m|z_o,\hat{\theta}_k)p(z_o|\hat{\theta}_k)}\right]\\&=\operatorname{argmax}\left\{\sum_{z_m}p(z_m|z_o,\hat{\theta}_k)\ln[p(z_o|z_m,\theta)p(z_m|\theta)]\right\}\end{aligned} \tag{2.57}$$

此处 $\sum_{z_m}p(z_m|z_o,\hat{\theta}_k)\ln[p(z_o|z_m,\theta)p(z_m|\theta)]$ 与 $\hat{\theta}_{k+1}$ 取值无关。

第3章 基于非线性退化建模的设备剩余寿命预测方法

3.1 引言

在工程实际中,当设备的运行环境、负载或工况等发生变化时,设备的退化速率会随着时间发生变化,呈现出非均匀退化速率的特点。例如,机载飞控系统速率陀螺在实际运行过程中,由于负载、内部状态、外部环境等变化,其内部漂移量的退化速率或增加、或减少,造成退化过程的非线性特征。这种情况下,线性退化模型将难以刻画这类设备退化过程的动态特性。同时,设备退化过程的随机性是普遍存在的,导致设备的剩余寿命也具有一定随机性。因此,推导出能准确刻画设备剩余寿命不确定性的概率分布是当前统计数据驱动的剩余寿命预测研究的关键。

总体上看,设备剩余寿命不确定性主要来自三个方面:一是随机退化过程固有的时变不确定性,可以通过维纳过程的扩散系数刻画;二是设备个体之间的退化差异(即随机效应),一般可以通过将维纳过程的漂移系数看作是随机变量,以刻画这类不确定性;三是测量过程的不确定性,即测量得到的数据中包含随机测量误差的影响,只能间接反映设备的健康状态,一般可将测量误差看作是标准正态型随机变量进行刻画。因此,本章主要在非线性退化模型下研究上述不确定性对设备剩余寿命预测的影响,推导出相应的剩余寿命概率分布。

3.2 考虑随机效应的非线性退化设备剩余寿命预测方法

3.2.1 考虑随机效应的非线性退化建模

假设某类设备的关键性能参数仅有一个,用一元非线性维纳过程来表示其非线性随机退化过程 $\{X(t),t \geqslant 0\}$,即

$$X(t) = X(0) + \lambda \Lambda(t;\boldsymbol{\vartheta}) + \sigma_B B(t) \tag{3.1}$$

式中：λ 为漂移系数；σ_B 为扩散系数；$B(t)$ 为标准布朗运动，表征退化过程的动态特性；$\Lambda(t;\boldsymbol{\vartheta})$ 为时间 t 的连续非减函数（$\boldsymbol{\vartheta}$ 为未知参数向量），表征非线性特征；$X(0)$ 为初始退化量，不失一般性下，令 $X(0)=0$。

假设该设备的失效阈值为一固定值，用 ω 表示。将设备首达时记为 T，可表示为

$$T=\inf\{t:X(t)\geqslant\omega \mid X(0)<\omega\} \tag{3.2}$$

对于式(3.1)所示的退化状态，设备首达时近似服从逆高斯分布，可推导出给定 λ 条件下 T 的概率密度函数近似为[44]

$$f_{T|\lambda}(t\mid\lambda)\approx\frac{1}{\sqrt{2\pi\sigma_B^2t^3}}[w-\lambda\beta(t;\boldsymbol{\vartheta})]\exp\left[-\frac{(w-\lambda\Lambda(t;\boldsymbol{\vartheta}))^2}{2\sigma_B^2t}\right] \tag{3.3}$$

式中：$\beta(t;\boldsymbol{\vartheta})=\Lambda(t;\boldsymbol{\vartheta})-t\Lambda(t;\boldsymbol{\vartheta})'$。

为了体现不同设备之间个体退化差异（即随机效应），一般将漂移系数 λ 看作正态型随机变量，即 $\lambda\sim\mathrm{N}(\mu_\lambda,\sigma_\lambda^2)$。首先介绍如下引理[95]。

引理 3.1：如果 $\lambda\sim\mathrm{N}(\mu,\sigma^2)$，$w_1,w_2,A,B\in\mathrm{R}$ 且 $C\in\mathrm{R}^+$，则有

$$\begin{aligned}&E_a\left[(w_1-A\lambda)\exp\left(-\frac{(w_2-B\lambda)^2}{2C}\right)\right]=\\&\sqrt{\frac{C}{B^2\sigma^2+C}}\left(w_1-A\frac{Bw_2\sigma^2+\mu C}{B^2\sigma^2+C}\right)\exp\left[-\frac{(w_2-B\mu)^2}{2(B^2\sigma^2+C)}\right]\end{aligned} \tag{3.4}$$

对于 $\lambda\sim\mathrm{N}(\mu_\lambda,\sigma_\lambda^2)$，由全概率计算公式可知：

$$f_T(t)=\int_\lambda f_{T|\lambda}(t\mid\lambda)p(\lambda)\mathrm{d}\lambda=E_\lambda[f_{T|\lambda}(t\mid\lambda)] \tag{3.5}$$

式中：$p(\lambda)$ 为 λ 的概率密度函数。

根据引理 3.1 和式(3.2)，便可推导出设备首达时 T 的概率密度函数近似为

$$f_T(t)\approx\frac{1}{\int_0^{+\infty}g_T(t)\mathrm{d}t}g_T(t) \tag{3.6}$$

其中，

$$\begin{aligned}g_T(t)\approx&\frac{1}{\sqrt{2\pi t^2[\sigma_\lambda^2\Lambda(t;\boldsymbol{\vartheta})^2+\sigma_B^2t]}}\exp\left[-\frac{(\omega-\mu_\lambda\Lambda(t;\boldsymbol{\vartheta}))^2}{2(\sigma_\lambda^2\Lambda(t;\boldsymbol{\vartheta})^2+\sigma_B^2t)}\right]\times\\&\left[\omega-\mu_\lambda\Lambda(t;\boldsymbol{\vartheta})-\frac{\omega-\mu_\lambda\Lambda(t;\boldsymbol{\vartheta})}{\sigma_\lambda^2\Lambda(t;\boldsymbol{\vartheta})^2+\sigma_B^2t}\sigma_\lambda^2\Lambda(t;\boldsymbol{\vartheta})\right]\end{aligned} \tag{3.7}$$

3.2.2 基于 EM 算法的先验参数估计

不失一般性下，令 $\Lambda(t;\boldsymbol{\vartheta})=t^b$（$b$ 为待定常数），将上述非线性退化模型中未

知参数集记为 $\boldsymbol{\Theta}=\{\mu_\lambda,\sigma_\lambda^2,\sigma_B^2,b\}$ 。其中：σ_B^2,b 称为固定系数，表征同类设备的总体退化特征；$\mu_\lambda,\sigma_\lambda^2$ 称为随机系数，表征目标设备的个性退化特征。

现有 N 个具有非线性随机退化特征的设备进行多次性能参数测量，得到的性能退化数据向量记为 $\boldsymbol{X}=(\boldsymbol{X}_1,\boldsymbol{X}_2,\cdots,\boldsymbol{X}_N)$ ；第 $i(i=1,2,\cdots,N)$ 个设备的测量次数为 m_i ，其性能退化数据向量记为 $\boldsymbol{X}_i=\{X(t_{1,i}),X(t_{2,i}),\cdots,X(t_{m_i,i})\}$ ；第 i 个设备第 $j(j=1,2,\cdots,m_i)$ 次测量的性能退化数据记为 $X(t_{j,i})$ ，对应的性能退化增量记为 $\Delta X(t_{j,i})$ ，则

$$\begin{aligned}\Delta X(t_{j,i}) &= X(t_{j,i})-X(t_{j-1,i})\\ &= \lambda_i(t_{j,i}^b-t_{j-1,i}^b)+\sigma_B B(t_{j,i}-t_{j-1,i})\\ &= \lambda_i\Delta t_{j,i}^b+\sigma_B B(\Delta t_{j,i})\end{aligned} \tag{3.8}$$

式中：λ_i 为第 i 个设备随机系数的现实值。

根据维纳过程的性质可知，性能退化增量数据 $\Delta X(t_{j,i})$ 服从正态分布，即

$$\Delta X(t_{j,i}) \sim N[\lambda_i\Delta t_{j,i}^b,\sigma_B^2\Delta t_{j,i}] \tag{3.9}$$

根据式(3.9)，建立 $\boldsymbol{\Theta}$ 的完全似然函数，即

$$\begin{aligned}L(\boldsymbol{\Theta}|X,\lambda) = &\sum_{i=1}^{N}\sum_{j=1}^{m_i}\frac{1}{\sqrt{2\pi\sigma_B^2\Delta t_{j,i}}}\exp\left[-\frac{(\Delta X(t_{j,i})-\lambda_i\Delta t_{j,i}^b)^2}{2\sigma_B^2\Delta t_{j,i}}\right]\\ &\sum_{i=1}^{N}\frac{1}{\sqrt{2\pi\sigma_\lambda^2}}\exp\left[-\frac{(\lambda_i-\mu_\lambda)^2}{2\sigma_\lambda^2}\right]\end{aligned} \tag{3.10}$$

进一步计算出其完全对数似然函数为

$$\begin{aligned}\ln L(\boldsymbol{\Theta}|\boldsymbol{X},\boldsymbol{\lambda}) = &-\frac{\sum_{i=1}^{N}m_i}{2}(\ln 2\pi+\ln\sigma_B^2)-\frac{1}{2}\sum_{i=1}^{N}\sum_{j=1}^{m_i}\ln\Delta t_{j,i}-\\ &\frac{1}{2\sigma_B^2}\sum_{i=1}^{N}\sum_{j=1}^{m_i}\frac{[\Delta X(t_{j,i})-\lambda_i\Delta t_{j,i}^b]^2}{\Delta t_{j,i}}-\frac{N}{2}(\ln 2\pi+\ln\sigma_\lambda^2)-\\ &\frac{1}{2\sigma_\lambda^2}\sum_{i=1}^{N}(\lambda_i-\mu_\lambda)^2\end{aligned} \tag{3.11}$$

由于上式中 λ_i 是相对于参数 $\mu_\lambda,\sigma_\lambda^2$ 的隐含值，难以采用传统的极大似然估计法进行求解。这里采用期望最大化算法来求解未知参数集 $\boldsymbol{\Theta}$，分为两步：第一步，计算出期望值(E 步)，利用隐含变量的当前估计值，计算出其最大似然估计值；第二步，最大化(M 步)，通过 E 步所求的最大似然估计值来进行参数估计。

令 $\hat{\boldsymbol{\Theta}}^{(n)}=\{\hat{\mu}_\lambda^{(n)},\hat{\sigma}_\lambda^{2(n)},\hat{\sigma}_B^{2(n)},\hat{b}^{(n)}\}$ 为第 n 步的参数估计值，则第 $n+1$ 步的参数估计过程如下。

E 步：计算上述完全对数似然函数的期望，即

$$L(\boldsymbol{\Theta} \mid \hat{\boldsymbol{\Theta}}^{(n)}) = E_{\lambda \mid \boldsymbol{X}, \hat{\boldsymbol{\Theta}}^{(n)}}[\ln L(\boldsymbol{\Theta} \mid \boldsymbol{X})] =$$

$$-\frac{\sum_{i=1}^{N} m_i}{2}(\ln 2\pi + \ln\sigma_B^2) - \frac{1}{2}\sum_{i=1}^{N}\sum_{j=1}^{m_i}\ln\Delta t_{j,i} - \frac{1}{2\sigma_B^2} \times$$

$$\sum_{i=1}^{N}\sum_{j=1}^{m_i}\frac{1}{\Delta t_{j,i}}[(\Delta X(t_{j,i}) - E(\lambda_i \mid X, \hat{\boldsymbol{\Theta}}^{(n)})\Delta t_{j,i}^b)^2 + \mathrm{Var}(\lambda_i \mid X, \hat{\boldsymbol{\Theta}}^{(n)})\Delta t_{j,i}^{2b}] -$$

$$\frac{N}{2}(\ln 2\pi + \ln\sigma_\lambda^2) - \frac{1}{2\sigma_\lambda^2}\sum_{i=1}^{N}[(E(\lambda_i \mid X, \hat{\boldsymbol{\Theta}}^{(n)}) - \mu_\lambda)^2 + \mathrm{Var}(\lambda_i \mid X, \hat{\boldsymbol{\Theta}}^{(n)})]$$

(3.12)

根据 Bayes 理论,在给定 $\boldsymbol{X}, \hat{\boldsymbol{\Theta}}^{(n)}$ 情况下,可推导出 $\lambda_i \mid X_i, \hat{\boldsymbol{\Theta}}^{(n)}$ 服从正态分布,则有

$$\lambda_i \mid \boldsymbol{X}_i, \hat{\boldsymbol{\Theta}}^{(n)} \sim N[E(\lambda_i \mid \boldsymbol{X}, \hat{\boldsymbol{\Theta}}^{(n)}), \mathrm{var}(\lambda_i \mid \boldsymbol{X}, \hat{\boldsymbol{\Theta}}^{(n)})] \tag{3.13}$$

其中,

$$\begin{cases} E(\lambda_i \mid \boldsymbol{X}, \hat{\boldsymbol{\Theta}}^{(n)}) = \dfrac{X(t_{j,i})\sigma_\lambda^{2(n)} + \mu_\lambda \sigma_B^{2(n)}}{t_{j,i}^b \sigma_\lambda^{2(n)} + \sigma_B^{2(n)}} \\ \mathrm{Var}(\lambda_i \mid \boldsymbol{X}, \hat{\boldsymbol{\Theta}}^{(n)}) = \dfrac{\sigma_\lambda^{2(n)}\sigma_B^{2(n)}}{t_{j,i}^b \sigma_\lambda^{2(n)} + \sigma_B^{2(n)}} \end{cases} \tag{3.14}$$

M 步:最大化所计算的完全对数似然函数期望。

$$\hat{\boldsymbol{\Theta}}^{(n+1)} = \arg\max_{\Theta} L(\boldsymbol{\Theta} \mid \hat{\boldsymbol{\Theta}}^{(n)}) \tag{3.15}$$

求解出式(3.12)关于 $\mu_\lambda, \sigma_\lambda^2, \sigma_B^2$ 的一阶偏导数如下:

$$\frac{\partial L(\boldsymbol{\Theta} \mid \hat{\boldsymbol{\Theta}}^{(n)})}{\partial \mu_\lambda} = -\frac{1}{\sigma_\lambda^2}\sum_{i=1}^{N}(\mu_\lambda - E(\lambda_i \mid X, \hat{\boldsymbol{\Theta}}^{(n)})) \tag{3.16}$$

$$\frac{\partial L(\boldsymbol{\Theta} \mid \hat{\boldsymbol{\Theta}}^{(n)})}{\partial \sigma_\lambda^2} = -\frac{N}{2\sigma_\lambda^2} + \frac{1}{2(\sigma_\lambda^2)^2}\sum_{i=1}^{N}[(E(\lambda_i \mid X, \hat{\boldsymbol{\Theta}}^{(n)}) - \mu_\lambda)^2 + \mathrm{Var}(\lambda_i \mid X, \hat{\boldsymbol{\Theta}}^{(n)})] \tag{3.17}$$

$$\frac{\partial L(\boldsymbol{\Theta} \mid \hat{\boldsymbol{\Theta}}^{(n)})}{\partial \sigma_B^2} = -\frac{\sum_{i=1}^{N} m_i}{2\sigma_B^2} + \frac{1}{2(\sigma_B^2)^2}\sum_{i=1}^{N}\sum_{j=1}^{m_i}\frac{1}{\Delta t_{j,i}} \cdot [(\Delta X(t_{j,i}) - \mathrm{E}(\lambda_i \mid X, \hat{\boldsymbol{\Theta}}^{(n)})\Delta t_{j,i}^b)^2 + \mathrm{Var}(\lambda_i \mid X, \hat{\boldsymbol{\Theta}}^{(n)})\Delta t_{j,i}^{2b}] \tag{3.18}$$

令式(3.16)~式(3.18)为零,求解出 $\mu_\lambda, \sigma_\lambda^2, \sigma_B^2$ 受限于 b 的第 $n+1$ 步参数估计值为

$$\hat{\mu}_\lambda^{(n+1)}(b) = \frac{1}{N}\sum_{i=1}^{N} E(\lambda_i \mid \boldsymbol{X}, \hat{\boldsymbol{\Theta}}^{(n)}) \tag{3.19}$$

$$\hat{\sigma}_\lambda^{2(n+1)}(b) = \frac{1}{N}\sum_{i=1}^{N} [(E(\lambda_i \mid \mathbf{X}, \hat{\boldsymbol{\Theta}}^{(n)}) - \hat{\mu}_\lambda^{(n+1)})^2 + \mathrm{Var}(\lambda_i \mid X, \hat{\boldsymbol{\Theta}}^{(n)})] \tag{3.20}$$

$$\hat{\sigma}_B^{2(n+1)}(b) = \frac{1}{\sum_{i=1}^{N} m_i}\sum_{i=1}^{N}\sum_{j=1}^{m_i}\frac{1}{\Delta t_{j,i}}[\mathrm{Var}(\lambda_i \mid X, \hat{\boldsymbol{\Theta}}^{(n)})\Delta t_{j,i}^{2b} + (\Delta \boldsymbol{X}(t_{j,i}) - E(\lambda_i \mid \boldsymbol{X}, \hat{\boldsymbol{\Theta}}^{(n)})\Delta t_{j,i}^{b})^2] \tag{3.21}$$

由于在样本数据不多的情况下，式(3.20)采用的渐近无偏估计将会降低 σ_λ^2 的估计值且计算效率低。因此，这里采用修正的无偏估计公式[33]，即

$$\hat{\sigma}_\lambda^{2(n+1)} = \frac{1}{N-1}\sum_{i=1}^{N} [(E(\lambda_i \mid \boldsymbol{X}, \hat{\boldsymbol{\Theta}}^{(n)}) - \hat{\mu}_\lambda^{(n+1)})^2 + \mathrm{Var}(\lambda_i \mid \boldsymbol{X}, \hat{\boldsymbol{\Theta}}^{(n)})] \tag{3.22}$$

进一步将式(3.19)、式(3.21)、式(3.22)代入式(3.12)，求得参数 b 的轮廓似然函数，即

$$\widetilde{L}(b \mid \hat{\boldsymbol{\Theta}}^{(n+1)}) = -\frac{\sum_{i=1}^{N} m_i}{2}(\ln 2\pi + \ln\hat{\sigma}_B^{2(n+1)} + 1) - \frac{1}{2}\sum_{i=1}^{N}\sum_{j=1}^{m_i}\ln\Delta t_{j,i} - \frac{N}{2}(\ln 2\pi + \ln\hat{\sigma}_\lambda^{2(n+1)} + 1) \tag{3.23}$$

借助基于单纯形法的 Fminsearch 函数，进行遍历搜索，直到 $\widetilde{L}(b \mid \hat{\boldsymbol{\Theta}}^{(n+1)})$ 取最大时，所返回的 $\hat{b}^{(n+1)}$ 即为所求；将 $\hat{b}^{(n+1)}$ 代入式(3.19)、式(3.21)、式(3.22)即可求解出 $\hat{\mu}_\lambda^{(n+1)}$，$\hat{\sigma}_\lambda^{2(n+1)}$，$\hat{\sigma}_B^{2(n+1)}$。

重复上述 E 步和 M 步迭代计算过程，直到相邻两步的估计误差 $\| \hat{\boldsymbol{\Theta}}^{(n+1)} - \hat{\boldsymbol{\Theta}}^{(n)} \|$ 达到规定的误差要求。

3.2.3 基于 KF 算法的隐含状态更新

假设目标设备从初始时刻 t_1 到当前时刻 t_h 的历史退化数据记为 $X_{1:h} = (X(t_1), X(t_2), \cdots, X(t_h))$。为了充分利用目标设备历史退化数据来更新随机系数与当前状态，一般采用状态空间模型来描述其退化过程，即

$$\begin{cases} \lambda_j = \lambda_{j-1} + \eta \\ X(t_j) = X(t_{j-1}) + \lambda_{j-1}\Delta t_j^b + \sigma_B \varepsilon_j \end{cases} \tag{3.24}$$

式中：$\eta \sim N(0,Q)$ 为误差项，$\varepsilon_j \sim N(0,\Delta t_j)$。

由于式(3.24)中 η 的取值或正或负，会影响到 λ_j 是否取正值。同时，对于目标设备而言，在整个退化过程中漂移系数是一个固定正数，即满足单元特定假设(unit-specific)[38]。为此，对式(3.24)进行一定的改造，即

$$\begin{cases}\lambda_j = \lambda_{j-1} \\ X(t_j) = X(t_{j-1}) + \lambda_{j-1}\Delta t_j^b + \sigma_B \varepsilon_j\end{cases} \tag{3.25}$$

采用 KF 算法，对式(3.25)中隐含状态 λ_j 进行递归估计，具体步骤如下：

(1) 初始化 $\hat{\lambda}_0 = \mu_\lambda, P_{0|0} = \sigma_\lambda^2, j = 0$；

(2) 令 $j = j + 1$，计算渐消因子 $\phi(t_j)$

$$\phi(t_j) = \max\{\phi_0, 1\} \tag{3.26}$$

其中，

$$\phi_0 = B(t_j)/C(t_j) \tag{3.27}$$

$$B(t_j) = V_0(t_j) - \beta\sigma_B^2\Delta t_j \tag{3.28}$$

$$C(t_j) = P_{j-1|j-1}(\Delta t_j^b)^2 \tag{3.29}$$

$$V_0(t_j) = \begin{cases}(u(t_j))^2, & j = 1 \\ \dfrac{\rho V_0(t_{j-1}) + (u(t_j))^2}{1 + \rho}, & j > 1\end{cases} \tag{3.30}$$

$$u(t_j) = X(t_j) - X(t_{j-1}) - \hat{\lambda}_{j-1}\Delta t_j^b \tag{3.31}$$

式中：$\beta \geqslant 1$ 为弱化因子；$0 < \rho \leqslant 1$ 为遗忘因子。

(3) 计算预测值 $\hat{\lambda}_j$：

$$\hat{\lambda}_j = \hat{\lambda}_{j-1} + P_{j|j-1}\Delta t_j^b (K_j)^{-1} u(t_j) \tag{3.32}$$

其中，

$$P_{j|j-1} = \phi(t_j) P_{j-1|j-1} \tag{3.33}$$

$$K_j = (\Delta t_j^b)^2 P_{j|j-1} + \sigma_B^2 \Delta t_j \tag{3.34}$$

(4) 更新方差 $P_{j|j}$：

$$P_{j|j} = P_{j|j-1} - P_{j|j-1}(\Delta t_j^b)^2 (K_j)^{-1} P_{j|j-1} \tag{3.35}$$

重复步骤(2)~(4)，直到 $j = h$，即可求得基于目标设备历史退化信息的当前时刻 t_h 处漂移系数 λ_h 的期望 $\hat{\lambda}_h$ 和方差 $P_{h|h}$，可以认为 λ_h 是一个正态型随机变量，即 $\lambda_h \sim N(\hat{\lambda}_h, P_{h|h})$，这样利用目标设备历史退化信息对该类设备的漂移系数进行同步更新了。

3.2.4 基于首达时分布的设备剩余寿命分布推导

将目标设备在当前时刻 t_h 处剩余寿命记为 L_h，定义为

$$L_h = \inf\{l_h : X(t_h + l_h) \geqslant \omega \mid X_{1:h}\} \tag{3.36}$$

给定当前时刻 t_h 处漂移系数的实现值 λ_h 和目标设备的 $\boldsymbol{X}_{1:h}$，可推导出设备剩余寿命的概率密度函数为

$$f_{L_h|\lambda_h,X_{1:h}}(l_h|\lambda_h,\boldsymbol{X}_{1:h}) \approx \frac{1}{A_{L_h}} g_{L_h|\lambda_h,\boldsymbol{X}_{1:h}}(l_h|\lambda_h,\boldsymbol{X}_{1:h}) \tag{3.37}$$

其中，

$$A_{L_h} = \int_0^{\infty} g_{L_h|\lambda_h,X_{1:h}}(l_h \mid \boldsymbol{\lambda}_h,\boldsymbol{X}_{1:h})\mathrm{d}l_h \tag{3.38}$$

$$\begin{aligned} g_{L_h|\lambda_h,X_{1:h}}(l_h|\boldsymbol{\lambda}_h,\boldsymbol{X}_{1:h}) \approx {} & \frac{1}{\sqrt{2\pi\sigma_B^2 l_h^3}} \times \\ & [\omega - X(t_h) - \lambda_h (t_h + l_h)^b + \lambda_h lb (t_h + l_h)^{b-1} + \lambda_h t_h^b] \times \\ & \exp\left[-\frac{(\omega - X(t_h) - \lambda_h (t_h + l_h)^b + \lambda_h t_h^b)^2}{2\sigma_B^2 l_h}\right] \end{aligned} \tag{3.39}$$

证明：

令 $Z(l_h) = X(t_h + l_h) - X(t_h)$，其中 $l_h = t - t_h$ 表示剩余寿命且 $Z(0) = 0$，则有

$$\begin{aligned} Z(l_h) &= X(t_h + l_h) - X(t_h) \\ &= \lambda(t_h + l_h)b - \lambda(t_h)b + \sigma_B B(t_h + l_h) - \sigma_B B(t_h) \\ &= \lambda[(t_h + l_h)^b - \lambda(t_h)^b] + \sigma_B B(l_h) \end{aligned} \tag{3.40}$$

则随机过程 $\{Z(l_h), l_h \geqslant 0\}$ 在时刻 t_h 处的剩余寿命转化为其首次达到失效阈值的时间(简称为首达时)，即 $\omega_h = \omega - X(t_h)$。由式(3.3)，通过数学变换，即可推导出式(3.37)。

同理，对于 $\lambda_h \sim N(\hat{\lambda}_h, P_{h|h})$，基于全概率公式，给定目标设备的 $X_{1:h}$，由式(3.6)，通过数学变换，可推导出设备剩余寿命的概率密度函数为

$$f_{L_h|X_{1:h}}(l_h \mid \boldsymbol{X}_{1:h}) \approx \frac{1}{A'_{L_h}} g_{L_h|\boldsymbol{X}_{1:h}}(l_h \mid \boldsymbol{X}_{1:h}) \tag{3.41}$$

其中，

$$A'_{L_h} = \int_0^{\infty} g_{L_h|\boldsymbol{X}_{1:h}}(l_h \mid \boldsymbol{X}_{1:h})\mathrm{d}l_h \tag{3.42}$$

$$\begin{aligned} g_{L_h|X_{1.h}}(l_h \mid X_{1.h}) \approx {} & \frac{1}{\sqrt{2\pi B^3 l_h{}^2}} \times \\ & [B(\omega - X(t_h)) - C(\omega - X(t_h))((t_h + l_h)^b - t_h^b)P_{h|h} - \hat{\lambda}_h \sigma_B^2 l_h] \\ & \exp\left[-\frac{(\omega - X(t_h) - \hat{\lambda}_h (t_h + l_h)^b + \lambda_h t_h^b)^2}{2B}\right] \end{aligned} \tag{3.43}$$

$$B = ((t_h + l_h)^b - t_h^b)^2 P_{h|h} + \sigma_B^2 l_h \tag{3.44}$$

$$C = l_h(1 - b(t_h + l_h)^{b-1}) \tag{3.45}$$

根据设备剩余寿命的概率密度函数,求得设备剩余寿命的期望为

$$E(L_h | \boldsymbol{X}_{1:h}) = \int_0^\infty l_h f_{L_h|X_{1:h}}(l_h | \boldsymbol{X}_{1:h}) \mathrm{d}l_h \tag{3.46}$$

3.2.5 仿真实例分析

已知某型高能激光器的关键性能参数为工作电流。当激光器工作电流增加量达到规定阈值时,则判定激光器失效。本书根据文献[96]给出的激光器退化数据,采用蒙特卡洛仿真方法,设定初始参数 $\mu_\lambda, \sigma_\lambda^2, \sigma_B^2, b$ 分别为 1,0.0625,0.04,1.5,产生 6 组样本性能退化数据如图 3.1 所示。

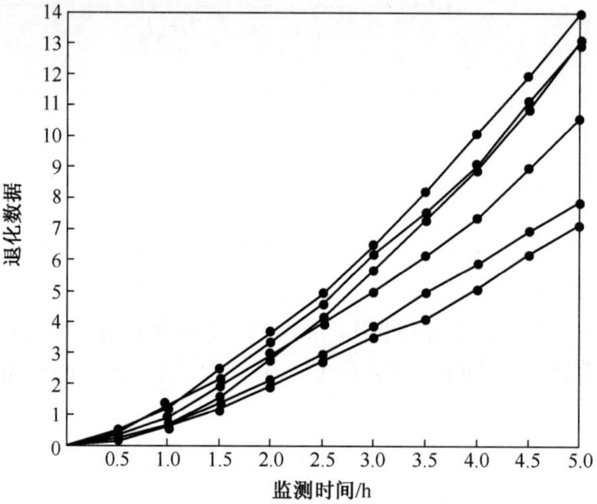

图 3.1　6 组样本仿真退化数据

为了验证本书所提出的非线性退化建模及剩余寿命预测方法的正确性和优势,采用赤池信息准则(AIC)和总体均方误差(MSE)来进行衡量。具体公式为

$$\mathrm{AIC} = 2p - 2\ln L(\boldsymbol{\Theta}) \tag{3.47}$$

式中:p 为未知参数个数;$L(\boldsymbol{\Theta})$ 表示似然函数值。

$$\mathrm{MSE} = \frac{1}{m}\sum_{j=1}^{m} (\hat{F}(t_j) - F_0(t_j)) \tag{3.48}$$

式中:m 为取点数;$\hat{F}(t_j)$ 为 t_j 时刻估计出的累积分布函数值;$F_0(t_j)$ 为 t_j 时刻真实的累积分布函数值。

1. 不同退化建模方法之间的比较

将本书提出考虑随机效应的非线性退化建模方法记为 M1,将学者 Peng 等[37]

提出的考虑随机效应的线性退化建模方法(参数 $b=1$)记为 M2,将未考虑随机效应的非线性退化建模方法(参数 $\sigma_\lambda^2=0$)记为 M3,采用修正 EM 算法进行参数估计,得到的结果见表 3.1。

从表 3.1 可以看出,M1 的 Lg-LF 值、AIC 值和 MSE 值均最小,说明 M1 的模型拟合性最优、估计误差最小,因此,为了准确地描述非线性退化设备数据特征,在其退化建模过程中需同时考虑随机效应和非线性特征的影响。

表 3.1 三种不同退化建模方法比较

方法	μ_λ	σ_λ^2	σ_B^2	b	Lg-LF	AIC	MSE
真值	1	0.0625	0.04	1.5	—	—	—
M1	0.931	0.0682	0.088	1.521	−25.641	59.282	0.950
M2	0.951	0.1210	0.176	1.000	−29.310	64.620	2.321
M3	1.854	0	0.101	1.534	−33.672	73.344	7.319

2. 先验参数估计结果

分别采用本书提出的修正 EM 算法(无偏估计)、传统 EM 算法(渐近估计)、两步极大似然估计(TSMLE)对非线性退化模型中未知参数集 $\boldsymbol{\Theta}$ 进行估计,结果见表 3.2。从表中可以看出,修正 EM 算法的参数估计结果最接近于参数真值(即仿真设定的初值),说明该算法的参数估计精度最高、收敛速度快(迭代 40 次后收敛,迭代计算结果如图 3.2 所示);而传统 EM 算法的估计结果离真值较远,说明该算法的估计精度较低且收敛速度较慢(迭代 2000 次才后收敛),TSMLE 算法的估计结果离真值最远,说明 TSMLE 算法的估计精度最低。

表 3.2 不同算法的参数估计结果

方法	μ_λ	σ_λ^2	σ_B^2	b
修正 EM	0.931	0.0682	0.088	1.521
EM	0.931	0.0891	0.102	1.521
TSMLE	0.976	0.225	0.390	1.580

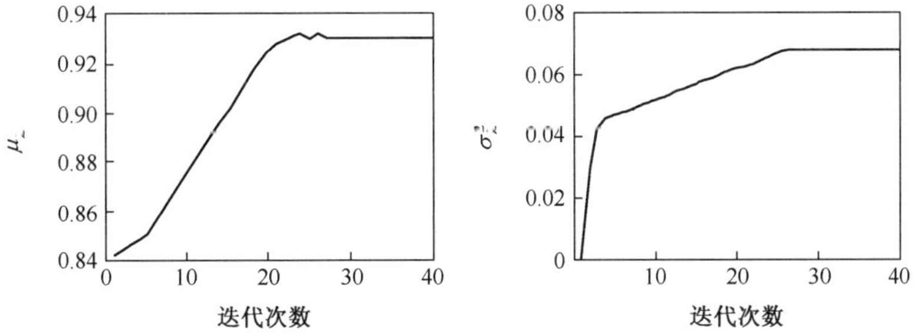

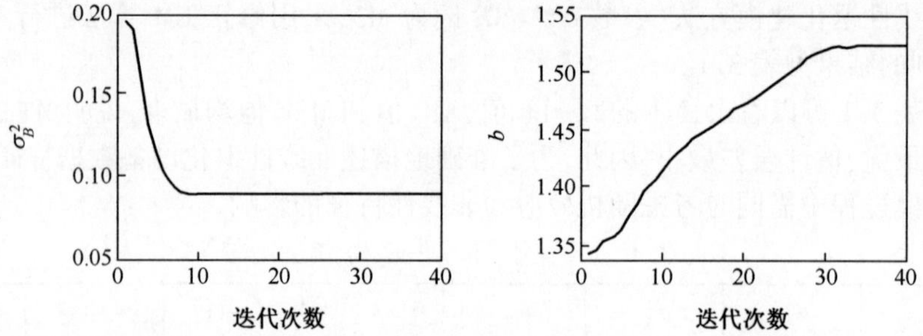

图 3.2 修正 EM 算法的迭代计算结果

3. 剩余寿命预测

同样采用蒙特卡洛仿真方法,得到目标设备的仿真退化轨迹如图 3.3 所示。已知目标设备在第 5h 处性能退化数值为 12.52。为了验证所建剩余寿命预测模型的正确性,假设该类设备的失效阈值为 12.52,可以认为目标设备在 5h 处刚好失效。

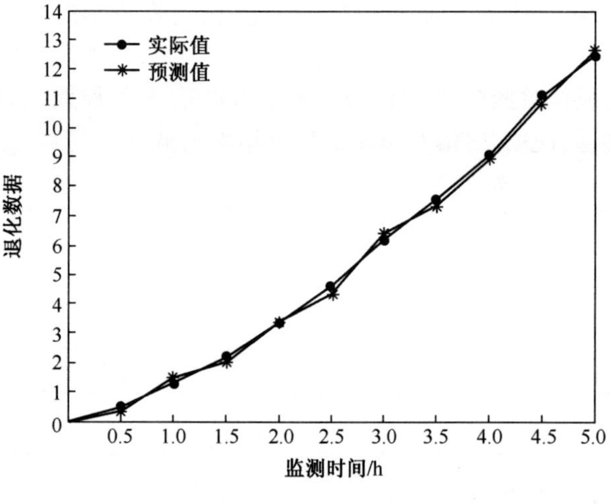

图 3.3 目标设备的仿真轨迹与预测轨迹

将本书提出基于随机系数与当前状态同步更新的剩余寿命预测模型记为 M4,将 Tang 等[44]提出的基于随机系数更新的剩余寿命预测模型记为 M5,分别计算出 M4 和 M5 模型的剩余寿命概率密度函数如图 3.4 所示。

由图 3.4 可以看出,M4 与 M5 的剩余寿命概率密度函数都能覆盖目标设备的

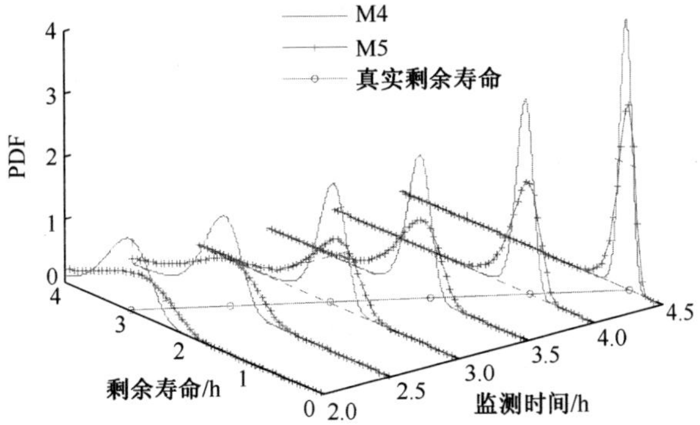

图 3.4　M4 与 M5 的剩余寿命概率密度函数

实际剩余寿命值,但 M4 的剩余寿命概率密度函数比 M5 的剩余寿命概率密度函数更窄一些。这是因为 M4 利用目标设备历史退化信息,来同步更新随机系数后验值和当前退化状态,使得剩余寿命的概率密度函数更加符合目标设备个体退化特征,因此 M4 的模型拟合性优于 M5。这一点从图 3.3 中目标设备的预测退化轨迹与仿真退化轨迹拟合情况也可以证实。

由式(3.46)分别计算出不同监测时刻下 M4 和 M5 的置信度为 95%的剩余寿命区间值如图 3.5 所示。可以看出,M4 与 M5 的剩余寿命置信区间都能涵盖目标设备的实际剩余寿命值,而且 M4 的剩余寿命置信区间明显小于 M5 的剩余寿命置信区间,说明 M4 的剩余寿命预测精度高于 M5。由式(3.48)分别计算出不同监测时刻下 M4 和 M5 的 MES 值如图 3.6 所示。可以看出,M4 的 MSE 值一直都低于 M5 的 MSE 值,也说明 M4 的剩余寿命预测精度高于 M5。

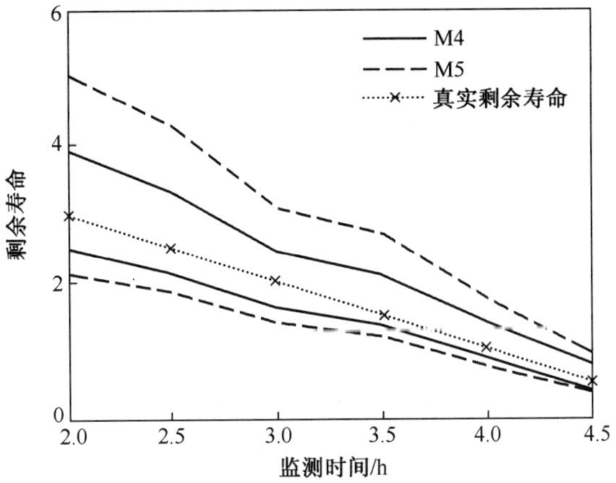

图 3.5　M4 与 M5 的剩余寿命置信区间

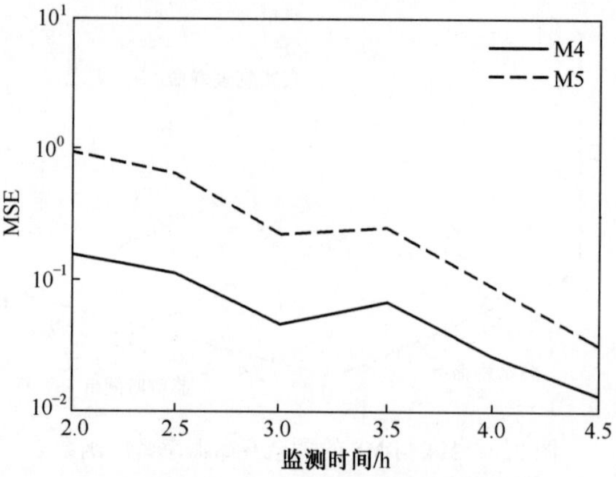

图 3.6　M4 与 M5 的 MSE 值

同时，随着监测时间的延长，目标设备的剩余寿命置信区间逐渐变窄且 MSE 值逐渐变小。这是因为目标设备历史退化信息的不断增多，迭代更新了随机系数后验值和当前退化状态，逐渐提高了目标设备剩余寿命预测精度。

3.3　考虑随机效应和测量误差的非线性退化设备剩余寿命预测方法

3.3.1　考虑随机效应和测量误差的非线性退化建模

已知某设备的退化状态 $X(t)$ 可以用式(3.1)所示的非线性维纳过程来描述。为描述设备退化过程的随机效应，将维纳过程的漂移系数 λ 看作正态型随机变量，即 $\lambda \sim N(\mu_\lambda, \sigma_\lambda^2)$；为了描述监测过程中普遍存在的测量误差，令 $Y(t)$ 表示设备监测状态，此时设备的真实退化状态 $X(t)$ 是未知、隐含的。则 $Y(t)$ 与 $X(t)$ 之间的关系可以表示为

$$Y(t) = X(t) + \varepsilon \tag{3.49}$$

式中：ε 为测量误差，表示为 $\varepsilon \sim \mathrm{N}(0, \sigma_\varepsilon^2)$，且与 $B(t)$ 之间相互独立。

3.3.2　基于 EM 算法的先验参数估计

将上述退化模型中未知参数表示为 $\boldsymbol{\Theta} = \{\vartheta, \mu_\lambda, \sigma_\lambda^2, \sigma_B^2, \sigma_\varepsilon^2\}$。其中：$\vartheta, \sigma_B^2, \sigma_\varepsilon^2$ 称为固定系数，表征同类设备之间的共性退化特征；$\mu_\lambda, \sigma_\lambda^2$ 称为随机系数，表征

本书开展剩余寿命预测所关注的目标设备的个性退化特征。

假设现有 N 个同类设备的历史监测数据。由于相对于 $\boldsymbol{\Theta}$,各设备的漂移系数 $\boldsymbol{\lambda} = \{\lambda_1,\lambda_2,\cdots,\lambda_N\}'$ 是未知、隐含的,难以直接采用传统的极大似然估计算法求解,而 EM 算法则可以很好地解决了此问题。它是一种在含有隐含变量的概率模型中寻求参数极大似然估计的迭代估计算法[97]。因此,本书拟采用 EM 算法来求解 $\boldsymbol{\Theta}$,具体如下。

将设备 i 的监测时间记为 $t_{1,i},t_{2,i},\cdots,t_{m_i,i}$（$i=1,2,\cdots,N$；$m_i$ 表示设备 i 的监测次数),对应的监测状态记为 $Y_i=\{Y_i(t_{1,i}),Y_i(t_{2,i}),\cdots,Y_i(t_{m_i,i})\}$,对应的真实退化状态记为 $\boldsymbol{X}_i=\{X_i(t_{1,i}),X_i(t_{2,i}),\cdots,X_i(t_{m_i,i})\}$,则 N 个设备的监测状态表示为 $\boldsymbol{Y}_{1:N}=\{\boldsymbol{Y}_1,\boldsymbol{Y}_2,\cdots,\boldsymbol{Y}_N\}$,对应的真实退化状态表示为 $\boldsymbol{X}_{1:N}=\{\boldsymbol{X}_1,\boldsymbol{X}_2,\cdots,\boldsymbol{X}_N\}$。

将设备 i 在 $t_{j,i}$ 处的监测数据记为 $Y_i(t_{j,i})$,对应的真实退化数据记为 $X_i(t_{j,i})$,对应的监测增量记为 $\Delta Y_i(t_{j,i})=Y_i(t_{j,i})-Y_i(t_{j-1,i})$,对应的退化增量为 $\Delta X_i(t_{j,i})=X_i(t_{j,i})-X_i(t_{j-1,i})$,$T_{j,i}=\Lambda(t_{j,i};\vartheta)$,$\Delta T_{j,i}=\Lambda(t_{j,i};\vartheta)-\Lambda(t_{j-1,i};\vartheta)$。令设备 i 的监测增量为 $\Delta\boldsymbol{y}_i=\{\Delta Y_i(t_{1,i}),\Delta Y_i(t_{2,i})\cdots,\Delta Y_i(t_{m_i,i})\}'$,$\Delta\boldsymbol{T}_i=\{\Delta T_{1,i},\Delta T_{2,i},\cdots,\Delta T_{m_i,i}\}'$。

根据多元维纳过程的性质可知,Δy_i 服从多元正态分布,其期望和协方差矩阵为

$$\begin{cases} E(\Delta y_i)=\lambda_i\Delta\boldsymbol{T}_i \\ \boldsymbol{\Sigma}_i=\sigma_B^2\boldsymbol{D}_i+\sigma_\varepsilon^2\boldsymbol{P}_i \end{cases} \tag{3.50}$$

式中:$\boldsymbol{D}_i=\mathrm{diag}(\Delta t_{1,i},\Delta t_{2,i},\cdots,\Delta t_{m_i,i})$;$\boldsymbol{P}_i=\begin{pmatrix} 1 & -1 & 0 & \cdots & 0 \\ -1 & 2 & -1 & \cdots & \vdots \\ 0 & -1 & 2 & \ddots & 0 \\ \vdots & \vdots & \ddots & \ddots & -1 \\ 0 & 0 & \cdots & -1 & 2 \end{pmatrix}_{m_i\times m_i}$。

首先,计算出 $\boldsymbol{Y}_{1:N}$ 的完全对数似然函数,即

$$\ln L(\boldsymbol{\Theta}\mid \boldsymbol{Y}_{1:N})=-\frac{\ln 2\pi}{2}\sum_{i=1}^{N}m_i-\frac{1}{2}\sum_{i=1}^{N}\ln|\boldsymbol{\Sigma}_i|-$$
$$\frac{1}{2}\sum_{i=1}^{N}(\Delta y_i-\lambda_i\Delta T_i)'\boldsymbol{\Sigma}_i^{-1}(\Delta y_i-\lambda_i\Delta T_i)-\frac{N}{2}\ln 2\pi-\frac{N}{2}\ln\sigma_\lambda^2-\frac{1}{2\sigma_\lambda^2}\sum_{i=1}^{N}(\lambda_i-\mu_\lambda)^2 \tag{3.51}$$

然后,令 $\boldsymbol{\Theta}^{(n)}=\{\vartheta^{(n)},\mu_\lambda^{(n)},\sigma_\lambda^{2(n)},\sigma_B^{2(n)},\sigma_\varepsilon^{2(n)}\}$ 为给定 $Y_{1:N}$ 在第 n 步的参数估计值,则第 $n+1$ 步估计分为 E 步和 M 步。

E 步:计算出完全对数似然函数的期望,即

$$L(\boldsymbol{\Theta}\mid\hat{\boldsymbol{\Theta}}^{(n)})=E_{\lambda,X_{1:N}\mid Y_{1:N},\boldsymbol{\Theta}^{(n)}}(\ln L(\boldsymbol{\Theta}\mid Y_{1:N},\hat{\boldsymbol{\Theta}}^{(n)})) \tag{3.52}$$

M 步：最大化 $L(\boldsymbol{\Theta} \mid \hat{\boldsymbol{\Theta}}^{(n)})$ ，即

$$\hat{\boldsymbol{\Theta}}^{(n+1)} = \arg\max_{\boldsymbol{\Theta}} L(\boldsymbol{\Theta} \mid \hat{\boldsymbol{\Theta}}^{(n)}) \tag{3.53}$$

重复 E 步和 M 步的迭代计算，直到 $\| \hat{\boldsymbol{\Theta}}^{(n+1)} - \hat{\boldsymbol{\Theta}}^{(n)} \|$ 充分小时则停止，此时的参数估计值即可所求。

3.3.3 基于 KF 算法的隐含状态更新

将目标设备在时刻 t_k 处的监测状态记为 $\boldsymbol{Y}_{1:k} = (Y(t_1), Y(t_2), \cdots, Y(t_k))$ ，对应的真实退化状态记为 $\boldsymbol{X}_{1:k} = (X(t_1), X(t_2), \cdots, X(t_k))$ 。利用状态空间模型来描述目标设备当前监测状态如下：

$$\begin{cases} X(t_k) = X(t_{k-1}) + \boldsymbol{\lambda}_{k-1}(\Lambda(t_k;\boldsymbol{\vartheta}) - \Lambda(t_{k-1};\boldsymbol{\vartheta})) + \boldsymbol{\nu}_k \\ \boldsymbol{\lambda}_k = \boldsymbol{\lambda}_{k-1} \\ Y(t_k) = X(t_k) + \boldsymbol{\varepsilon}_k \end{cases} \tag{3.54}$$

式中：$\boldsymbol{\lambda}_k$ 和 $X(t_k)$ 为 t_k 处的漂移系数和真实退化状态，都是需要从 $\boldsymbol{Y}_{1:k}$ 中估计的隐含状态；$\boldsymbol{\nu}_k = \boldsymbol{\sigma}_B(B(t_k) - B(t_{k-1}))$ ，$\boldsymbol{\varepsilon}_k$ 为 t_k 处的测量误差且 $\{\boldsymbol{\nu}_k\}_{k\geqslant 1}$ 与 $\{\boldsymbol{\varepsilon}_k\}_{k\geqslant 1}$ 之间独立同分布，根据维纳过程性质可知，$\boldsymbol{\nu}_k \sim \mathrm{N}(0, \sigma_B^2 \Delta t_k)$ ，其中 $\Delta t_k = t_k - t_{k-1}$)；$\boldsymbol{\lambda}_k = \boldsymbol{\lambda}_{k-1}$ 是基于单元特定假设。

由式(3.54)可知，该状态空间模型是线性的，因此本书拟采用 KF 算法对上式隐含状态进行估计。

首先，定义 t_k 处隐含向量为 $\boldsymbol{z}_k = (X(t_k), \boldsymbol{\lambda}_k)'$ ，对式(3.54)简化，则有

$$\begin{cases} \boldsymbol{z}_k = \boldsymbol{A}_k \boldsymbol{z}_{k-1} + \boldsymbol{\eta}_k \\ \boldsymbol{Y}(t_k) = \boldsymbol{C}\boldsymbol{z}_k + \boldsymbol{\varepsilon}_k \end{cases} \tag{3.55}$$

式中：$\boldsymbol{A}_k = \begin{bmatrix} 1 & \Lambda(t_k;\boldsymbol{\vartheta}) - \Lambda(t_{k-1};\boldsymbol{\vartheta}) \\ 0 & 1 \end{bmatrix}$ ；$\boldsymbol{C} = \begin{bmatrix} 1 \\ 0 \end{bmatrix}^{\mathrm{T}}$ ；$\boldsymbol{\eta}_k = \begin{bmatrix} \nu_k \\ 0 \end{bmatrix}$ ；$\boldsymbol{\eta}_k \sim \mathrm{N}(0, \boldsymbol{Q}_k)$ ；$\boldsymbol{Q}_k = \begin{bmatrix} \sigma_B^2(t_k - t_{k-1}) & 0 \\ 0 & 0 \end{bmatrix}$。

然后定义基于 $\boldsymbol{Y}_{1:k}$ 估计的 $\boldsymbol{z}_k$ 期望和协方差为

$$\hat{\boldsymbol{z}}_{k|k} = \begin{bmatrix} \hat{X}_{k|k} \\ \hat{\boldsymbol{\lambda}}_{k|k} \end{bmatrix} = E(\boldsymbol{z}_k \mid \boldsymbol{Y}_{1:k}) \tag{3.56}$$

$$\boldsymbol{P}_{k|k} = \begin{bmatrix} \boldsymbol{\kappa}_{x,k}^2 & \boldsymbol{\kappa}_{x\lambda,k}^2 \\ \boldsymbol{\kappa}_{x\lambda,k}^2 & \boldsymbol{\kappa}_{\lambda,k}^2 \end{bmatrix} = \mathrm{Cov}(\boldsymbol{z}_k \mid \boldsymbol{Y}_{1:k}) \tag{3.57}$$

式中：$\hat{X}_{k|k} = E(X(t_k) \mid \boldsymbol{Y}_{1:k})$ ；$\hat{\boldsymbol{\lambda}}_{k|k} = E(\boldsymbol{\lambda}_k \mid \boldsymbol{Y}_{1:k})$ ；$\boldsymbol{\kappa}_{x,k}^2 = \mathrm{Var}(X(t_k) \mid \boldsymbol{Y}_{1:k})$ ；

$\kappa_{x\lambda,k}^2 = \mathrm{Cov}(X(t_k)\boldsymbol{\lambda}_k \mid \boldsymbol{Y}_{1:k})$; $\kappa_{\lambda,k}^2 = \mathrm{Var}(\boldsymbol{\lambda}_k \mid \boldsymbol{Y}_{1:k})$。

再定义此时的一步预测期望和协方差如下：

$$\hat{\boldsymbol{z}}_{k|k-1} = \begin{bmatrix} \hat{\boldsymbol{X}}_{k|k-1} \\ \hat{\boldsymbol{\lambda}}_{k|k-1} \end{bmatrix} = E(\boldsymbol{z}_k \mid \boldsymbol{Y}_{1:k-1}) \tag{3.58}$$

$$\boldsymbol{P}_{k|k-1} = \begin{bmatrix} \boldsymbol{\kappa}_{x,k-1}^2 & \boldsymbol{\kappa}_{x\lambda,k-1}^2 \\ \boldsymbol{\kappa}_{x\lambda,k-1}^2 & \boldsymbol{\kappa}_{\lambda,k-1}^2 \end{bmatrix} = \mathrm{Cov}(\boldsymbol{z}_k \mid \boldsymbol{Y}_{1:k-1}) \tag{3.59}$$

最后，对式(3.55)中 $\boldsymbol{z}_k$ 进行估计，分为预测与更新两部分。

预测：

$$\begin{cases} \hat{\boldsymbol{z}}_{k|k-1} = \boldsymbol{A}_k \hat{\boldsymbol{z}}_{k-1|k-1} \\ \hat{\boldsymbol{z}}_{k|k} = \hat{\boldsymbol{z}}_{k|k-1} + \boldsymbol{K}(k)(Y(t_k) - \boldsymbol{C}\hat{\boldsymbol{z}}_{k|k-1}) \\ \boldsymbol{K}(k) = \boldsymbol{P}_{k|k-1}\boldsymbol{C}^{\mathrm{T}}[\boldsymbol{C}\boldsymbol{P}_{k|k-1}\boldsymbol{C}^{\mathrm{T}} + \sigma^2]^{-1} \\ \boldsymbol{P}_{k|k-1} = \boldsymbol{A}_k\boldsymbol{P}_{k-1|k-1}\boldsymbol{A}_k^{\mathrm{T}} + \boldsymbol{Q}_k \end{cases} \tag{3.60}$$

更新：

$$\boldsymbol{P}_{k|k} = \boldsymbol{P}_{k|k-1} - \boldsymbol{K}(k)\boldsymbol{C}\boldsymbol{P}_{k|k-1} \tag{3.61}$$

初始值为：$\hat{z}_{0|0} = \begin{bmatrix} 0 \\ \mu_\lambda \end{bmatrix}$，　$\boldsymbol{P}_{0|0} = \begin{bmatrix} 0 & 0 \\ 0 & \sigma_\lambda^2 \end{bmatrix}$。

迭代进行预测与更新步骤，即可求解出此时 z_k 后验分布，即 $z_k \sim \mathrm{N}(\hat{z}_{k|k}, \boldsymbol{P}_{k|k})$。考虑到工程实际中 $\boldsymbol{\lambda}_k$ 和 $X(t_k)$ 后验估计之间关联影响不大，一般可认为两者之间相互独立。因此，$\boldsymbol{\lambda}_k$ 和 $X(t_k)$ 后验分布分别表示为 $\boldsymbol{\lambda}_k | \boldsymbol{Y}_{1:k} \sim \mathrm{N}(\hat{\boldsymbol{\lambda}}_{k|k}, \boldsymbol{\kappa}_{\lambda,k}^2)$ 和 $X(t_k) | \boldsymbol{Y}_{1:k} \sim \mathrm{N}(\hat{X}_{k|k}, \boldsymbol{\kappa}_{x,k}^2)$。

3.3.4 基于首达时分布的设备剩余寿命分布推导

将设备在 t_k 处的剩余寿命记为 L_k。令 $l_k = t - t_k$，由式(3.3)推导出给定 $\boldsymbol{\lambda}_k$ 和 $X(t_k)$ 条件下 L_k 的概率密度函数近似表达式为

$$f_{L_k|\lambda_k,X(t_k)}(l_k \mid \lambda_k, X(t_k)) \approx \frac{1}{\sqrt{2\pi\sigma_B^2 l_k{}^3}}[\omega - X(t_k) - \lambda_k\beta(l_k;\boldsymbol{\vartheta})] \times \exp\left[-\frac{(w - X(t_k) - \lambda_k\varphi(l_k))^2}{2\sigma_B^2 l_k}\right] \tag{3.62}$$

式中：$\varphi(l_k) = \Lambda(l_k + t_k;\boldsymbol{\vartheta}) - \Lambda(t_k;\boldsymbol{\vartheta})$。

将给定 $\boldsymbol{\lambda}_k$、$X(t_k)$ 以及 $\boldsymbol{Y}_{1:k}$ 条件下 L_k 的概率密度函数记为 $f_{L_k|\lambda_k,X(t_k),Y_{1:k}}(l_k \mid \boldsymbol{\lambda}_k, X(t_k), \boldsymbol{Y}_{1:k})$，根据布朗运动的马尔可夫性，有

$$f_{L_k|\lambda_k,X(t_k),\boldsymbol{Y}_{1:k}}(l_k \mid \lambda_k,X(t_k),\boldsymbol{Y}_{1:k}) = f_{L_k|\lambda_k,X(t_k)}(l_k \mid \lambda_k,X(t_k)) \tag{3.63}$$

利用全概率公式,推导出此时基于 $\boldsymbol{Y}_{1:k}$ 的设备 L_k 的概率密度函数为

$$f_{L_k|\boldsymbol{Y}_{1:k}}(l_k \mid \boldsymbol{Y}_{1:k}) = E_{X(t_k)}\{E_{\lambda_k|\boldsymbol{Y}_{1:k}}[f_{L_k|\lambda_k,X(t_k),\boldsymbol{Y}_{1:k}}(l_k \mid \lambda_k,X(t_k),\boldsymbol{Y}_{1:k})]\} \tag{3.64}$$

为求解上式完整表达式,先介绍如下引理[33]。

引理 3.2:已知 $Z_1 \sim \mathrm{N}(\mu_1,\sigma_1^2)$,$Z_2 \sim \mathrm{N}(\mu_2,\sigma_2^2)$,$w,A,B \in \mathrm{R}$ 且 $C \in \mathrm{R}^+$,则有

$$\begin{aligned}
&E_{Z_1}\{E_{Z_2}[(w - Z_1 - AZ_2) \cdot \exp(-(w - Z_1 - BZ_2)^2/2C)]\} \\
&= \sqrt{\frac{C}{B^2\sigma_2^2 + \sigma_1^2 + C}}\exp\left(-\frac{(w-\mu_1-B\mu_2)^2}{2(B^2\sigma_2^2+\sigma_1^2+C)}\right) \times \\
&\left(w - \mu_1 - A\mu_2 - \frac{w-\mu_1-B\mu_2}{B^2\sigma_2^2+\sigma_1^2+C}(\sigma_1^2 + AB\sigma_2^2)\right)
\end{aligned} \tag{3.65}$$

根据式(3.64)和式(3.65),可推导出基于 $\boldsymbol{Y}_{1:k}$ 的设备 L_k 的概率密度函数近似表达式为

$$\begin{aligned}
f_{L_k|\boldsymbol{Y}_{1:k}}(l_k|\boldsymbol{Y}_{1:k}) \approx & \frac{1}{\sqrt{2\pi l_k^2(\kappa_{\lambda,k}^2\varphi(l_k)^2+\sigma_B^2 l_k+\kappa_{x,k}^2)}} \times \\
& \exp\left[-\frac{(w-\hat{X}_{k|k}-\hat{\lambda}_{k|k}\varphi(l_k))^2}{2(\kappa_{\lambda,k}^2\varphi(l_k)^2+\sigma_B^2 l_k+\kappa_{x,k}^2)}\right] \times \\
& \left[w-\hat{X}_{k|k}-\hat{\lambda}_{k|k}\beta(l_k)-\frac{w-\hat{X}_{k|k}-\hat{\lambda}_{k|k}\varphi(l_k)}{\kappa_{\lambda,k}^2\varphi(l_k)^2+\sigma_B^2 l_k+\sigma^2}(\kappa_{\lambda,k}^2\varphi(l_k)\beta(l_k)+\kappa_{x,k}^2)\right]
\end{aligned} \tag{3.66}$$

3.3.5 仿真实例分析

引用 Meeker 等[96]专著中提供的 7 组某型高性能激光器实测性能退化数据如图 3.7 所示。不失一般性情况下,令 $\Lambda(t;\boldsymbol{\vartheta})=t^b$,采用蒙特卡洛仿真方法,设定仿真参数并作为参数真值,具体为 $\mu_\lambda = 1$, $\sigma_\lambda^2 = 0.0625$, $b = 1.5$, $\sigma_B^2 = 0.04$, $\sigma_\varepsilon^2 = 0.09$,得到 7 组带测量误差的监测数据如图 3.8 所示。

将本书提出的考虑随机效应和测量误差的非线性退化建模及剩余寿命预测方法记为 M1,将 Feng 等[48]提出的仅考虑测量误差的非线性退化建模及剩余寿命预测方法记为 M2,将 Si 等[34]提出的仅考虑随机效应的非线性退化建模及剩余寿命预测方法记为 M3;将司小胜等[98]提出的仅考虑测量误差的线性退化模型(此时 $b=1$)及剩余寿命预测方法记为 M4。采用赤池信息准则(AIC)来评价模型拟合的优劣性,采用均方误差(MSE)来衡量模型估计的准确性。

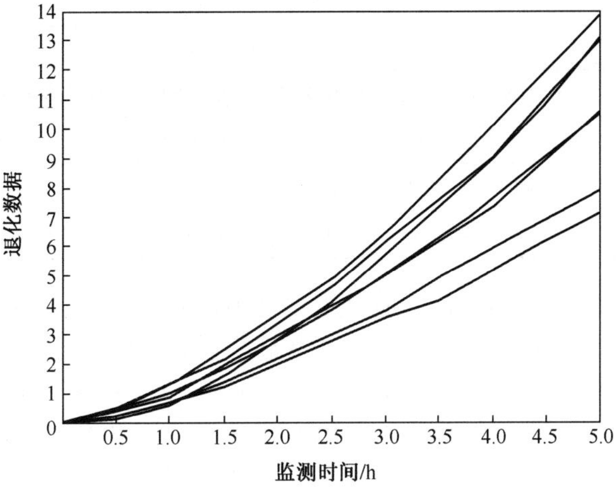

图 3.7　7 组真实退化数据

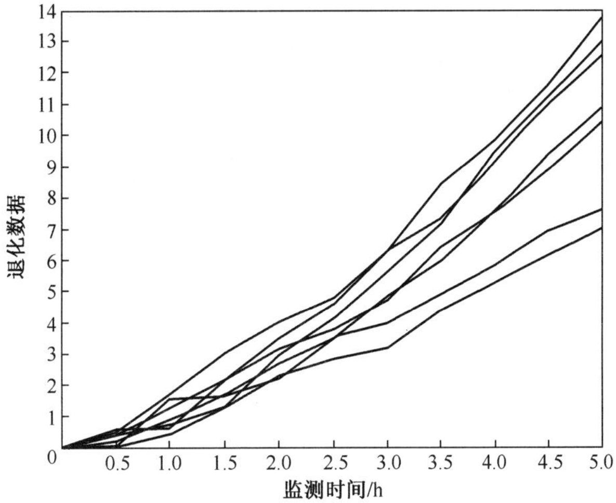

图 3.8　7 组仿真的监测数据

1. 先验参数估计结果

将图 3.8 中数据作为同类设备历史监测数据,采用 EM 算法求解先验参数估计值,结果见表 3.3。

表 3.3　M1、M2 和 M3 的先验参数估计结果

模型	u_λ	σ_λ^2	b	σ_B^2	σ_ε^2	$-\ln L(\cdot)$	AIC	MSE
真值	1	0.0625	1.5	0.04	0.09	—	—	—
M1	0.9994	0.0520	1.6006	0.0718	0.0759	−27.326	65.652	3.13×10^{-3}
M2	0.9870	—	1.6172	0.0957	0.0603	−28.655	68.310	8.96×10^{-3}
M3	1.0078	0.0603	1.6016	0.3557	—	−32.586	73.172	4.14×10^{-2}
M4	1.1201	—	1	0.5691	1.0105	−37.471	80.942	7.52×10^{-2}

由表 3.3 可以看出，M1 的先验参数估计值离真值最近，其 AIC 值和 MSE 值最小，说明 M1 的模型先验参数估计误差最小、模型拟合精度最高。这是因为 M1 同时建模了非线性、随机效应和测量误差这三种因素对设备退化模型的不确定性影响，能更好地刻画设备退化过程的多种复合退化特征，而 M2、M3 和 M4 仅建模一种或两种退化特征对设备退化过程的不确定性影响，因此所建的模型拟合精度相对较低；而且由于该类设备呈现出明显的非线性退化趋势（见图 3.8），M4 忽略了退化过程的非线性特征，会导致所建的退化模型与实际退化过程偏差较大。

2. 剩余寿命预测结果

图 3.9 给出了目标设备的真实退化数据和仿真监测数据，已知该目标设备在监测末期(5h 处)的真实退化数值为 13.02。为了验证本书所建的剩余寿命预测模型的正确性，假设该类设备的失效阈值为 13.01，则认为该设备在 5h 处刚好处于退化失效状态。

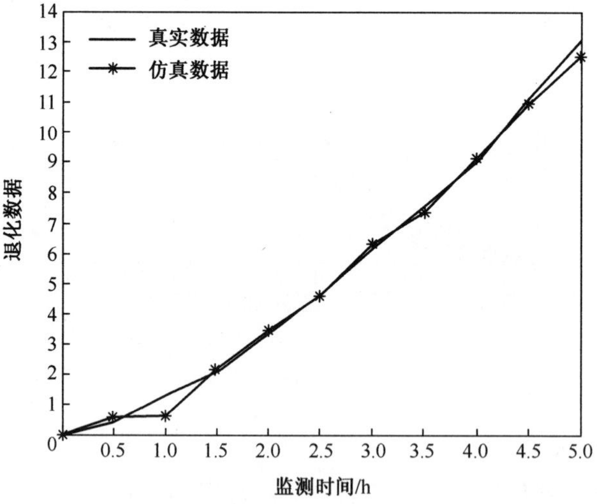

图 3.9　目标设备的真实退化数据与仿真退化数据

分别计算出 M1、M2 和 M3 的剩余寿命概率密度函数如图 3.10 所示。

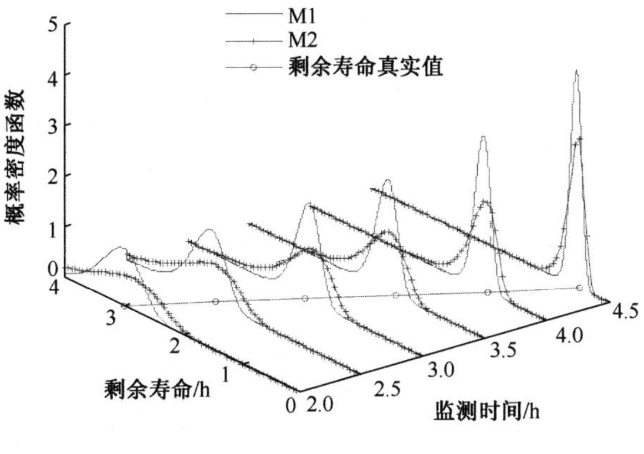

（a）

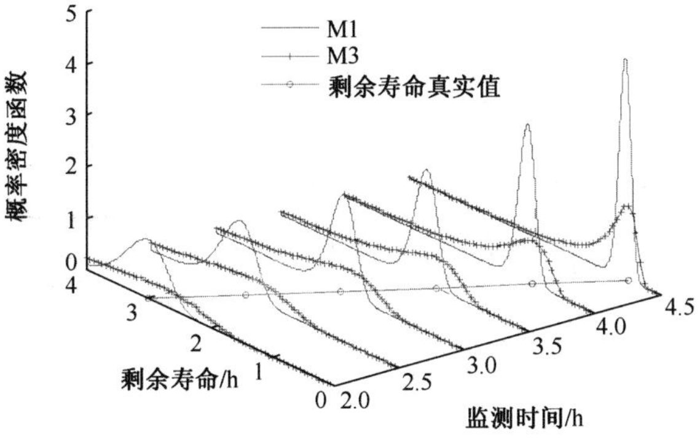

（b）

图 3.10　M1、M2 和 M3 的剩余寿命概率密度函数
(a)M1 和 M2;(b)M1 和 M3。

可以看出,M1、M2 和 M3 的剩余寿命概率密度函数都能覆盖目标设备的剩余寿命真实值,但 M1 的剩余寿命概率密度函数比 M2 和 M3 更窄一些,这样有助于减少预测结果的不确定性。这是由于 M1 利用目标设备当前监测数据来同步更新随机系数和当前真实退化状态的后验分布,使得设备剩余寿命的概率密度函数更加符合目标设备剩余寿命预测的个性需求;而 M2 只估计出当前真实退化状态,忽略了随机效应对剩余寿命预测结果的不确定性影响;M3 只更新了随机系数后验值,忽略了测量误差对设备剩余寿命预测结果的不确定性影响,两者都会降低剩余寿命预测精度。因此,M1 的预测精度优于 M2 和 M3。

分别计算出 M1、M2 和 M3 的 MSE 值,见表 3.3。可以看出,M1 的 MSE 值最小,说明 M1 的剩余寿命估计误差要小于 M2 和 M3。同时,计算出 M1、M2 和 M3

的剩余寿命95%置信区间如图3.11所示。

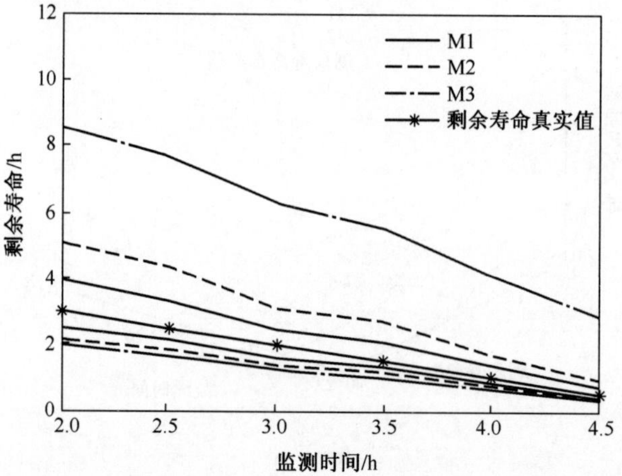

图3.11　M1、M2和M3的剩余寿命95%置信区间

由图3.11可知,M1、M2和M3的剩余寿命95%置信区间都可以涵盖目标设备剩余寿命真实值,但M1的置信区间比M2和M3更窄一些,有助于减少设备剩余寿命预测结果的不确定性,可以更好地适应目标设备剩余寿命预测的个性需求,也进一步说明了M1的剩余寿命估计误差比M2和M3都小。

第4章 基于隐含非线性退化建模的设备剩余寿命预测方法

4.1 引 言

对于复杂设备而言,其性能退化过程通常是隐含在设备内部的。一方面很难实现对隐含性能退化过程的实时监测,另一方面被在线测量的设备状态变量却不能直接反映设备性能退化过程的影响。因为设备状态变量不仅受性能退化过程影响,而且会受到系统本身的动态特性、外部输入、扰动噪声的影响。例如,对于一个电路系统而言,其性能退化通常表现为电气参数(如电阻、电容值)的变化,而这些参数很难被实时测量,可以被测量的是其状态变量(如电压、电流),这些状态变量同时受电路结构的影响。因此,如何通过可测量的设备状态变量,分析设备隐含性能退化过程,从而预测设备剩余寿命,是一个具有现实意义的问题。

本章主要研究以下问题:一是建模隐含非线性退化过程以及退化过程与直接监测数据之间的随机关系;二是推导出剩余寿命的解析表达式;三是在非线性退化模型下实现目标设备剩余寿命预测的实时更新,并能准确反映目标设备实际运行情况。

4.2 隐含非线性退化建模

假设某设备的退化状态 $X(t)$ 可以式(3.1)所示的非线性维纳过程描述。由于受到噪声、扰动、不稳定测量仪器等影响,导致直接监测到的设备退化过程存在一定误差。为了描述设备直接监测状态与隐含的真实退化状态之间非线性随机关系,令 $Y(t)$ 表示设备监测状态,此时设备的真实退化状态 $X(t)$ 是隐含的。则 $Y(t)$ 与 $X(t)$ 之间的关系可以表示为

$$Y(t) = g(X(t);\boldsymbol{\xi}) + \varepsilon \tag{4.1}$$

式中:ε 表示测量误差且 $\varepsilon(t)$ 与 $B(t)$ 之间相互独立,一般假设 $\varepsilon \sim \mathrm{N}(0,\sigma_\varepsilon^2)$;$g(X(t);\boldsymbol{\xi})$ 为 $X(t)$ 的非线性函数且含有未知参数向量 $\boldsymbol{\xi}$。

因此,上述退化模型中的非线性主要体现在两部分:一是采用非线性函数来描述设备的真实退化状态 $X(t)$;二是采用非线性函数来描述直接监测状态 $Y(t)$ 与隐含的真实退化状态之间的非线性随机关系。而上述退化模型中的诸多不确定性主要是通过 σ_B^2 、σ_λ^2 和 σ_ε^2 三个方差项进行描述的。

4.3 基于 MLE 算法的先验参数估计

将上述退化模型中未知参数表示为 $\boldsymbol{\Theta}=\{\boldsymbol{\vartheta},\boldsymbol{\xi},\mu_\lambda,\sigma_\lambda^2,\sigma_B^2,\sigma_\varepsilon^2\}$ 。其中: $\boldsymbol{\vartheta}$, $\boldsymbol{\xi}$, $\sigma_B^2,\sigma_\varepsilon^2$ 称为固定系数,表征同类设备之间的共性退化特征; $\mu_\lambda,\sigma_\lambda^2$ 称为随机系数,表征目标设备的个性退化特征。

假设已知 N 台同类设备的历史监测数据。其中:将设备 i 的监测时间记为 $t_{1,i},t_{2,i},\cdots,t_{m_i,i}$ ($i=1,2,\cdots,N$; m_i 表示设备 i 的监测次数),对应的监测状态记为 $\boldsymbol{Y}_i=\{Y_i(t_{1,i}),Y_i(t_{2,i}),\cdots,Y_i(t_{m_i,i})\}$,对应的真实退化状态记为 $\boldsymbol{X}_i=\{X_i(t_{1,i}),X_i(t_{2,i}),\cdots,X_i(t_{m_i,i})\}$,则 N 个设备的监测状态表示为 $\boldsymbol{Y}_{1:N}=\{\boldsymbol{Y}_1,\boldsymbol{Y}_2,\cdots,\boldsymbol{Y}_N\}$,对应的真实退化状态表示为 $\boldsymbol{X}_{1:N}=\{\boldsymbol{X}_1,\boldsymbol{X}_2,\cdots,\boldsymbol{X}_N\}$ 。将设备 i 在 $t_{j,i}$ 处的监测数据记为 $Y_i(t_{j,i})$,对应的真实退化数据记为 $X_i(t_{j,i})$,对应的监测增量记为 $\Delta Y_i(t_{j,i})=Y_i(t_{j,i})-Y_i(t_{j-1,i})$,对应的真实退化增量为 $\Delta X_i(t_{j,i})=X_i(t_{j,i})-X_i(t_{j-1,i})$, $T_{j,i}=\Lambda(t_{j,i};\boldsymbol{\vartheta})$, $\Delta T_{j,i}=\Lambda(t_{j,i};\boldsymbol{\vartheta})-\Lambda(t_{j-1,i};\boldsymbol{\vartheta})$ 。令设备 i 的监测增量表示为 $\Delta y_i=\{\Delta Y_i(t_{1,i}),\Delta Y_i(t_{2,i})\cdots,\Delta Y_i(t_{m_i,i})\}'$, $\Delta T_i=\{\Delta T_{1,i},\Delta T_{2,i},\cdots,\Delta T_{m_i,i}\}'$。

由于 $g(X(t);\boldsymbol{\xi})$ 的非线性函数形式会给似然函数构建造成一定困难。这里一般采用一阶泰勒展开式,对 $g(X(t);\boldsymbol{\xi})$ 在 $X(0)$ 处进行近似线性化处理,则有

$$g(X(t);\boldsymbol{\xi})\approx g(X(0);\boldsymbol{\xi})+(X(t)-X(0))g'(X(0);\boldsymbol{\xi}) \tag{4.2}$$

式中: $g'(X(0);\boldsymbol{\xi})$ 表示 $g(X(t);\boldsymbol{\xi})$ 在 $X(0)$ 处的一阶导数。

这里以工程中常见的非线性函数形式 $g(X(t);\boldsymbol{\xi})=\beta\exp(X(t))$ 为例,进行适用性阐述。

根据式(4.2),可得

$$g(X(t);\boldsymbol{\xi})\approx\beta+\beta X(t) \tag{4.3}$$

根据多元维纳过程的性质可知, $\Delta\boldsymbol{y}_i$ 服从多元正态分布,其期望和协方差矩阵表示为

$$\begin{cases}E(\Delta\boldsymbol{y}_i)=\mu_\lambda\Delta\boldsymbol{T}_i\\ \boldsymbol{\Sigma}_i=\beta^2\Delta\boldsymbol{T}_i\Delta\boldsymbol{T}_i'+\beta^2\sigma_B^2\boldsymbol{D}_i+\sigma_\varepsilon^2\boldsymbol{P}_i\end{cases} \tag{4.4}$$

其中,

$$\boldsymbol{D}_i=\mathrm{diag}(\Delta t_{1,i},\Delta t_{2,i},\cdots,\Delta t_{m_i,i}) \tag{4.5}$$

$$
\boldsymbol{P}_i = \begin{pmatrix} 1 & -1 & 0 & \cdots & 0 \\ -1 & 2 & -1 & \cdots & \vdots \\ 0 & -1 & 2 & \ddots & 0 \\ \vdots & \vdots & \ddots & \ddots & -1 \\ 0 & 0 & \cdots & -1 & 2 \end{pmatrix}_{m_i \times m_i} \tag{4.6}
$$

进一步可得 $\boldsymbol{Y}_{1:N}$ 的对数似然函数为

$$
\ln L(\boldsymbol{Y}_{1:N}) = -\frac{\ln(2\pi)}{2}\sum_{i=1}^{N} m_i - \frac{1}{2}\sum_{i=1}^{N}\ln(|\boldsymbol{\Sigma}_i|) - \sum_{i=1}^{N}(\Delta y_i - \mu_\lambda T_i)'\boldsymbol{\Sigma}_i^{-1}(\Delta y_i - \mu_\lambda T_i) \tag{4.7}
$$

令 $\widetilde{\sigma_B^2} = \sigma_B^2/\sigma_\lambda^2, \widetilde{\sigma_\varepsilon^2} = \sigma_\varepsilon^2/\sigma_\lambda^2, \boldsymbol{\Sigma}_i = \boldsymbol{\Sigma}_i/\sigma_\lambda^2$，则上式可变为

$$
\ln L(\boldsymbol{Y}_{1:N}) = -\frac{\ln(2\pi)}{2}\sum_{i=1}^{N} m_i - \frac{1}{2}\ln\sigma_\lambda^2\sum_{i=1}^{N} m_i - \frac{1}{2\sigma_\lambda^2}\sum_{i=1}^{N}(\Delta y_i - \mu_\lambda T_i)'\widetilde{\boldsymbol{\Sigma}}_i^{-1}(\Delta y_i - \mu_\lambda T_i) - \frac{1}{2}\sum_{i=1}^{N}\ln(|\widetilde{\boldsymbol{\Sigma}}_i|) \tag{4.8}
$$

采用 MLE 算法对参数 $\boldsymbol{\Theta}$ 进行估计。首先令 $\ln L(\boldsymbol{Y}_{1:N})$ 关于 μ_λ 和 σ_λ^2 的一阶偏导数分别为零，可得

$$
\hat{\mu}_\lambda = \frac{\sum_{i=1}^{N}\boldsymbol{T}_i'\widetilde{\boldsymbol{\Sigma}}_i^{-1}\Delta y_i}{\sum_{i=1}^{N}\boldsymbol{T}_i'\widetilde{\boldsymbol{\Sigma}}_i^{-1}\boldsymbol{T}_i} \tag{4.9}
$$

$$
\hat{\sigma}_\lambda^2 = \frac{\sum_{i=1}^{N}(\Delta y_i - \mu_\lambda T_i)'\widetilde{\boldsymbol{\Sigma}}_i^{-1}(\Delta y_i - \mu_\lambda T_i)}{\sum_{i=1}^{N} m_i} \tag{4.10}
$$

易知，$\hat{\mu}_\lambda$ 与 $\hat{\sigma}_\lambda^2$ 中仍含有隐含变量 $\beta, \widetilde{\sigma_B^2}, \boldsymbol{\vartheta}, \widetilde{\sigma_\varepsilon^2}$，为求解隐含变量的估计值，将式(4.9)和式(4.10)代入式(4.8)可得

$$
\ln L(\boldsymbol{Y}) = -\frac{1 + \ln(2\pi) + \ln\hat{\sigma}_\lambda^2}{2}\sum_{i=1}^{N} m_i - \frac{1}{2}\sum_{i=1}^{N}\ln(|\widetilde{\boldsymbol{\Sigma}}_{\mathrm{i}}|) \tag{4.11}
$$

最大化式(4.11)即可得到 $\beta, \tilde{\sigma}_B^2, \boldsymbol{\vartheta}, \tilde{\sigma}_\varepsilon^2$ 的极大似然估计值。然后，将 $\beta, \tilde{\sigma}_B^2$,

$\boldsymbol{\vartheta}$,$\tilde{\sigma}_{\varepsilon}^{2}$ 的估计值分别代入式(4.9)和式(4.10),即可得到μ_{λ} 和 σ_{λ}^{2} 的先验估计值。

4.4 隐含状态分步更新

将目标设备在时刻 t_k 处的监测状态记为 $\boldsymbol{Y}_{1:k}=(Y(t_1),Y(t_2),\cdots,Y(t_k))$,对应的真实退化状态记为 $\boldsymbol{X}_{1:k}=(X(t_1),X(t_2),\cdots,X(t_k))$,令 $\Delta T_k=\Lambda(t_k;\boldsymbol{\vartheta})-\Lambda(t_{k-1};\boldsymbol{\vartheta})$; $\Delta Y_k=Y(t_k)-Y(t_{k-1})$ 。此时 t_k 处的漂移系数 $\boldsymbol{\lambda}_k$ 和真实退化状态 $X(t_k)$ 都是需要从 $\boldsymbol{Y}_{1:k}$ 中估计的隐含状态。

考虑到工程实际中 $\boldsymbol{\lambda}_k$ 和 $X(t_k)$ 后验估计之间关联影响不大,一般可认为两者之间相互独立。这里分两步进行更新:先采用贝叶斯推断方法来更新 $\boldsymbol{\lambda}_k$,再采用 EKF 算法来更新 $X(t_k)$ 。

4.4.1 基于贝叶斯推断的漂移系数更新

已知 λ 的先验估计值 $(\mu_\lambda,\sigma_\lambda^2)$ 作为其初始值 $(\mu_{\lambda,0},\sigma_{\lambda,0}^2)$,采用贝叶斯推断方法,基于 $Y_{1:k}$ 求解 $\boldsymbol{\lambda}_k$ 的后验估计为

$$\mu_{\lambda,k}=\frac{\Delta T_k^{\mathrm{T}}\ \Lambda^{-1}\Delta Y_k+\mu_{\lambda,0}}{1+\Delta T_k{}^{T}\ \Lambda^{-1}\Delta T_k} \tag{4.12}$$

$$\sigma_{\lambda,k}^2=\frac{\sigma_{\lambda,0}^2}{1+\Delta T_k{}^{T}\ \Lambda^{-1}\Delta T_k} \tag{4.13}$$

式中: $\boldsymbol{\Lambda}=\beta^2\sigma_B^2\boldsymbol{D}_i+\sigma^2\boldsymbol{P}_i$。

这样便可求解出此时 $\boldsymbol{\lambda}_k$ 的后验分布,表示为 $\boldsymbol{\lambda}_k \mid Y_{1:k}\sim(\mu_{\lambda,k},\sigma_{\lambda,k}^2)$ 。

4.4.2 基于 EKF 算法的真实退化状态更新

利用状态空间模型来描述目标设备在时刻 t_k 处的监测状态为

$$\begin{cases}X(t_k)=X(t_{k-1})+\boldsymbol{\lambda}_{k-1}\Delta T_k+\nu_k\\ Y(t_k)=g(X(t_k);\boldsymbol{\xi})+\varepsilon_k\end{cases} \tag{4.14}$$

式中: $\nu_k=\sigma_B(B(t_k)-B(t_{k-1}))$; ε_k 为 t_k 处的测量误差; $\nu_k\sim\mathrm{N}(0,\sigma_B^2\Delta t_k)$ ($\Delta t_k=t_k-t_{k-1}$), $\{\nu_k\}_{k\geqslant1}$ 与 $\{\varepsilon_k\}_{k\geqslant1}$ 之间相互独立。

由于上述状态空间方程对于退化状态 $X(t)$ 是非线性的,在采用 EKF 算法前,先对 $g(X(t_k);\boldsymbol{\xi})$ 在 $\hat{X}_{k|k-1}$ 近似进行线性化处理,即

$$g(X(t_k);\boldsymbol{\xi})\approx g(\hat{X}_{k|k-1})+\hat{g}'_{k|k-1}(X(t_k)-\hat{X}_{k|k-1}) \tag{4.15}$$

式中：$\hat{g}'_{k|k-1}$ 表示 $g(X(t_k);\boldsymbol{\xi})$ 在 $X(t_k)=\hat{X}_{k|k-1}$ 处的一阶导数。

首先，定义基于 $\boldsymbol{Y}_{1:k}$ 估计的 $X(t_k)$ 期望和方差为

$$\begin{cases}\hat{X}_{k|k}=E(X(t_k)\mid\boldsymbol{Y}_{1:k})\\P_{k|k}=\mathrm{Var}(X(t_k)\mid\boldsymbol{Y}_{1:k})\end{cases}\tag{4.16}$$

再定义此刻的一步预测期望和方差为

$$\begin{cases}\hat{X}_{k|k-1}=E(X(t_k)\mid\boldsymbol{Y}_{1:k-1})\\P_{k|k-1}=\mathrm{Var}(X(t_k)\mid\boldsymbol{Y}_{1:k-1})\end{cases}\tag{4.17}$$

最后，对式(4.14)中 $X(t_k)$ 进行迭代估计，分为预测与更新两部分。

预测：

$$\begin{cases}\hat{X}_{k|k-1}=\hat{X}_{k-1|k-1}+\mu_{\lambda,k-1}\Delta T_k\\\hat{X}_{k|k}=\hat{X}_{k|k-1}+K(k)[Y(t_k)-g(\hat{X}_{k|k-1})]\\K(k)=P_{k|k-1}g'_{k|k-1}[(g'_{k|k-1})^2P_{k|k-1}+\sigma_\varepsilon^2]^{-1}\\P_{k|k-1}=P_{k-1|k-1}+\sigma_B^2\Delta T_k\end{cases}\tag{4.18}$$

式中：$\mu_{\lambda,k-1}$ 可由式(4.12)求解出。

更新：

$$P_{k|k}=P_{k|k-1}-K(k)g'_{k|k-1}P_{k|k-1}\tag{4.19}$$

初始值为 $\hat{X}_{0|0}=0$，$P_{0|0}=0$，$\mu_{\lambda,0}=\mu_\lambda$。

迭代进行上述预测与更新，即可求解出此时 $X(t_k)$ 后验分布，表示为 $X(t_k)\mid\boldsymbol{Y}_{1:k}\sim\mathrm{N}(\hat{X}_{k|k},P_{k|k})$。

4.5 基于首达时分布的设备剩余寿命分布推导

将设备在 t_k 处的剩余寿命记为 L_k。令 $l_k=t-t_k$，设备在时刻 t_k 处退化趋势可以通过 $Z(l_k)=X(l_k+t_k)-X(t_k)$ 表示，则 L_k 可转化为 $\{Z(l_k),l_k\geqslant 0\}$ 首次达到阈值 $\omega_k=\omega-X(t_k)$ 的时间。由式(3.62)，根据布朗运动的马尔可夫性，利用全概率公式，推导出此时基于 $\boldsymbol{Y}_{1:k}$ 的设备 L_k 的概率密度函数近似表达式为

$$\begin{aligned}f_{L_k|Y_{1:k}}(l_k\mid\boldsymbol{Y}_{1:k})\approx&\frac{1}{\sqrt{2\pi l_k^2(\sigma_{\lambda,k}^2\varphi(l_k)^2+\sigma_B^2l_k+P_{k|k})}}\times\\&\exp\left[-\frac{(\omega-\hat{X}_{k|k}-\mu_{\lambda,k}\varphi(l_k))^2}{2(\sigma_{\lambda,k}^2\varphi(l_k)^2+\sigma_B^2l_k+P_{k|k})}\right]\times\\&\left[\omega-\hat{X}_{k|k}-\mu_{\lambda,k}\beta(l_k)-\frac{\omega-\hat{X}_{k|k}-\mu_{\lambda,k}\varphi(l_k)}{\sigma_{\lambda,k}^2\varphi(l_k)^2+\sigma_B^2l_k+\sigma_\varepsilon^2}(\sigma_{\lambda,k}^2\varphi(l_k)\beta(l_k)+P_{k|k})\right]\end{aligned}\tag{4.20}$$

上述表达式同时考虑了 λ_k 和 $X(t_k)$ 估计的不确定对设备剩余寿命分布的影响,能够反映出目标设备剩余寿命预测的个性特征。

4.6 实例分析

4.6.1 数值仿真

已知激光器的主要性能参数是工作电流(单位:mA)。当激光器的工作电流的退化量达到预先设定的阈值时,可判定其失效。为验证本书方法的正确性和优势,引用文献[96]提供的某型高能激光器工作电流的实测性能退化数据,采用蒙特卡洛方法,设定仿真参数,给出数值仿真实例。不失一般性情况下,令 $\Lambda(t;\vartheta)=t^b$,设定仿真初始参数为 $b=1.5,\beta=0.02,\sigma_B^2=0.04,\sigma_\varepsilon^2=0.09,\ \mu_\lambda=1,\sigma_\lambda^2=0.0625$,得到 5 组带测量误差的监测数据,如图 4.1 所示。

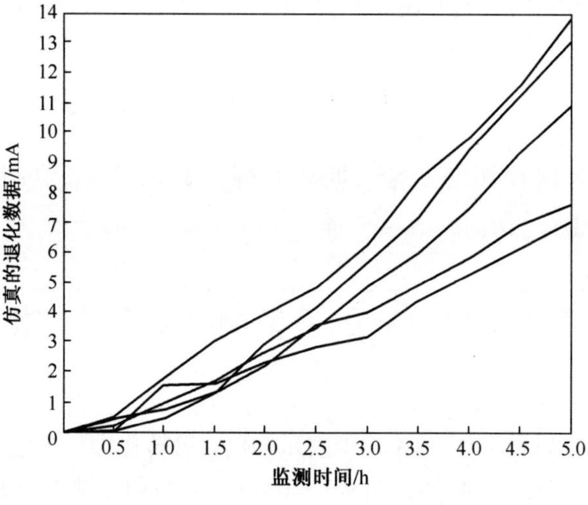

图 4.1 5 组仿真的监测轨迹

将本书提出的考虑双重非线性的隐含退化建模方法记为 M1,将只考虑监测状态与真实退化状态之间非线性的隐含退化建模方法记为 M2,将只考虑真实退化状态自身非线性的隐含退化建模方法(此时 $b=1$)记为 M3。

将图 4.1 中 5 组数据作为同类设备历史监测数据,采用 MLE 算法,求解退化模型中先验参数估计值,结果见表 4.1。可以看出,M1 的 AIC 值和 TMSE 值最小且三个方差项总体较小,说明 M1 的模型先验参数估计误差最小、模型拟合精度最高。这是因为 M1 同时建模了双重非线特征对设备退化模型的不确定性影响，能更好地刻画设备隐含退化过程的非线性演变规律，而 M2 忽略了真实退化状态自身的非线性特征对设备退化过程的不确定影响，M3 则忽略了监测状态与真实退化状态之间的非线性随机关系对设备退化过程的不确定影响。因此，M2 和 M3 的模型拟合精度相对较低，会导致所建的隐含退化模型与实际监测过程的偏差较大。

表 4.1　M1、M2 和 M3 的先验参数估计结果

模型	u_λ	σ_λ^2	b	β	σ_B^2	σ_ε^2	$-\ln L(\cdot)$	AIC	TMSE
真值	1	0.0625	1.5	0.02	0.04	0.09	—	—	—
M1	0.945	0.0587	1.51	0.019	0.068	0.084	19.24	50.48	0.108
M2	0.921	0.1020	1.47	—	0.056	0.154	23.76	57.52	0.318
M3	0.845	0.3611	1	0.025	0.106	0.139	29.07	68.14	0.890

Feng 等[48]同样建立了双重非线性隐含退化模型，但该研究背景只有单台设备现场监测数据，没有同类设备历史监测数据，因而在隐含状态更新中仅更新了真实退化状态，与本书研究背景有着明显差异。

为了进一步验证本书提出的同步更新漂移系数和真实退化状态的剩余寿命预测模型的优势，在双重非线性隐含退化模型基础上，将本书提出剩余寿命预测模型依旧记为 M1；将 Feng 等[48]提出的仅更新真实退化状态的剩余寿命预测模型记为 M4；将 Cai 等[99]提出的仅更新漂移系数的剩余寿命预测模型记为 M5。

图 4.2 给出了目标设备仿真的监测数据与其真实退化数据。已知该目标设备在监测末期（5h 处）的真实退化数值为 13.00。假设该类设备的失效阈值为 12.99，则认为该设备在 5h 处刚好处于退化失效状态。

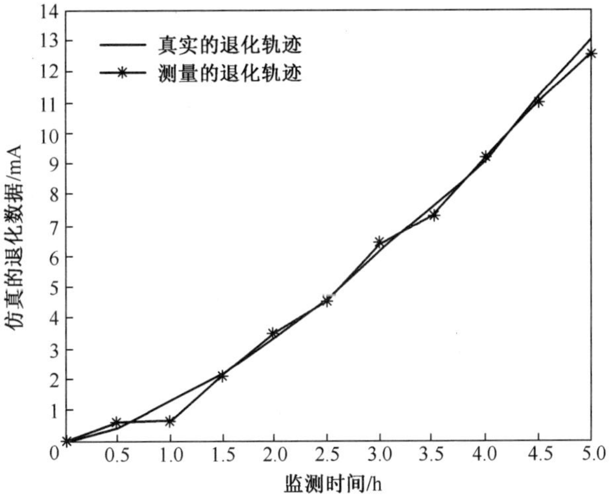

图 4.2　目标设备仿真的监测数据与真实退化数据

分别计算出 M1、M4 和 M5 的剩余寿命的概率密度函数曲线和 4.5h 处的概率密度函数曲线,如图 4.3 和图 4.4 所示。

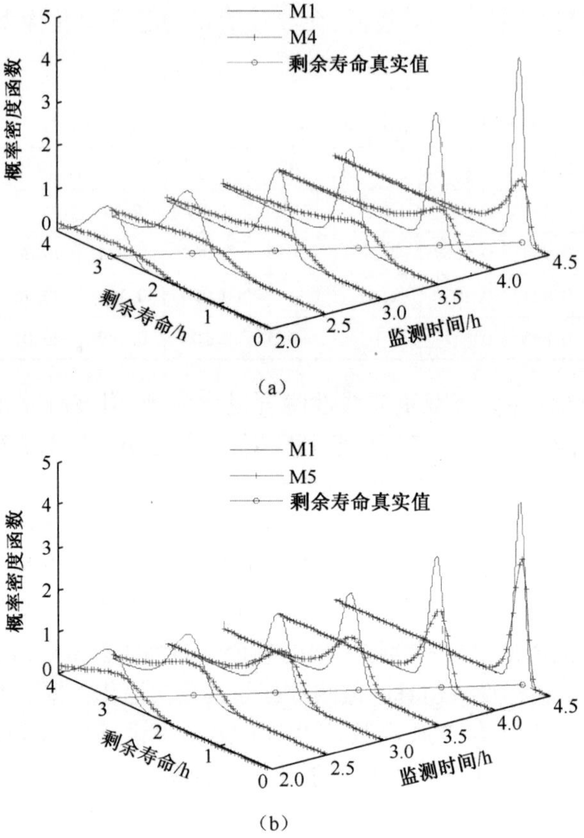

图 4.3　M1、M4 和 M5 的剩余寿命概率密度函数

(a) M1 和 M4;(b) M1 和 M5。

可以看出,M1、M4 和 M5 的剩余寿命概率密度函数曲线都能覆盖目标设备的剩余寿命真实值,但 M1 的剩余寿命概率密度函数曲线比 M4 和 M5 更窄一些,说明 M1 的模型预测精度优于 M4 和 M5。这是因为 M1 利用了目标设备现场监测数据来同步更新漂移系数和当前真实退化状态的后验分布,使得设备剩余寿命的概率密度函数更加符合目标设备个性特征;而 M4 只更新了当前真实退化状态,忽略了漂移系数估计对剩余寿命分布的不确定性影响;M5 只更新了漂移系数后验值,忽略了真实退化状态估计对剩余寿命分布的不确定性影响。两者都会增加剩余寿命预测结果的不确定性,降低了预测精度。

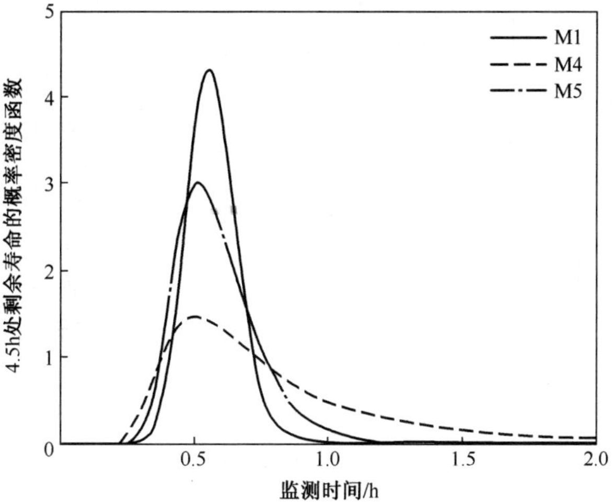

图 4.4　4.5h 处 M1、M4 和 M5 的剩余寿命概率密度函数

同时，计算出各监测时刻上 M1、M4 和 M5 的剩余寿命 95% 置信区间(confidence interval, CI)，如图 4.5 所示。

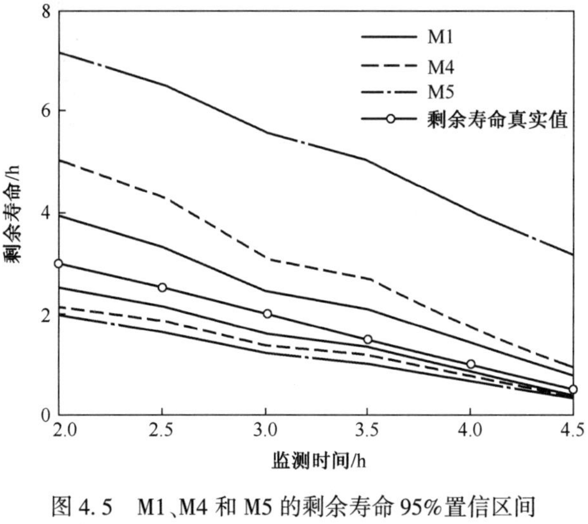

图 4.5　M1、M4 和 M5 的剩余寿命 95%置信区间

由图 4.5 可知，M1、M4 和 M5 的剩余寿命 95%置信区间都可以涵盖目标设备剩余寿命真实值，但显然 M1 的置信区间比 M4 和 M5 更窄一些，有助于减少设备剩余寿命预测结果的不确定性，可以更好地适应目标设备个性需求，也进一步说明了 M1 的模型预测精度优于 M4 和 M5。

进一步，计算出各监测时刻上 M1、M4 和 M5 的 MSE 值，如图 4.6 所示。

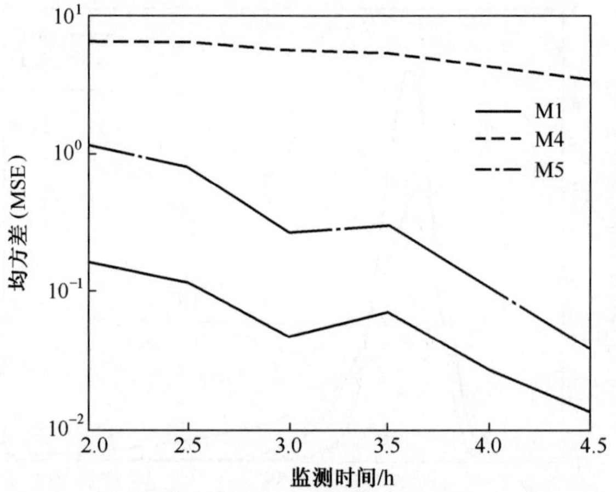

图 4.6　M1、M4 和 M5 的 MSE 值

可以看出,M1 的 MSE 值一直都低于 M4 和 M5 的 MSE 值,说明 M1 的剩余寿命估计误差小于 M4 和 M5;而且随着监测时间的延长,M1、M4 和 M5 的 MSE 值逐渐变小,这是由于随着目标设备现场监测信息不断增多,迭代更新了隐含状态的后验分布,使得设备剩余寿命预测精度进一步提高。这点从图 4.3 中 M1、M4 和 M5 的剩余寿命概率密度函数逐渐变窄也可以证实。

4.6.2　铣床实例

铣床是机械加工中广泛使用的一种机床,其通过自身携带的铣刀对工件进行加工,进而得到满足要求的铣削件。受工作条件与加工材料的影响,铣刀在使用过程中会发生磨损现象,进而影响其铣削性能,严重时将导致失效。通常情况下,可将铣刀的后刀面磨损作为铣刀性能退化的特征量进行分析。本书使用 NASA 提供的实际铣削数据集进行案例分析[100]。将切削深度设定为 0.75mm 并将切削材料设定为铸铁。四组铣削退化数据如图 4.7 所示。

由图 4.7 可以看出,铣刀的退化轨迹呈现出明显的非线性特征。因此,采用本书提出的隐含双重非线性退化模型来描述铣刀的退化过程,并采用 MLE 算法求解出未知参数估计值为:$u_\lambda=0.0328$,$\sigma_\lambda^2=0.0092$,$b=1.26$,$\beta=0.0350$,$\sigma_B^2=0.0002$,$\sigma_\varepsilon^2=0.0016$。同时,采用 Kolmogorov-Smirnov(K-S)检验对铣刀退化增量 Δy_i 进行分布假设检验,结果表明 Δy_i 服从 P 值为 0.85 的正态分布,这意味着铣刀的退化过程大致服从维纳过程。因此铣刀的退化轨迹表现出双重非线性,与所提出的模型相匹配。

然后,我们使用样本 1 的铣削数据来验证所提出的剩余寿命预测模型的准确

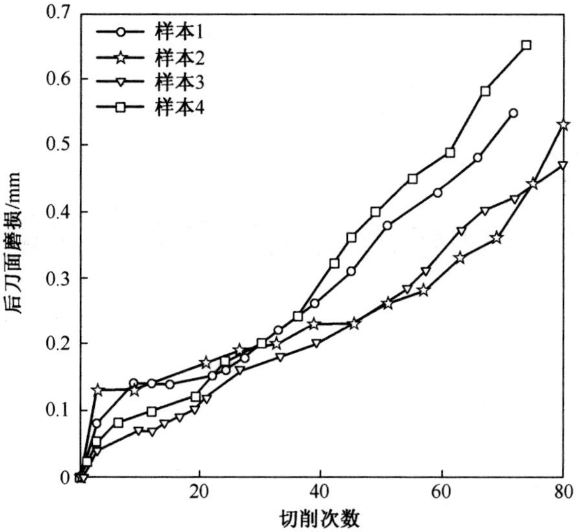

图 4.7　4 组铣刀的退化数据

性。已知样本 1 在第 60 次铣削处的剩余寿命实际值是 12。图 4.8 给出了 M1,M4 和 M5 在第 60 次铣削处铣刀剩余寿命的概率密度函数。

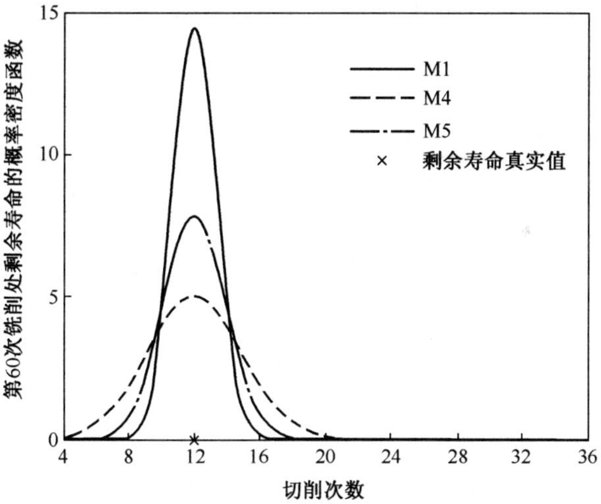

图 4.8　第 60 次铣削处铣刀剩余寿命的概率密度函数

可以看出,M1,M4 和 M5 的第 60 次铣削处的剩余寿命概率密度函数可以覆盖样本 1 的剩余寿命实际值,但是 M1 的剩余寿命概率密度函数比 M4 和 M5 的剩余寿命概率密度函数要窄一些,这表明 M1 模型预测精度要优于 M4 和 M5,这与仿真数据研究一致,进一步验证了所提出的剩余寿命预测模型的准确性。

第5章 考虑随机失效阈值影响的设备剩余寿命预测方法

5.1 引　言

失效阈值是判定设备退化失效的准则,工程上通常通过经验法或统计法来确定,且一般认为失效阈值是一个固定常数[101-102]。但在实际使用过程中,受制造工艺、环境应力、人员操作、维修手段等因素的不确定影响,导致同类设备不同个体间也存在着一定的差异性,这种随机效应在退化过程中主要表现为漂移系数的随机性,而在失效过程中则表现为失效阈值的随机性。例如,机载蓄电池的容量、机载燃油泵的压力等都会随着运行环境和目标个体的不同而发生变化。已知失效阈值的取值与剩余寿命的分布直接相关,进而也会对基于剩余寿命预测信息的维修决策产生影响。然而,如绪论中所述,现有针对随机失效阈值的研究大多以定性分析为主,既缺乏对随机失效阈值分布的合理描述,也未能定量分析随机失效阈值对剩余寿命预测的不确定影响,其具体表现为:一是尚未提出一种有效的失效阈值分布系数估计方法,难以实现对随机失效阈值的准确估计;二是尚未开展非线性退化条件下基于随机失效阈值的剩余寿命预测研究,难以实现对剩余寿命的准确预测。

针对上述问题,本章进一步讨论考虑随机失效阈值影响的设备剩余寿命预测问题。首先,建立了考虑随机效应和测量误差的非线性维纳退化模型和基于截断正态分布的随机失效阈值模型,并提出了基于 EM 算法的参数估计法;其次,基于 KF 算法在线更新设备的退化状态,并推导出随机失效阈值影响下设备剩余寿命概率密度函数的近似解析表达式;最后,通过仿真算例和燃油泵实例分析来验证所提方法的正确性与有效性。

5.2 考虑随机效应和测量误差的设备退化建模

5.2.1 考虑随机效应和测量误差的非线性维纳退化模型

本章采用3.2节提出的考虑随机效应的非线性维纳退化模型,构建设备的非线性随机退化模型。在此基础上,考虑到因测量手段不完美而导致的测量结果不准确的问题,本书将测量误差引入随机退化建模,得到考虑随机效应和测量误差的非线性维纳退化模型,具体可表示为

$$Y(t) = X(0) + \lambda\Lambda(t|\boldsymbol{\theta}) + \sigma_B B(t) + \varepsilon \tag{5.1}$$

式中:$Y(t)$ 表示设备性能退化量的测量值;漂移系数 λ 满足 $\lambda \sim \mathrm{N}(\mu_\lambda, \sigma_\lambda^2)$,用以反映不同设备个体间退化过程的差异性;测量误差项 ε 满足 $\varepsilon \sim \mathrm{N}(0, \sigma_\varepsilon^2)$,用以反映因测量手段不完美而导致的退化数据获取的非真实性;为便于分析,常令 λ,ε 与 $B(t)$ 相互独立。

由设备首达时的概念,可知考虑测量误差条件下设备寿命的定义为[27]

$$T = \inf\{t: X(t) \geqslant \omega | X(0) < \omega\} = \inf\{t: Y(t) \geqslant \omega + \varepsilon | X(0) < \omega\}$$

5.2.2 测量误差影响下的非线性维纳退化过程特征分析

在测量误差的影响下,设备的随机退化过程呈现出区别以往模型的新退化特征,其具体表现为:

(1) 性能退化量测量值的增量存在相关性。

若给定漂移系数 λ,且令 $\Delta Y_k = Y(t_k) - Y(t_{k-1})$,$\Delta t_k = t_k - t_{k-1}$,$t_0 = 0$ 则 ΔY_k 与 ΔY_j 的相关系数为

$$\mathrm{Cov}(Y_k, Y_j) = \begin{cases} \sigma_B^2 \Delta t_k + \sigma_\varepsilon^2 & k = j = 1 \\ \sigma_B^2 \Delta t_k + 2\sigma_\varepsilon^2 & k = j \geqslant 2 \\ -\sigma_\varepsilon^2 & k = j + 1 \text{ 或 } j = k + 1 \\ 0 & \text{其他} \end{cases}$$

(2) 性能退化量测量值的增量服从正态分布。

若给定漂移系数 λ,且令 $\Delta\Lambda(t_k|\boldsymbol{\theta}) = \Lambda(t_k|\boldsymbol{\theta}) - \Lambda(t_{k-1}|\boldsymbol{\theta})$,则可得

$$\Delta \boldsymbol{Y}_\mathrm{k} | \boldsymbol{\lambda} \sim \mathrm{N}(\lambda\Delta\boldsymbol{\Lambda}(t_k|\boldsymbol{\theta}), \sigma_B^2\Delta t_k + \sigma_\varepsilon^2)$$

若令 $\Delta\boldsymbol{Y} = (\Delta Y_1, \Delta Y_2, \cdots \Delta Y_k, \cdots)$ 表示一台设备对应的全部性能退化量测量值的增量,$\Delta\boldsymbol{\Lambda} = (\Delta\Lambda(t_1|\boldsymbol{\theta}), \Delta\Lambda(t_2|\boldsymbol{\theta}), \cdots, \Delta\Lambda(t_k|\boldsymbol{\theta}), \cdots)$ 表示全部监测时间的增量,则基于上述特征,可知在给定漂移系数 λ 的条件下,ΔY 服从多元正态分布,且

满足

$$\Delta \boldsymbol{Y} | \boldsymbol{\lambda} \sim N(\lambda \Delta \Lambda, \boldsymbol{\Sigma})$$

式中:协方差矩阵 $\boldsymbol{\Sigma}$ 的元素为 $\mathrm{Cov}(Y_k, Y_j)$, $k = 1,2,\cdots,M$, $j = 1,2,\cdots,M$ 。

5.3 基于 EM 算法的参数估计

5.3.1 退化模型先验参数估计

由于考虑随机效应和测量误差的非线性维纳退化模型具有一定的复杂性,为进一步提升参数估计的准确性,本书采用 EM 算法来对退化模型中的未知参数进行估计。

假设现有 N 台设备进行性能退化试验。其中第 n 台设备对应的状态监测时刻分别为 $t_{1,n}, t_{2,n}, \cdots, t_{m_n,n}$,在 $t_{i,n}$ 时刻性能退化量的测量值为 $Y_n(t_{i,n})$,而其对应的设备真实性能退化量为 $X_n(t_{i,n})$ 。若用 $\boldsymbol{Y}_n = [Y_n(t_{1,n}), Y_n(t_{2,n}), \cdots, Y_n(t_{m_n,n})]^{\mathrm{T}}$ 表示第 n 台设备的退化监测数据,则 $\boldsymbol{Y}_{1:N} = \{\boldsymbol{Y}_1, \boldsymbol{Y}_2, \cdots, \boldsymbol{Y}_N\}$ 可表示所有设备所对应的全部性能退化监测数据。不妨令 $\Delta Y_n(t_{i,n}) = Y_n(t_{i,n}) - Y_n(t_{i-1,n})$, $\Delta T_{i,n} = \Lambda(t_{i,n} | \boldsymbol{\theta}) - \Lambda(t_{i-1,n} | \boldsymbol{\theta})$, $\Delta t_{i,n} = t_{i,n} - t_{i-1,n}$,则可得性能退化增量向量 $\Delta \boldsymbol{Y}_n = [\Delta Y_n(t_{1,n}), \Delta Y_n(t_{2,n}), \cdots, \Delta Y_n(t_{m_n,n})]^{\mathrm{T}}$ 与时间增量向量 $\Delta \boldsymbol{T}_n = [\Delta T_{1,n}, \Delta T_{2,n}, \cdots, \Delta T_{m_n,n}]^{\mathrm{T}}$。若设备的性能退化过程如式(5.1)所示,则基于5.2.2节分析可知,性能退化的增量 $\Delta \boldsymbol{Y}_n$ 服从多元正态分布,即 $\Delta \boldsymbol{Y}_n \sim \mathrm{N}(\boldsymbol{\mu}_n, \boldsymbol{\Sigma}_n)$,其中 $\boldsymbol{\mu}_n$ 为期望, $\boldsymbol{\Sigma}_n$ 为协方差矩阵。

假设 $\boldsymbol{\lambda}_n$ 为第 n 台设备对应的漂移系数,则 $\boldsymbol{\mu}_n$ 和 $\boldsymbol{\Sigma}_n$ 可表示为

$$\boldsymbol{\mu}_n = \lambda_n \Delta \boldsymbol{T}_n \tag{5.2}$$

$$\boldsymbol{\Sigma}_n = \sigma_B^2 \boldsymbol{D}_n + \sigma_\varepsilon^2 \boldsymbol{F}_n \tag{5.3}$$

其中, λ_n 为独立同分布的正态随机变量,此外 $\boldsymbol{F}_n$ 与 $\boldsymbol{D}_n$ 的具体形式为

$$\boldsymbol{F}_n = \begin{pmatrix} 1 & -1 & 0 & \cdots & 0 \\ -1 & 2 & -1 & \cdots & \vdots \\ 0 & -1 & 2 & \ddots & 0 \\ \vdots & \vdots & \ddots & \ddots & -1 \\ 0 & 0 & \cdots & -1 & 2 \end{pmatrix}_{m_n \times m_n} \tag{5.4}$$

$$\boldsymbol{D}_n = \begin{pmatrix} \Delta t_{1,n} & & & \\ & \Delta t_{2,n} & & \\ & & \ddots & \\ & & & \Delta t_{m_n,n} \end{pmatrix}_{m_n \times m_n} \tag{5.5}$$

由此可知 $\boldsymbol{Y}_{1:N}$ 与漂移系数 λ 对应联合对数似然函数为

$$\ln L(\boldsymbol{Y}_{1:N},\lambda \mid \boldsymbol{\Theta}) = -\frac{\ln 2\pi}{2}\sum_{n=1}^{N} m_n - \frac{1}{2}\sum_{n=1}^{N}\ln|\boldsymbol{\Sigma}_n| - \frac{1}{2}\sum_{n=1}^{N}(\Delta\boldsymbol{Y}_n - \boldsymbol{\mu}_n)^{\mathrm{T}}\boldsymbol{\Sigma}_n^{-1}(\Delta\boldsymbol{Y}_n - \boldsymbol{\mu}_n) - \frac{N}{2}\ln 2\pi - \frac{N}{2}\ln\sigma_\lambda^2 - \frac{1}{2\sigma_\lambda^2}\sum_{n=1}^{N}(\lambda_n - \mu_\lambda)^2 \tag{5.6}$$

设 $\hat{\boldsymbol{\Theta}}_{(j)} = (\hat{\mu}_{\lambda(j)},\hat{\sigma}^2_{\lambda(j)},\hat{\boldsymbol{\theta}}_{(j)},\hat{\sigma}^2_{B(j)},\hat{\sigma}^2_{\varepsilon(j)})$ 表示第 j 步迭代后得到的退化模型先验参数估计值,则第 $j+1$ 步迭代过程可分为如下两部分。

E 步:计算联合对数似然函数的期望

$$\begin{aligned} L(\boldsymbol{\Theta}\mid\hat{\boldsymbol{\Theta}}_{(j)}) &= E_{\lambda\mid \boldsymbol{Y}_{1:N},\hat{\boldsymbol{\Theta}}_{(j)}}(\ln L(\boldsymbol{Y}_{1:N},\lambda\mid\hat{\boldsymbol{\Theta}}_j)) \\ &= -\frac{\ln 2\pi}{2}\sum_{n=1}^{N} m_n - \frac{N}{2}\ln 2\pi - \frac{N}{2}\ln\hat{\sigma}^2_{\lambda(j)} - \\ &\quad \frac{1}{2}\sum_{n=1}^{N}\ln|\boldsymbol{\Sigma}_n(\hat{\sigma}^2_{B(j)},\hat{\sigma}^2_{\varepsilon(j)})| - \frac{1}{2}\sum_{n=1}^{N}[(\Delta Y_n - E_\lambda(\lambda_n\mid Y_n,\hat{\boldsymbol{\Theta}}_{(j)})\Delta T_n)^{\mathrm{T}}\times \\ &\quad \boldsymbol{\Sigma}_n^{-1}(\hat{\sigma}^2_{B(j)},\hat{\sigma}^2_{\varepsilon(j)})(\Delta Y_n - E_\lambda(\lambda_n\mid Y_n,\hat{\boldsymbol{\Theta}}_{(j)})\Delta T_n) + \\ &\quad D_\lambda(\lambda_n\mid \boldsymbol{Y}_n,\hat{\boldsymbol{\Theta}}_{(j)})\Delta T_n^{\mathrm{T}}\boldsymbol{\Sigma}_n^{-1}(\hat{\sigma}^2_{B(j)},\hat{\sigma}^2_{\varepsilon(j)})\Delta T_n] - \\ &\quad \frac{1}{2\hat{\sigma}^2_{\lambda(j)}}\sum_{n=1}^{N}[(E_\lambda(\lambda_n\mid\boldsymbol{Y}_n,\hat{\boldsymbol{\Theta}}_{(j)}) - \hat{\mu}_{\lambda(j)})^2 + D_\lambda(\lambda_n\mid\boldsymbol{Y}_n,\hat{\boldsymbol{\Theta}}_{(j)})] \end{aligned} \tag{5.7}$$

在 $\hat{\boldsymbol{\Theta}}_{(j)}$ 与 $\boldsymbol{Y}_n$ 均已知的情况下,根据贝叶斯原理,可知 $\lambda_n\mid\boldsymbol{Y}_n,\hat{\boldsymbol{\Theta}}_{(j)}$ 服从正态分布。令 $\lambda_n\mid Y_n,\hat{\boldsymbol{\Theta}}_{(j)} \sim \mathrm{N}(E_\lambda(\lambda_n\mid\boldsymbol{Y}_n,\hat{\boldsymbol{\Theta}}_{(j)}),D_\lambda(\lambda_n\mid\boldsymbol{Y}_n,\hat{\boldsymbol{\Theta}}_{(j)}))$,可得

$$E_\lambda(\lambda_n\mid\boldsymbol{Y}_n,\hat{\boldsymbol{\Theta}}_{(j)}) = \frac{\hat{\sigma}^2_{\lambda(j)}\Delta\boldsymbol{T}_n^{\mathrm{T}}\boldsymbol{\Sigma}_{n(j)}(\hat{\sigma}^2_{B(j)},\hat{\sigma}^2_{\varepsilon(j)})^{-1}\Delta\boldsymbol{Y}_n + \hat{\mu}_{\lambda(j)}}{\hat{\sigma}^2_{\lambda(j)}\Delta\boldsymbol{T}_n^{\mathrm{T}}\boldsymbol{\Sigma}_{n(j)}(\hat{\sigma}^2_{B(j)},\hat{\sigma}^2_{\varepsilon(j)})^{-1}\Delta\boldsymbol{T}_n + 1} \tag{5.8}$$

$$D_\lambda(\lambda_n\mid Y_n,\hat{\boldsymbol{\Theta}}_{(j)}) = \frac{\hat{\upsilon}^2_{\lambda(j)}}{\hat{\sigma}^2_{\lambda(j)}\Delta\boldsymbol{T}_n^{\mathrm{T}}\boldsymbol{\Sigma}_{n(j)}(\hat{\sigma}^2_{B(j)},\hat{\sigma}^2_{\varepsilon(j)})^{-1}\Delta\boldsymbol{T}_n + 1} \tag{5.9}$$

M 步:最大化 $L(\boldsymbol{\Theta}\mid\hat{\boldsymbol{\Theta}}_{(j)})$

$$\hat{\boldsymbol{\Theta}}_{(j+1)} = \arg\max_{\boldsymbol{\Theta}} L(\boldsymbol{\Theta}\mid\hat{\boldsymbol{\Theta}}_{(j)}) \tag{5.10}$$

对式(5.7)分别求 $\hat{\mu}_{\lambda(j)}$ 与 $\hat{\sigma}^2_{\lambda(j)}$ 的偏导数,可得

$$\frac{\partial L(\boldsymbol{\Theta}|\hat{\boldsymbol{\Theta}}_{(j)})}{\partial\hat{\mu}_\lambda}=\frac{1}{\hat{\sigma}_\lambda^2}\sum_{n=1}^{N}(\hat{\mu}_\lambda-E_\lambda(\lambda_n|\boldsymbol{Y}_n,\hat{\boldsymbol{\Theta}}_{(j)}))\tag{5.11}$$

$$\frac{\partial L(\boldsymbol{\Theta}|\hat{\boldsymbol{\Theta}}_{(j)})}{\partial\hat{\sigma}_\lambda^2}=-\frac{N}{2\hat{\sigma}_\lambda^2}+\frac{1}{2(\hat{\sigma}_\lambda^2)^2}\sum_{n=1}^{N}[(E_\lambda(\lambda_n|\boldsymbol{Y}_n,\hat{\boldsymbol{\Theta}}_{(j)})-\hat{\mu}_\lambda)^2+D_\lambda(\lambda_n|\boldsymbol{Y}_n,\hat{\boldsymbol{\Theta}}_{(j)})]\tag{5.12}$$

令式(5.11)、式(5.12)等于零,可得

$$\hat{\mu}_{\lambda(j+1)}=\frac{1}{N}\sum_{n=1}^{N}E_\lambda(\lambda_n|\boldsymbol{Y}_n,\hat{\boldsymbol{\Theta}}_{(j)})\tag{5.13}$$

$$\hat{\sigma}_{\lambda(j+1)}^2=\frac{1}{N}\sum_{n=1}^{N}[(E_\lambda(\lambda_n|\boldsymbol{Y}_n,\hat{\boldsymbol{\Theta}}_{(j)})-\hat{\mu}_{\lambda(j+1)})^2+D_\lambda(\lambda_n|\boldsymbol{Y}_n,\hat{\boldsymbol{\Theta}}_{(j)})]\tag{5.14}$$

进一步分析可知 $\hat{\mu}_{\lambda(j+1)}$ 与 $\hat{\sigma}_{\lambda(j+1)}^2$ 存在且唯一,具体证明详见文献[93]。将式(5.13)与式(5.14)代入式(5.7)可得 $\boldsymbol{Y}_{1:N}$ 关于未知参数 $\hat{\boldsymbol{\theta}}_{(j)},\hat{\sigma}_{B(j)}^2,\hat{\sigma}_{\varepsilon(j)}^2$ 的轮廓对数似然函数,即

$$\begin{aligned}L(\boldsymbol{\Theta}|\hat{\boldsymbol{\Theta}}_{(j)},\hat{\mu}_{\lambda(j+1)},\hat{\sigma}_{\lambda(j+1)}^2)=&-\frac{\ln 2\pi}{2}\sum_{n=1}^{N}m_n-\frac{1+\ln 2\pi}{2}N-\\&\frac{N}{2}\ln\hat{\sigma}_{\lambda(j+1)}^2-\frac{1}{2}\sum_{n=1}^{N}\ln|\boldsymbol{\Sigma}_{n(j)}(\hat{\sigma}_{B(j)}^2,\hat{\sigma}_{\varepsilon(j)}^2)|-\\&\frac{1}{2}\sum_{n=1}^{N}[(\Delta\boldsymbol{Y}_n-E_\lambda(\lambda_n|\boldsymbol{Y}_n,\hat{\boldsymbol{\Theta}}_{(j)})\Delta\boldsymbol{T}_n)^{\mathrm{T}}\cdot\\&\boldsymbol{\Sigma}_{n(j)}^{-1}(\hat{\sigma}_{B(j)}^2,\hat{\sigma}_{\varepsilon(j)}^2)(\Delta\boldsymbol{Y}_n-E_\lambda(\lambda_n|\boldsymbol{Y}_n,\hat{\boldsymbol{\Theta}}_{(j)})\Delta\boldsymbol{T}_n)+\\&D_\lambda(\lambda_n|\boldsymbol{Y}_n,\hat{\boldsymbol{\Theta}}_{(j)})\Delta\boldsymbol{T}_n^{\mathrm{T}}\boldsymbol{\Sigma}_{n(j)}^{-1}(\hat{\sigma}_{B(j)}^2,\hat{\sigma}_{\varepsilon(j)}^2)\Delta\boldsymbol{T}_n]\end{aligned}\tag{5.15}$$

通过最大化 $L(\boldsymbol{\Theta}|\hat{\boldsymbol{\Theta}}_{(j)},\hat{\mu}_{\lambda(j+1)},\hat{\sigma}_{\lambda(j+1)}^2)$,即可得到 $\hat{\boldsymbol{\theta}}_{(j+1)}$, $\hat{\sigma}_{B(j+1)}^2$, $\hat{\sigma}_{\varepsilon(j+1)}^2$。通过迭代进行 E 步和 M 步计算,直至 $\|\hat{\boldsymbol{\Theta}}_{(j+1)}-\hat{\boldsymbol{\Theta}}_{(j)}\|$ 小于规定阈值时终止。一般情况下,EM 算法的收敛性与其初始值的选取密切相关,为提升 EM 算法的收敛速度,可利用文献[7]提出的基于 MLE 算法的参数估计方法先对退化模型进行参数估计,再将得到的参数估计值作为 EM 算法的初始值输入。

5.3.2 失效阈值分布系数估计

由设备首达时的定义可知,退化失效阈值 ω 应不小于设备在初始时刻的性能退化量 $X(0)=0$。为使传统正态分布失效阈值满足大于零的约束,可以采用截断正态分布来描述不确定失效阈值[75]。目前,针对随机失效阈值非负约束条件下的分布系数的估计方法主要可以归结为两类,一类是基于 MLE 算法的估计法,另一类是基于 EM 算法的估计法。进一步分析可以发现,采用 MLE 算法得到的随机失效阈值对数似然函数不存在解析形式,仅能通过泰勒级数展开得到近似解,从而降低了参数估计的准确性;而基于 EM 算法的方法仅能估计随机失效阈值的均值,无法估计方差,从而也不利于实现对分布系数的准确估计。针对传统方法存在的不足,本书提出一种新的基于 EM 算法的失效阈值分布系数估计方法,以实现对随机失效阈值均值和方差的同步估计。

首先,本书给出截断正态分布的定义:

若随机变量 x 满足正态分布 $\mathrm{N}(\mu,\sigma^2)$,且 $x \geqslant \kappa$,则称随机变量 x 服从截断正态分布,且其对应的截断区间为 $[\kappa,+\infty)$,记为 $x \sim \mathrm{N}(\mu,\sigma^2 \mid [\kappa,+\infty))$。而 x 对应的概率密度函数可表示为

$$f(x)=\frac{1}{\sqrt{2\pi\sigma^2}\left[1-\Phi\left(\frac{\kappa-\mu}{\sigma}\right)\right]}\exp\left(-\frac{(x-\mu)^2}{2\sigma^2}\right) \tag{5.16}$$

式中:$\Phi(\cdot)$ 为标准正态分布的累积分布函数。

基于上述分析,可知满足非负约束的随机失效阈值应服从截断正态分布,且对应截断区间为 $[0,+\infty)$,即 $\omega \sim \mathrm{N}(\mu_\omega,\sigma_\omega^2 \mid [0,+\infty))$。为便于分析,本书记 $[0,+\infty)$ 区间内的截断正态分布为 $\omega \sim \mathrm{TN}(\mu_\omega,\sigma_\omega^2)$,则其对应的概率密度函数可表示为

$$f(\omega)=\frac{1}{\sqrt{2\pi\sigma_\omega^2}\,\Phi(\mu_\omega/\sigma_\omega)}\exp\left(-\frac{(\omega-\mu_\omega)^2}{2\sigma_\omega^2}\right) \tag{5.17}$$

由于 $\Phi(\cdot)$ 不存在解析表达式,导致难以采用传统极大似然估计法来对其进行参数估计,为此本书提出一种基于 EM 算法的随机失效阈值分布系数估计方法。由于 EM 算法针对缺失/隐含数据情形下的参数估计具有良好效果,因此适用于估算截断正态分布的分布系数。

假设存在 $\omega=[\omega_1',\omega_2',\cdots,\omega_R',\omega_1'',\omega_2'',\cdots,\omega_S'']$ 来自正态分布总体 $\mathrm{N}(\mu_\omega,\sigma_\omega^2)$,其中 $\omega'=[\omega_1',\omega_2',\cdots,\omega_R']$,且 ω' 中各元素均小于零,则称 $\omega' \sim \mathrm{N}(\mu_\omega,\sigma_\omega^2 \mid (-\infty,0))$;$\omega''=[\omega_1'',\omega_2'',\cdots,\omega_S'']$,且 ω'' 中各元素均大于零,则称 $\omega'' \sim \mathrm{N}(\mu_\omega,\sigma_\omega^2 \mid [0,+\infty))$。基于随机失效阈值的非负假设,则可采用 ω'' 表示 S 个样本的失

效阈值数据,而 ω' 表示未观测到的虚拟失效阈值数据。基于上述分析,可得 ω 的完全轮廓似然函数为

$$\ln L(\omega|\omega) = -\frac{R+S}{2}\ln(2\pi\sigma_\omega^2) - \sum_{i=1}^{R}\frac{(\omega'_i-\mu_\omega)^2}{2\sigma_\omega^2} - \sum_{i=1}^{S}\frac{(\omega''_i-\mu_\omega)^2}{2\sigma_\omega^2} \tag{5.18}$$

令 $\mu_{\omega,j}$ 与 $\sigma_{\omega,j}^2$ 表示 EM 算法第 j 次迭代的计算结果,则第 $j+1$ 次迭代过程可分解为 E 步和 M 步。

E 步:对式(5.18)求虚拟失效阈值 ω' 的期望,可得

$$\begin{aligned} W(\mu_\omega,\sigma_\omega^2|\mu_{\omega,j},\sigma_{\omega,j}^2) &= E'_\omega(\ln L(\omega|\omega)) \\ &= -\frac{R+S}{2}\ln(2\pi\sigma_\omega^2) - \sum_{i=1}^{S}\frac{(\omega''_i-\mu_\omega)^2}{2\sigma_\omega^2} - \\ &\quad \sum_{i=1}^{R}\frac{(E(\omega'_i|\mu_{\omega,j},\sigma_{\omega,j}^2)-\mu_\omega)^2}{2\sigma_\omega^2} - \sum_{i=1}^{R}\frac{D(\omega'_i|\mu_{\omega,j},\sigma_{\omega,j}^2)}{2\sigma_\omega^2} \end{aligned} \tag{5.19}$$

由截断正态分布的性质可知,对于任意 ω'_i 均满足

$$E(\omega'_i|\mu_{\omega,j},\sigma_{\omega,j}^2) = \mu_{\omega,j} - \frac{\sigma_{\omega,j}\exp(-\mu_{\omega,j}^2/2\sigma_{\omega,j}^2)}{\sqrt{2\pi}(1-\Phi(\mu_{\omega,j}/\sigma_{\omega,j}))} \tag{5.20}$$

$$D(\omega'_i|\mu_{\omega,j},\sigma_{\omega,j}^2) = \sigma_{\omega,j}^2\left[1+\frac{\mu_{\omega,j}\exp(-\mu_{\omega,j}^2/2\sigma_{\omega,j}^2)}{\sqrt{2\pi\sigma_{\omega,j}^2}(1-\Phi(\mu_{\omega,j}/\sigma_{\omega,j}))} - \frac{\exp(2(-\mu_{\omega,j}^2/2\sigma_{\omega,j}^2))}{(1-\Phi(\mu_{\omega,j}/\sigma_{\omega,j}))^2}\right] \tag{5.21}$$

M 步:求 $W(\mu_\omega,\sigma_\omega^2|\mu_{\omega,j},\sigma_{\omega,j}^2)$ 最大值,则

$$(\mu_{\omega,j},\sigma_{\omega,j}^2) = \arg\max_{\mu_\omega,\sigma_\omega^2} W(\mu_\omega,\sigma_\omega^2|\mu_{\omega,j},\sigma_{\omega,j}^2) \tag{5.22}$$

对 $W(\mu_\omega,\sigma_\omega^2|\mu_{\omega,j},\sigma_{\omega,j}^2)$ 取关于 μ_ω 和 σ_ω^2 的偏导,可得

$$\frac{\partial W(\mu_\omega,\sigma_\omega^2|\mu_{\omega,j},\sigma_{\omega,j}^2)}{\partial\mu_\omega} = \frac{1}{\sigma_\omega^2}\sum_{i=1}^{S}\omega''_i + \frac{1}{\sigma_\omega^2}\sum_{i=1}^{R}E(\omega'_i|\mu_{\omega,j},\sigma_{\omega,j}^2) - \frac{1}{\sigma_\omega^2}\sum_{i=1}^{S+R}\mu_\omega \tag{5.23}$$

$$\begin{aligned} \frac{\partial W(\mu_\omega,\sigma_\omega^2|\mu_{\omega,j},\sigma_{\omega,j}^2)}{\partial\sigma_\omega^2} &= -\frac{R+S}{2\sigma_\omega^2} + \sum_{i=1}^{S}\frac{(\omega''_i-\mu_\omega)^2}{2(\sigma_\omega^2)^2} + \\ &\quad \sum_{i=1}^{R}\frac{D(\omega'_i|\mu_{\omega,j},\sigma_{\omega,j}^2)}{2(\sigma_\omega^2)^2} + \sum_{i=1}^{R}\frac{(E(\omega'_i|\mu_{\omega,j},\sigma_{\omega,j}^2)-\mu_\omega)^2}{2(\sigma_\omega^2)^2} \end{aligned} \tag{5.24}$$

令式(5.23)与式(5.24)等于零,可得

$$\mu_{\omega,j+1}=\frac{\sum_{i=1}^{S}\omega_i''+RE(\omega'|\mu_{\omega,j},\sigma_{\omega,j}^2)}{S+R} \tag{5.25}$$

$$\begin{aligned}\sigma_{\omega,j+1}^2=&\frac{R}{R+S}D(\omega'|\mu_{\omega,j},\sigma_{\omega,j}^2)+\\&\frac{R}{R+S}(E(\omega'|\mu_{\omega,j},\sigma_{\omega,j}^2)-\mu_{\omega,j+1})^2+\\&\frac{1}{R+S}\sum_{i=1}^{S}(\omega_i''-\mu_{\omega,j+1})^2\end{aligned} \tag{5.26}$$

由于 R 未知,因此还需计算 $E(R)$ 。文献[103]给出了 $E(R)$ 的计算方法,具体为

$$E(R)=\frac{S(1-\Phi(\mu_\omega/\sigma_\omega))}{\Phi(\mu_\omega/\sigma_\omega)} \tag{5.27}$$

将式(5.27)代入式(5.25)与式(5.26),即可得到 M 步的迭代公式:

$$\mu_{\omega,j+1}=\frac{\sum_{i=1}^{S}\omega_i''+R_jE(\omega'|\mu_{\omega,j},\sigma_{\omega,j}^2)}{S+R_j} \tag{5.28}$$

$$\begin{aligned}\sigma_{\omega,j+1}^2=&\frac{R_j}{R_j+S}(E(\omega'|\mu_{\omega,j},\sigma_{\omega,j}^2)-\mu_{\omega,j+1})\\&\frac{R_j}{R_j+S}D(\omega'|\mu_{\omega,j},\sigma_{\omega,j}^2)+^2+\frac{1}{R_j+S}\sum_{i=1}^{S}(\omega_i''-\mu_{\omega,j+1})^2\end{aligned} \tag{5.29}$$

其中,

$$R_j=E(R|\mu_{\omega,j},\sigma_{\omega,j}^2)=\frac{S(1-\Phi(\mu_{\omega,j}/\sigma_{\omega,j}))}{\Phi(\mu_{\omega,j}/\sigma_{\omega,j})} \tag{5.30}$$

将 EM 算法的 E 步和 M 步不断迭代,直至 $\|(\mu_{\omega,j+1},\sigma_{\omega,j+1}^2)-(\mu_{\omega,j},\sigma_{\omega,j}^2)\|$ 小于预先设定的阈值,即可得到随机失效阈值 ω 分布系数的估计值 $\hat{\mu}_\omega$ 和 $\hat{\sigma}_\omega^2$ 。

5.4 考虑随机失效阈值影响的设备剩余寿命预测

5.4.1 基于 KF 算法的退化状态在线更新

由于本章考虑测量误差对设备退化状态监测的影响,只能得到设备性能退化量的测量值。为了保证剩余寿命预测的准确性,仅更新漂移系数 λ 的后验分布是

不够的，还需对设备的真实性能退化量 $X(t)$ 进行更新。为此，本书基于 KF 算法对设备真实性能退化量 $X(t)$ 与漂移系数 λ 同步进行更新。

若设备的退化过程如式(5.1)所示，则其对应的状态方程为

$$\begin{cases} x_k = x_{k-1} + \boldsymbol{\lambda}_{k-1}(\Lambda(t_k,b) - \Lambda(t_{k-1},b)) + \Gamma_k \\ \boldsymbol{\lambda}_k = \boldsymbol{\lambda}_{k-1} \\ y_k = x_k + \varepsilon \end{cases} \tag{5.31}$$

式中：$\Gamma_k = \sigma_B B(t_k - t_{k-1})$，$x_k = X(t_k)$，$y_k = Y(t_k)$。由标准布朗运动的性质易知 $B(t) \sim \mathrm{N}(0,t)$，由此可得 $\Gamma_k \sim \mathrm{N}(0,\sigma_B^2 \Delta t_k)$，且 $\Delta t_k = t_k - t_{k-1}$，$t_0 = 0$。此外，$\boldsymbol{\lambda}_k = \boldsymbol{\lambda}_{k-1}$ 表示针对同一设备其漂移系数保持恒定。

基于上述分析，即可建立基于 KF 的设备退化状态更新机制，其具体表达式为

$$\begin{cases} \boldsymbol{Z}_k = \boldsymbol{A}_k \boldsymbol{Z}_{k-1} + \boldsymbol{B}_k \\ y_k = \boldsymbol{C}\boldsymbol{Z}_{k-1} + \varepsilon \end{cases} \tag{5.32}$$

式中：$\boldsymbol{Z}_k = [x_k, \boldsymbol{\lambda}_k]^{\mathrm{T}}$；$\boldsymbol{B}_k = [\sigma_B^2 \Delta t_k, 0]^{\mathrm{T}}$；$\boldsymbol{C} = [1,0]$；$\boldsymbol{A}_k = \begin{bmatrix} 1 & \Lambda(t_k \mid \boldsymbol{\theta}) - \Lambda(t_{k-1} \mid \boldsymbol{\theta}) \\ 0 & 1 \end{bmatrix}$。

假设 $\boldsymbol{Y}_{1:k} = (y_1, y_2, \cdots, y_k)^{\mathrm{T}}$ 与 $\boldsymbol{X}_{1:k} = (x_1, x_2, \cdots, x_k)^{\mathrm{T}}$ 分别表示 $t_1, t_2, \cdots, t_k$ 时刻设备性能退化的测量值与真实值。首先定义状态变量 $\boldsymbol{Z}_k$ 的期望和方差分别为

$$E(\boldsymbol{Z}_k \mid \boldsymbol{Y}_{1:k}) = \hat{\boldsymbol{Z}}_{k\mid k} = \begin{bmatrix} \hat{x}_{k\mid k} \\ \hat{\boldsymbol{\lambda}}_{k\mid k} \end{bmatrix} \tag{5.33}$$

$$\mathrm{Var}(\boldsymbol{Z}_k \mid \boldsymbol{Y}_{1:k}) = \hat{\boldsymbol{P}}_{k\mid k} = \begin{bmatrix} \vartheta_{x,k}^2 & \vartheta_{\theta,k}^2 \\ \vartheta_{\theta,k}^2 & \vartheta_{\lambda,k}^2 \end{bmatrix} \tag{5.34}$$

式中：$\hat{x}_{k\mid k} = E(x_k \mid \boldsymbol{Y}_{1:k})$；$\hat{\boldsymbol{\lambda}}_{k\mid k} = E(\boldsymbol{\lambda}_k \mid \boldsymbol{Y}_{1:k})$；$\vartheta_{x,k}^2 = \mathrm{Var}(x_k \mid \boldsymbol{Y}_{1:k})$；$\vartheta_{\lambda,k}^2 = \mathrm{Var}(\boldsymbol{\lambda}_k \mid \boldsymbol{Y}_{1:k})$；$\vartheta_{\theta,k}^2 = \mathrm{Cov}(x_k, \boldsymbol{\lambda}_k \mid \boldsymbol{Y}_{1:k})$。

同理，可将状态变量 $\boldsymbol{Z}_k$ 进一步估计的期望和方差定义为

$$E(\boldsymbol{Z}_k \mid \boldsymbol{Y}_{1:k-1}) = \hat{\boldsymbol{Z}}_{k\mid k-1} = \begin{bmatrix} \hat{x}_{k\mid k-1} \\ \hat{\boldsymbol{\lambda}}_{k\mid k-1} \end{bmatrix} \tag{5.35}$$

$$\mathrm{Var}(\boldsymbol{Z}_k \mid \boldsymbol{Y}_{1:k-1}) = \hat{\boldsymbol{P}}_{k\mid k-1} = \begin{bmatrix} \vartheta_{x,k-1}^2 & \vartheta_{\theta,k-1}^2 \\ \vartheta_{\theta,k-1}^2 & \vartheta_{\lambda,k-1}^2 \end{bmatrix} \tag{5.36}$$

基于上述分析，采用 KF 算法，对隐含状态 x_k 和 λ 进行同步更新，具体过程为

$$\hat{\boldsymbol{Z}}_{k\mid k} = \hat{\boldsymbol{Z}}_{k\mid k-1} + \boldsymbol{\Psi}_k(y_k - \boldsymbol{C}\hat{\boldsymbol{Z}}_{k\mid k-1}) \tag{5.37}$$

$$\hat{\boldsymbol{Z}}_{k\mid k-1} = \boldsymbol{A}_k \hat{\boldsymbol{Z}}_{k-1\mid k-1} \tag{5.38}$$

$$\boldsymbol{P}_{k\mid k} = \boldsymbol{P}_{k\mid k-1} - \boldsymbol{\Psi}_k \boldsymbol{C} \boldsymbol{P}_{k\mid k-1} \tag{5.39}$$

$$P_{k|k-1} = A_k P_{k-1|k-1} A_k^{\mathrm{T}} + D_k \tag{5.40}$$

$$\Psi_k = P_{k|k-1} C^{\mathrm{T}} \left(C P_{k|k-1} C^{\mathrm{T}} + \sigma_\varepsilon^2 \right)^{-1} \tag{5.41}$$

$$D_k = \begin{bmatrix} \sigma_B^2 \Delta t_k & 0 \\ 0 & 0 \end{bmatrix} \tag{5.42}$$

由于 KF 在本质上具备线性高斯特性,因而易知 $Z_k | Y_{1:k} \sim N(\hat{Z}_{k|k}, P_{k|k})$,由此可得

$$\lambda_k | Y_{1:k} \sim N(\hat{\lambda}_{k|k}, \vartheta_{\lambda,k}^2) \tag{5.43}$$

$$x_k | Y_{1:k} \sim N(\hat{x}_{k|k}, \vartheta_{x,k}^2) \tag{5.44}$$

$$x_k | \lambda_k, Y_{1:k} \sim N(\mu_{x_k}, \sigma_{x_k}^2) \tag{5.45}$$

$$\mu_{x_k} = \hat{x}_{k|k} - \frac{\vartheta_{\theta,k}^2}{\vartheta_{\lambda,k}^2}(\lambda_k - \hat{\lambda}_{k|k}) \tag{5.46}$$

$$\sigma_{x_k}^2 = \vartheta_{x,k}^2 - \frac{\vartheta_{\theta,k}^4}{\vartheta_{\lambda,k}^2} \tag{5.47}$$

令 EM 算法求解得到的漂移系数估计值为 *KF* 初值

$$\hat{Z}_{0|0} = \begin{bmatrix} 0 \\ \hat{\mu}_\lambda \end{bmatrix} \tag{5.48}$$

$$P_{0|0} = \begin{bmatrix} 0 & 0 \\ 0 & \hat{\sigma}_\lambda^2 \end{bmatrix} \tag{5.49}$$

利用式(5.37)~式(5.49),即可实现对设备退化状态的在线更新。

5.4.2 考虑随机失效阈值的剩余寿命分布推导

基于前文分析可知,在给定漂移系数与失效阈值条件下设备剩余寿命的条件概率密度函数为

$$f_{L_k|\omega,\lambda_k,X_{1:k}}(l_k|\omega,\lambda_k,X_{1:k}) \approx \frac{1}{\sqrt{2\pi\sigma_B^2 l_k^3}}(\omega - \lambda_k\beta(l_k) - x_k) \times \exp\left(-\frac{(\omega - \lambda_k\psi(l_k) - x_k)^2}{2\sigma_B^2 l_k}\right) \tag{5.50}$$

式中:$\psi(l_k) = \Lambda(t_k + l_k, b) - \Lambda(t_k, b)$;$\beta(l_k) = \psi(l_k) - (\mathrm{d}\psi(l_k)/\mathrm{d}l_k) l_k$ 。

已知设备的随机失效阈值满足截断正态分布,为了推导考虑随机失效阈值影响下设备剩余寿命的概率密度函数,这里直接给出引理 5.1、引理 5.2 与引理 5.3。

引理 5.1 若 $D \sim \mathrm{N}(\mu, \sigma^2)$,且 $E, F \in \mathbf{R}$, $G \in \mathbf{R}^+$,则

$$E_D\left[(E-D)\exp\left(-\frac{(F-D)^2}{2G}\right)\right]=\sqrt{\frac{G}{\sigma^2+G}}\left(E-\frac{F\sigma^2+\mu G}{\sigma^2+G}\right)\exp\left(-\frac{(F-\mu)^2}{2(\sigma^2+G)}\right) \tag{5.51}$$

引理 5.2 若 $D \sim N(\mu,\sigma^2)$,且 $E,F,H_1,H_2 \in \mathbf{R}$, $G \in \mathbf{R}^+$,则

$$E_D\left[(E-H_1D)\exp\left(-\frac{(F-H_2D)^2}{2G}\right)\right]=\sqrt{\frac{G}{H_2^2\sigma^2+G}}\left(E-H_1\frac{H_2^2F\sigma^2+\mu G}{H_2^2\sigma^2+G}\right)\exp\left(-\frac{(F-H_2\mu)^2}{2(H_2^2\sigma^2+G)}\right) \tag{5.52}$$

引理 5.1 与引理 5.2 的证明过程详见文献[34]中定理 3,这里不再进行详细说明。

引理 5.3 若 $D \sim TN(\mu,\sigma^2)$, $E,F \in \mathbf{R}$, $G \in \mathbf{R}^+$,则

$$E_D\left[(D-E)\exp\left(-\frac{(D-F)^2}{2G}\right)\right]=\frac{1}{\sqrt{2\pi\sigma^2}\,\Phi(\mu/\sigma)}\exp\left(-\frac{(\mu-F)^2}{2(G+\sigma^2)}\right)\cdot\left[\frac{G\sigma^2}{G+\sigma^2}\exp\left(-\frac{(F\sigma^2+G\mu)^2}{2(G+\sigma^2)G\sigma^2}\right)+\left(\frac{F\sigma^2+G\mu}{G+\sigma^2}-E\right)\sqrt{\frac{2\pi G\sigma^2}{G+\sigma^2}}\Phi\left(\frac{F\sigma^2+G\mu}{\sqrt{(G+\sigma^2)G\sigma^2}}\right)\right] \tag{5.53}$$

引理 5.3 可由文献[27]中的引理 1 经拓展推导得出,其具体证明过程如下。

证明:

$$E_D\left[(D-E)\exp\left(-\frac{(D-F)^2}{2G}\right)\right]=E_D\left[D\exp\left(-\frac{(D-F)^2}{2G}\right)\right]-E_D\left[E\exp\left(-\frac{(D-F)^2}{2G}\right)\right] \tag{5.54}$$

若 D 服从截断正态分布 $D \sim TN(\mu,\sigma^2)$,则基于截断正态分布的概率密度函数,可得

$$\begin{aligned}E_D\left[D\exp\left(-\frac{(D-F)^2}{2G}\right)\right]&=\frac{1}{\sqrt{2\pi\sigma^2}\,\Phi(\mu/\sigma)}\int_0^{+\infty}D\exp\left(-\frac{(D-F)^2}{2G}\right)\exp\left(-\frac{(D-\mu)^2}{2G\sigma^2}\right)\mathrm{d}D\\&=\frac{1}{\sqrt{2\pi\sigma^2}\,\Phi(\mu/\sigma)}\exp\left(-\frac{F^2\sigma^2+\mu^2G}{2\sigma^2G}\right)\exp\left(\frac{(F\sigma^2+\mu G)^2}{2\sigma^2G(\sigma^2+G)}\right)\cdot\end{aligned}$$

$$\int_0^{+\infty} D\exp\left(-\frac{\left(D-\frac{F\sigma^2+\mu G}{G+\sigma^2}\right)^2}{\frac{2G\sigma^2}{G+\sigma^2}}\right)\mathrm{d}D \tag{5.55}$$

若令

$$A=\frac{F\sigma^2+\mu G}{G+\sigma^2} \tag{5.56}$$

$$B=\frac{G\sigma^2}{G+\sigma^2} \tag{5.57}$$

则可得

$$E_D\left[D\exp\left(-\frac{(D-F)^2}{2G}\right)\right]=\frac{1}{\sqrt{2\pi\sigma^2}\Phi(\mu/\sigma)}\exp\left(-\frac{(F-\mu)^2}{2(\sigma^2+G)}\right)\cdot$$

$$\int_0^{+\infty} D\exp\left(-\frac{(D-A)^2}{B}\right)\mathrm{d}D=\frac{1}{\sqrt{2\pi\sigma^2}\Phi(\mu/\sigma)}\exp\left(-\frac{(F-\mu)^2}{2(\sigma^2+G)}\right)(I_1+AI_2) \tag{5.58}$$

其中,

$$I_1=\int_0^{+\infty}(D-A)\exp\left(-\frac{(D-A)^2}{B}\right)\mathrm{d}D=B\exp\left(-\frac{A^2}{2B}\right) \tag{5.59}$$

$$\begin{aligned} I_2&=\int_0^{+\infty}\exp\left(-\frac{(D-A)^2}{B}\right)\mathrm{d}D\\ &=\sqrt{B}\int_{-\frac{A}{\sqrt{B}}}^{+\infty}\exp\left(-\frac{x^2}{2}\right)\mathrm{d}x\\ &=\sqrt{2\pi B}\,\Phi\left(\frac{A}{\sqrt{B}}\right)\end{aligned} \tag{5.60}$$

进一步可以得出:

$$\begin{aligned} E_D\left[D\exp\left(-\frac{(D-F)^2}{2G}\right)\right]=&\frac{1}{\sqrt{2\pi\sigma^2}\Phi(\mu/\sigma)}\exp\left(-\frac{(F-\mu)^2}{2(\sigma^2+G)}\right)\times\\ &\left[\frac{G\sigma^2}{G+\sigma^2}\exp\left(-\frac{(F\sigma^2+\mu G)^2}{2\sigma^2G(\sigma^2+G)}\right)+\right.\\ &\left.\frac{F\sigma^2+\mu G}{\sigma^2+G}\sqrt{\frac{2\pi\sigma^2G}{\sigma^2+G}}\Phi\left(\frac{(F\sigma^2+\mu G)}{\sqrt{\sigma^2G(\sigma^2+G)}}\right)\right]\end{aligned} \tag{5.61}$$

$$E_D\left[E\exp\left(-\frac{(D-F)^2}{2G}\right)\right]=\frac{E}{\sqrt{2\pi\sigma^2}\Phi(\mu/\sigma)}\int_0^{+\infty}\exp\left(-\frac{(D-F)^2}{2G}\right)\exp\left(-\frac{(D-\mu)^2}{2G\sigma^2}\right)\mathrm{d}D$$

$$
= \frac{E}{\sqrt{2\pi\sigma^2}\Phi(\mu/\sigma)}\exp\left(-\frac{(F-\mu)^2}{2(\sigma^2+G)}\right)\int_0^{+\infty}\exp\left(-\frac{(D-A)^2}{2B}\right)\mathrm{d}D
$$

$$
= \frac{E}{\sqrt{2\pi\sigma^2}\Phi(\mu/\sigma)}\exp\left(-\frac{(F-\mu)^2}{2(\sigma^2+G)}\right)\sqrt{\frac{2\pi G\sigma^2}{G+\sigma^2}B}\,\Phi\left(\frac{F\sigma^2+\mu G}{\sqrt{G\sigma^2(G+\sigma^2)}}\right) \tag{5.62}
$$

则用式(5.61)减去式(5.62)即可得到式(5.53)。

证毕。

进一步分析可得

$$
\begin{aligned}
f_{L_k|\omega,\lambda_k,Y_{1:k},X_{1:k}}(l_k|\omega,\lambda_k,\boldsymbol{Y}_{1:k},\boldsymbol{X}_{1:k}) &= \frac{\mathrm{d}}{\mathrm{d}l_k}F_{L_k|\omega,\lambda_k,\boldsymbol{Y}_{1:k},\boldsymbol{X}_{1:k}}(l_k|\omega,\lambda_k,\boldsymbol{Y}_{1:k},\boldsymbol{X}_{1:k}) \\
&= \frac{\mathrm{d}}{\mathrm{d}l_k}P(L_k \leqslant l_k|\omega,\lambda_k,\boldsymbol{Y}_{1:k},\boldsymbol{X}_{1:k}) \\
&= \frac{\mathrm{d}}{\mathrm{d}l_k}P(\sup_{l_k>0}X_k(t_k+l_k)|\omega,\lambda_k,\boldsymbol{Y}_{1:k},\boldsymbol{X}_{1:k}) \\
&= \frac{\mathrm{d}}{\mathrm{d}l_k}P(\sup_{l_k>0}X_k(t_k+l_k)|\omega,\lambda_k,\boldsymbol{X}_{1:k}) \\
&= f_{L_k|\omega,\lambda_k,X_{1:k}}(l_k|\omega,\lambda_k,\boldsymbol{X}_{1:k})
\end{aligned} \tag{5.63}
$$

基于全概率公式，若 $\boldsymbol{Y}_{1:k}$ 已知，则考虑随机失效阈值影响下设备的剩余寿命可表示为

$$
\begin{aligned}
f_{L_k|Y_{1:k}}(l_k|\boldsymbol{Y}_{1:k}) &= \int_{-\infty}^{+\infty}\int_{-\infty}^{+\infty}\int_{-\infty}^{+\infty} f_{L_k|\omega,\lambda_k,Y_{1:k},X_{1:k}}(l_k|\omega,\lambda_k,\boldsymbol{Y}_{1:k},\boldsymbol{X}_{1:k}) \cdot \\
&\quad p(x_k|\lambda_k,\omega,\boldsymbol{Y}_{1:k})p(\lambda_k|\omega,\boldsymbol{Y}_{1:k})p(\omega|\boldsymbol{Y}_{1:k})\mathrm{d}x_k\mathrm{d}\lambda_k\mathrm{d}\omega \\
&= E_\omega\{E_{\lambda_k|\omega}\{E_{x_k|\omega,\lambda_k}[f_{L_k|\omega,\lambda_k,X_{1:k}}(l_k|\omega,\lambda_k,\boldsymbol{X}_{1:k})]\}\}
\end{aligned} \tag{5.64}
$$

基于式(5.50)、式(5.64)及引理5.1，并令 $D=x_k$，$E=\omega-\lambda_k\beta(l_k)$，$F=\omega-\lambda_k\psi(l_k)$，$G=\sigma_B^2 l_k$，可得

$$
\begin{aligned}
f_{L_k|\omega,\lambda_k,Y_{1:k}}(l_k|\omega,\lambda_k,\boldsymbol{Y}_{1:k}) &= E_{x_k|\omega,\lambda_k}[f_{L_k|\omega,\lambda_k,X_{1:k}}(l_k|\omega,\lambda_k,\boldsymbol{X}_{1:k})] \\
&\approx \sqrt{\frac{1}{2\pi(\sigma_{x_k}^2+\sigma_B^2 l_k)}}\left(\frac{\omega\sigma_B^2}{\sigma_{x_k}^2+\sigma_B^2 l_k}-J_2-J_1\lambda_k\right)\times \\
&\quad \exp\left(-\frac{(\omega+I\hat{\lambda}_{k|k}-\hat{x}_{k|k}-(\psi(l_k)+I)\lambda_k)^2}{2(\sigma_{x_k}^2+\sigma_B^2 l_k)}\right)
\end{aligned} \tag{5.65}
$$

式中：

$$
I = \frac{\vartheta_{\theta,k}^2}{\vartheta_{\lambda,k}^2} \tag{5.66}
$$

$$J_1=\frac{\beta(l_k)}{l_k}+\frac{\sigma_B^2 l_k I-\psi(l_k)\sigma_{x_k}^2}{\sigma_{x_k}^2 l_k+\sigma_B^2 l_k^2} \tag{5.67}$$

$$J_2=\frac{\hat{x}_{k|k}\sigma_B^2-I\sigma_B^2\hat{\lambda}_{k|k}}{\sigma_{x_k}^2+\sigma_B^2 l_k} \tag{5.68}$$

基于式(5.65)与引理5.2,并令 $E=(\omega\sigma_B^2)/(\sigma_{x_k}^2+\sigma_B^2 l_k)-J_2$,$F=\omega+I\hat{\lambda}_{k|k}-\hat{x}_{k|k}$, $G=\sigma_{x_k}^2+\sigma_B^2 l_k$, $H_1=J_1$, $H_2=\psi(l_k)+I$,可得

$$\begin{aligned}f_{L_k|\omega,\boldsymbol{Y}_{1:k}}(l_k|\omega,\boldsymbol{Y}_{1:k})&=E_{\boldsymbol{\lambda}_k|\omega}\{f_{L_k|\omega,\boldsymbol{\lambda}_k,\boldsymbol{X}_{1:k}}(l_k|\omega,\boldsymbol{\lambda}_k,\boldsymbol{X}_{1:k})\}\\&=\sqrt{\frac{K_3^2}{2\pi K_1}}\left(\omega-\frac{K_2}{K_3}\right)\exp\left(-\frac{(\omega-K_4)^2}{2K_1}\right)\end{aligned} \tag{5.69}$$

式中:

$$K_1=(\psi(l_k)+I)^2\vartheta_{\lambda,k}^2+\sigma_{x_k}^2+\sigma_B^2 l_k \tag{5.70}$$

$$\begin{aligned}K_2=J_1&\frac{\hat{\lambda}_{k|k}(\sigma_{x_k}^2+\sigma_B^2 l_k)}{K_1}+\\&J_2+\frac{J_1(\psi(l_k)+I)(I\hat{\lambda}_{k|k}-\hat{x}_{k|k})\vartheta_{\lambda,k}^2}{K_1}\end{aligned} \tag{5.71}$$

$$K_3=\frac{\sigma_B^2}{\sigma_{x_k}^2+\sigma_B^2 l_k}-J_1\frac{(\psi(l_k)+I)\vartheta_{\lambda,k}^2}{K_1} \tag{5.72}$$

$$K_4=\hat{x}_{k|k}+\psi(l_k)\hat{\lambda}_{k|k} \tag{5.73}$$

基于式(5.69)与引理5.3,并令 $D=\omega$,$F=K_4$,$E=K_2/K_3$,$G=K_1$,可得

$$\begin{aligned}f_{L_k|Y_{1:k}}(l_k|\boldsymbol{Y}_{1:k})&=E_\omega[f_{L_k|\omega,Y_{1:k}}(l_k|\omega,\boldsymbol{Y}_{1:k})]\\&=\frac{K_3}{2\pi\Phi(\mu_\omega/\sigma_\omega)}\exp\left(-\frac{(\mu_\omega-K_4)^2}{2(K_1+\sigma_\omega^2)}\right)\cdot\\&\left[\frac{\sqrt{K_1\sigma_\omega^2}}{K_1+\sigma_\omega^2}\exp\left(-\frac{(K_4\sigma_\omega^2+K_1\mu_\omega)^2}{2(K_1+\sigma_\omega^2)K_1\sigma_\omega^2}\right)+\right.\\&\left.\left(\frac{K_4\sigma_\omega^2+K_1\mu_\omega}{K_1+\sigma_\omega^2}-\frac{K_2}{K_3}\right)\sqrt{\frac{2\pi}{K_1+\sigma_\omega^2}}\Phi\left(\frac{K_4\sigma_\omega^2+K_1\mu_\omega}{\sqrt{(K_1+\sigma_\omega^2)K_1\sigma_\omega^2}}\right)\right]\end{aligned} \tag{5.74}$$

进一步,可得考虑随机失效阈值影响下设备剩余寿命的累积分布函数、可靠度与期望分别为

$$F_{L_k|\boldsymbol{Y}_{1:k}}(l_k|\boldsymbol{Y}_{1:k})=\int_0^{l_k}f_{L_k|Y_{1:k}}(\tau|Y_{1:k})\,\mathrm{d}\tau \tag{5.75}$$

$$R(l_k)=1-\int_0^{l_k}f_{L_k|\boldsymbol{Y}_{1:k}}(\tau|Y_{1:k})\,\mathrm{d}\tau \tag{5.76}$$

$$E(l_k) = \int_0^{+\infty} l_k f_{L_k \mid Y_{1:k}}(l_k \mid \boldsymbol{Y}_{1:k}) \mathrm{d}l_k \tag{5.77}$$

5.5 算例分析

5.5.1 数值仿真示例

本小节通过蒙特卡洛方法仿真设备的退化数据,并据此开展分析验证。具体仿真参数设定如下:仿真步长为 0.1 周期;仿真样本量为 6;非线性函数为 $\Lambda(t \mid \boldsymbol{\theta}) = t^{\theta}$;退化模型参数为 $\mu_\lambda = 3$, $\sigma_\lambda^2 = 0.0004$, $\sigma_B^2 = 0.1$, $\theta = 1.5$, $\sigma_\varepsilon^2 = 0.001$;随机失效阈值满足截断正态分布,且分布系数为 $\mu_\omega = 3.16$, $\sigma_\omega^2 = 0.20$。具体仿真退化数据如图 5.1 所示。

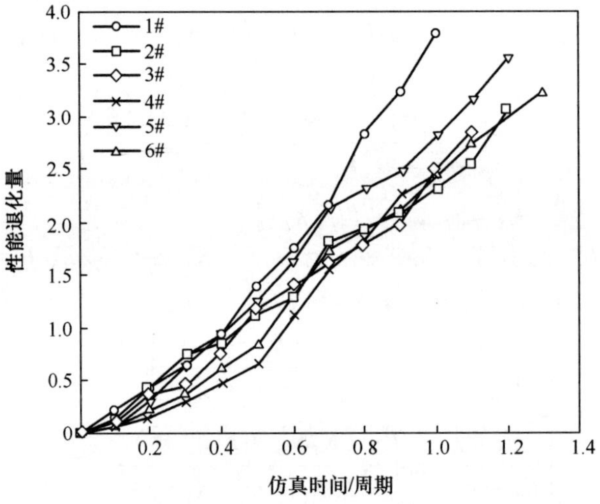

图 5.1 仿真退化数据

1. 参数估计

1) 退化模型先验参数估计

本章以 4#设备为目标设备进行分析。基于除 4#设备以外的仿真退化数据,利用本书所提基于 EM 算法的退化模型先验参数估计法,即可得到退化模型先验参数的估计值。为便于比较分析,本书给出基于 MLE 算法得到的参数估计结果,具体见表 5.1。

表 5.1　退化模型参数估计

参　数	μ_λ	σ_λ^2	σ_B^2	σ_ε^2	θ
真值	3	0.0004	0.1	0.001	1.5
EM	2.9211	0.0103	0.0958	0.0011	1.4848
MLE	3.4328	0.0305	0.0758	0.0012	1.5404

由表 5.1 可知,本书所提参数估计方法得到退化模型参数估计值更接近于仿真初值,表明基于 EM 算法的参数估计法较基于 MLE 算法的参数估计法准确性更高,性能更优。

2）失效阈值分布系数估计

失效阈值一般被定义为设备发生失效时的性能退化量,由此可知 1#~6#样本对应的失效阈值数据分别为(5.7743, 3.0510, 2.8412, 2.4503, 3.5414, 3.2225)。假设设备的失效阈值具有不确定性且满足非负约束,则基于本书 3.3.2 节提出的失效阈值分布系数估计法,并设定初值为 $\mu_{\omega,0}=3$, $\sigma_{\omega,0}^2=0.1$,迭代终止阈值为 10^{-5},即可得到随机失效阈值分析系数的估计值,具体迭代过程和分布系数估计结果见图 5.2 和表 5.2。

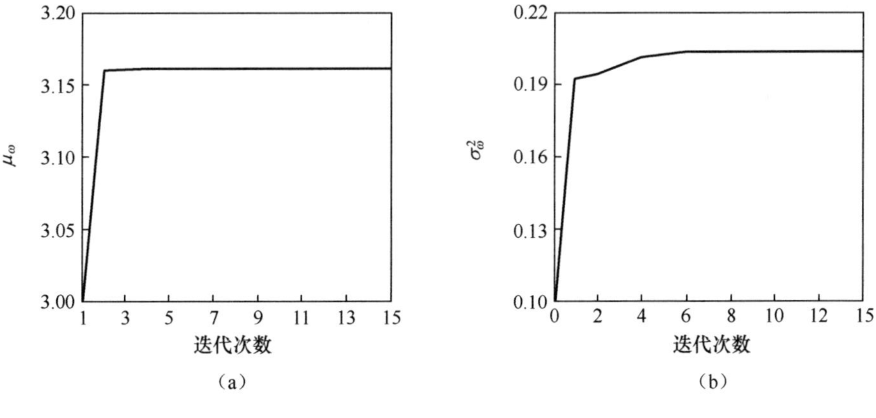

图 5.2　EM 算法迭代过程

(a)μ_ω;(b)σ_ω^2。

为了验证本书所提基于 EM 算法的失效阈值分布系数估计法较文献[7]和文献[104]提出的 MLE 算法更具优势,本书引入均方误差(mean squared error, MSE)作为判别标准进行分析。此外,在原有仿真参数的基础上,本书再分别仿真出 50 组、500 组退化数据,对应得到 50 个、500 个仿真退化失效阈值数据,并采用 EM 算法与 MLE 算法分别进行参数估计,得到参数估计结果,见表 5.2。

表 5.2　失效阈值分布系数估计

仿真参数		μ_ω	σ_ω^2	MSE
		3.16	0.20	—
MLE	5 组	3.1450	0.2274	4.48×10^{-4}
	50 组	3.1513	0.2165	1.74×10^{-4}
	500 组	3.1588	0.2023	3.37×10^{-6}
EM	5 组	3.1613	0.2024	3.73×10^{-6}
	50 组	3.1615	0.2021	3.33×10^{-6}
	500 组	3.1613	0.1978	3.27×10^{-6}

表 5.2 中 MLE 算法对应的失效阈值分布系数估计值由 MATLAB 软件中 normfit 命令求出。由表 5.2 可知,仿真数据量相同的条件下,基于 EM 算法得到的随机失效阈值分布系数估计值较基于 MLE 算法得到的估计值更贴近于仿真初值,且 MSE 值更小,表明 EM 算法具有更高的估计准确性。进一步分析可以发现,MLE 算法对仿真数据量较为敏感,随着仿真数据量的增多,MLE 算法的参数估计值逐步接近于仿真参数的真实值,且对应 MSE 值逐步减小;而 EM 算法对仿真数据量变化的鲁棒性更好,随着仿真数据的增多 EM 算法估计结果波动较小,参数估计误差变化不明显。基于上述分析,可以证明在中、小样本条件下,EM 算法的准确性要明显优于传统的 MLE 算法。而在实际使用过程中,退化试验大多具有小样本特性,从而进一步说明了本书所提基于 EM 算法的失效阈值分布系数估计法适用性更强。

2. 剩余寿命预测

1) 退化状态在线更新

基于目标设备的仿真性能退化数据,利用本书所提基于 KF 算法的退化状态更新方法,即可实现对目标设备退化状态的在线更新。设备退化状态的具体更新过程如图 5.3 所示。

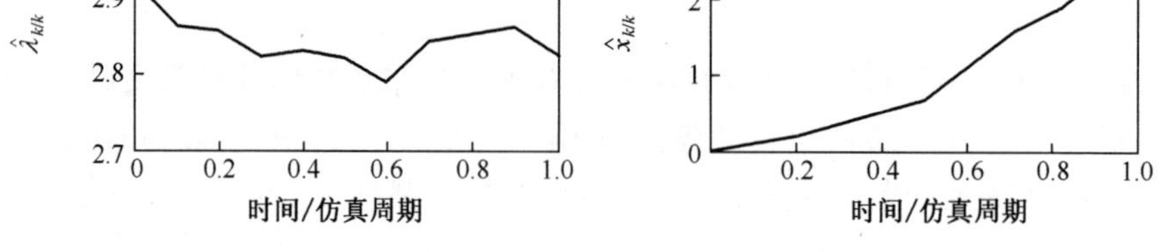

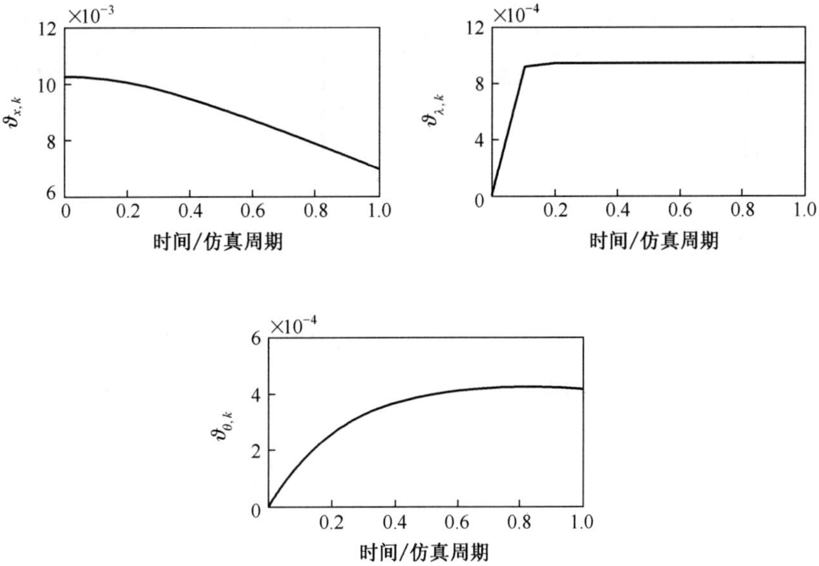

图 5.3　退化状态更新过程

2）剩余寿命预测结果

结合前文得出的退化模型先验参数估计值与退化状态在线更新结果，即可实现对目标设备剩余寿命的在线预测。为便于分析，记本书所提考虑随机失效阈值影响的剩余寿命预测方法为 M0，而不考虑随机失效阈值影响的剩余寿命预测方法为 M1（对应固定失效阈值为 2.5）。针对 M0 与 M1 方法，在不同状态监测时刻（0.2 周期、0.4 周期、0.6 周期、0.8 周期）对应的目标设备剩余寿命预测情况如图 5.4所示。

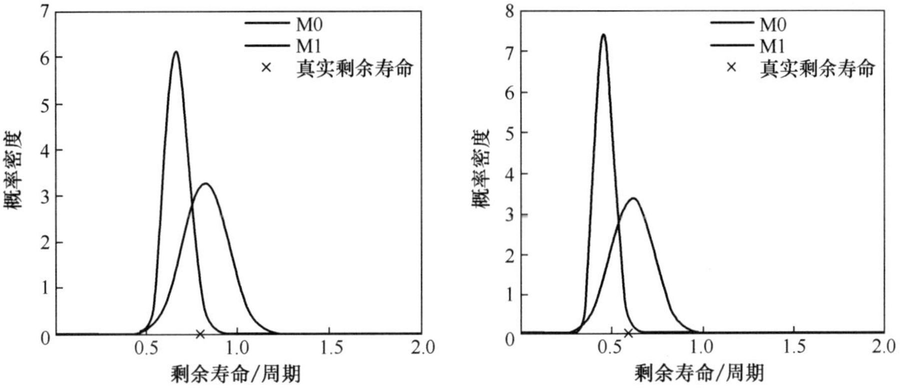

（a）　　　　（b）

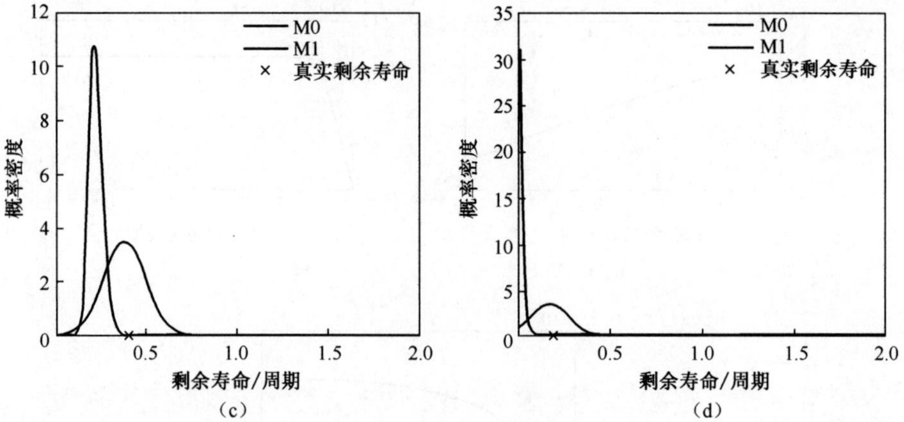

图 5.4 剩余寿命预测结果

(a) $t_k=0.2$ 周期;(b) $t_k=0.4$ 周期;(c) $t_k=0.6$ 周期;(d) $t_k=0.8$ 周期。

由图 5.4 可知,在不同状态监测时刻,M0 对应剩余寿命概率密度函数曲线较 M1 更分散,表明 M0 预测不确定性较 M1 更大。究其原因,主要是由于本书所提剩余寿命预测方法考虑了失效阈值的随机性,并将其引入剩余寿命的预测过程,从而在一定程度上增大了预测结果的不确定性。进一步分析可以发现,当设备运行至 0.6 周期及以后,M1 对应剩余寿命分布曲线已无法包含目标设备的真实剩余寿命,而 M0 对应剩余寿命分布曲线则可以始终包含目标设备的真实剩余寿命,由此即可证明本章所提方法的优越性,表明考虑随机失效阈值有助于提升设备剩余寿命预测的准确性。

5.5.2 燃油泵实例

燃油泵是飞机燃油系统的关键组成设备,其功能是在任何情况下实现向发动机的可靠供油,因而其性能的好坏对飞行安全具有显著影响。本书结合某型机载燃油泵性能退化试验开展分析验证,具体试验数据如图 5.5 所示。

图 5.5 给出了 6 台燃油泵在循环注油条件下的压力变化情况。6 台试验燃油泵的初始性能退化量并不相同,且性能退化过程具有递减趋势。由前文分析可知,具有递减趋势的退化过程不利于开展退化模型参数估计与剩余寿命预测分析。为此,本书采用数值变换方法,对燃油泵退化数据进行变换,具体变换公式为

$$Y'(t)=Y(0)-Y(t) \tag{5.78}$$

式中:$Y(t)$ 表示设备性能退化量的监测值,而 $Y'(t)$ 则表示经变换后设备的性能退化数据。

经变换后燃油泵的性能退化数据如图 5.6 所示。

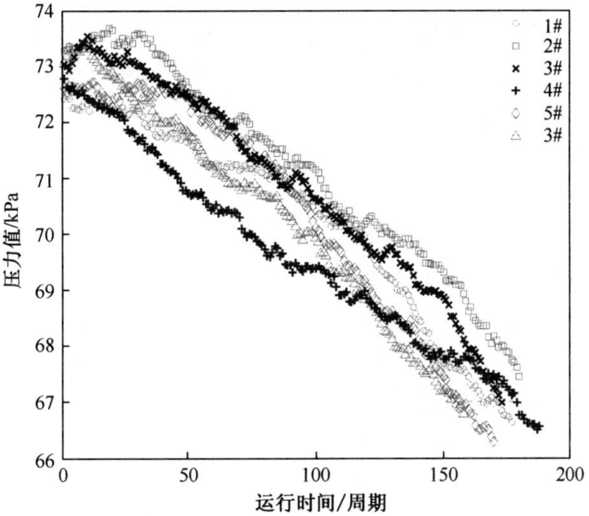

图 5.5　燃油泵退化试验数据

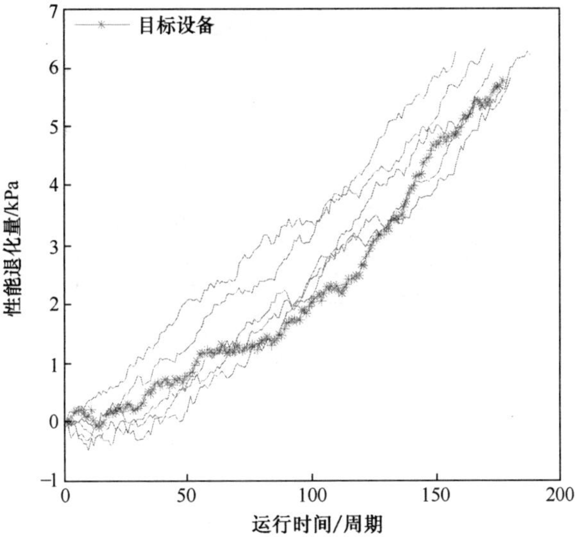

图 5.6　燃油泵性能退化数据

本书选取 2#~6#燃油泵作为同类设备,其性能退化数据被用于进行退化模型先验参数估计和失效阈值分布系数估计;选取 1#燃油泵作为目标设备,其性能退化数据被用于进行剩余寿命预测与维修决策研究。当前,实际应用中常认为该型燃油泵压力小于 67MPa 后无法满足功能需要,即发生失效,则目标设备对应的固

定失效阈值应为 $\omega = 72.4173 - 67 = 5.4173\text{MPa}$。为便于对比分析，记本书所提剩余寿命预测方法和维修决策模型为 M0；记采用固定失效阈值的剩余寿命预测方法和维修决策模型为 M1；而将考虑随机失效阈值，但忽略非线性退化的剩余寿命预测方法和维修决策模型记为 M2。

1. 参数估计

1）退化模型先验参数估计

由图 5.6 可知，燃油泵的性能退化过程带有明显的非单调性，因此适于采用维纳过程对其进行退化建模。为了进一步验证燃油泵的退化过程满足维纳过程，还需对退化数据进行维纳过程的辨识。目前，常用的维纳过程辨识方法主要有自相关函数法、似然比检验法和序惯的方法[78]。本章主要采用自相关函数法来对燃油泵退化过程进行辨识。基于维纳过程的基本性质可知，基本线性维纳过程属于一元维纳过程，其对应的自相关函数可表示为

$$E[X(s)X(t)] = \lambda^2 st + \sigma_B^2 \min(s,t) \tag{5.79}$$

由此可得基本线性维纳过程的自相关函数曲线，具体如图 5.7 所示。

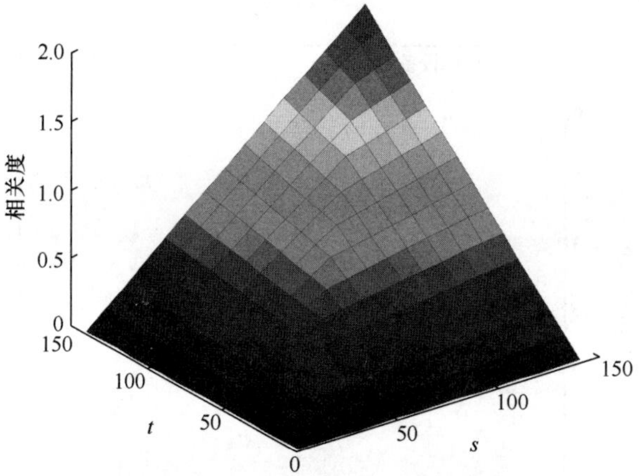

图 5.7　一元维纳过程自相关函数曲线

由于式（5.1）所示的非线性维纳过程考虑到了测量误差的影响，易知设备退化数据监测值的增量存在相关性，即 $\boldsymbol{Y}_n$ 满足多元维纳过程。在该种情况下，需先对 $\boldsymbol{Y}_n$ 进行适当变化，再进行自相关函数的估计。具体变换方法为：

若设备的性能退化过程如式（5.1）所示，则基于维纳过程的正交不变性，可以证明存在一个正交变换矩阵 $\boldsymbol{E}$ 使得维纳过程的协方差矩阵 $\boldsymbol{\Sigma}_n$ 转化为对角矩阵 $\boldsymbol{\Sigma}^{\cdot}_n$，即

$$\dot{\boldsymbol{\Sigma}}_n = \boldsymbol{E}^{\mathrm{T}}\boldsymbol{\Sigma}_n\boldsymbol{E} = \begin{pmatrix} \dot{\sigma}_{1,n}^2 & 0 & \cdots & 0 \\ 0 & \dot{\sigma}_{2,n}^2 & \ddots & \vdots \\ \vdots & \ddots & \ddots & 0 \\ 0 & \cdots & 0 & \dot{\sigma}_{m_n,n}^2 \end{pmatrix}_{m_n \times m_n} \tag{5.80}$$

正交矩阵变换 $\boldsymbol{E}$ 的计算方法可参考文献[105],本书不再进行详细说明。在上述分析的基础上,若令

$$\dot{\boldsymbol{Y}}_n = \boldsymbol{E}\boldsymbol{Y}_n \tag{5.81}$$

则基于维纳过程的正交不变形,可以证明 $\dot{\boldsymbol{Y}}_n$ 仍旧为维纳过程[106]。进一步,易知 $\dot{\boldsymbol{Y}}_n$ 的协方差矩阵为 $\dot{\boldsymbol{\Sigma}}_n$,由此可得 $\dot{\boldsymbol{Y}}_n$ 中各分量相互独立,即 $\dot{\boldsymbol{Y}}_n$ 满足一元维纳过程。

令 $\dot{\boldsymbol{Y}}_n$ 表示设备的伪退化数据,若证明其满足一元维纳过程,即可证明 $\boldsymbol{Y}_n$ 满足多元维纳过程。进一步,本章利用文献[78]所提方法计算设备退化数据自相关函数的矩估计值,即

$$\hat{\Gamma}_{s,t} = \frac{1}{N}\sum_{n=1}^{N}\left(\dot{Y}_{s,n} - \frac{1}{N}\sum_{n=1}^{N}\dot{Y}_{s,n}\right)\left(\dot{Y}_{t,n} - \frac{1}{N}\sum_{n=1}^{N}\dot{Y}_{t,n}\right) \tag{5.82}$$

综上所述,即可求出燃油泵伪退化数据自相关函数的矩估计值,其对应的曲线如图 5.8 所示。

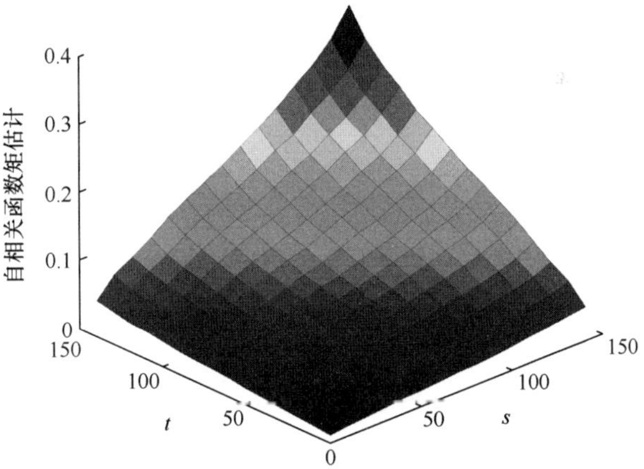

图 5.8 燃油泵伪退化数据自相关函数的矩估计

通过对比图 5.7 与图 5.8 可知,燃油泵伪退化数据 $\dot{\boldsymbol{Y}}_n$ 自相关函数的矩估计与

一元维纳过程自相关函数的曲线相似度较高,表明其满足一元维纳过程,从而验证了燃油泵性能退化数据 $\boldsymbol{Y}_n$ 满足维纳过程。

此外,由图 5.6 可得 1#~6#燃油泵的历史寿命数据分别为(176, 179, 172, 187, 169, 157)周期。对上述6 台燃油泵的历史寿命数据进行分布假设检验,不能拒绝其服从逆高斯分布的假设,从而进一步证明了采用维纳过程建模燃油泵性能退化规律的合理性。

由图 5.6 可知,发动机的性能退化过程具有明显的非线性,为此本书假设 $\Lambda(t|\boldsymbol{\theta})=t^{\theta}$ 。则基于 2#~6#燃油泵的性能退化数据,采用基于 EM 算法的先验参数估计法即可得到燃油泵退化模型参数的估计值。本章中,EM 算法的初值由文献[7]提出的 MLE 算法估计得到,而迭代停止阈值设定为 1.5×10^{-6},由此可得 M0、M1 与 M2 对应的参数估计结果,具体见表 5.3。此外,本章还给出了 M0 对应的参数估计迭代过程,具体如图 5.9 所示。

表 5.3　随机退化模型参数估计结果

参数	M0	M1	M2
μ_λ	1.2111×10^{-2}	1.2111×10^{-2}	3.5113×10^{-2}
σ_λ^2	1.1299×10^{-4}	1.1299×10^{-4}	1.1459×10^{-4}
σ_B^2	5.9194×10^{-4}	5.9194×10^{-4}	3.0434×10^{-3}
σ_ε^2	2.7401×10^{-8}	2.7401×10^{-8}	5.7342×10^{-6}
θ	1.4778	1.4778	1

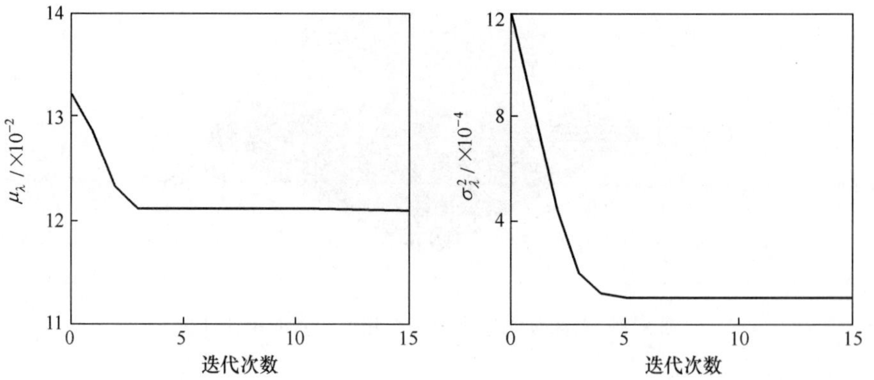

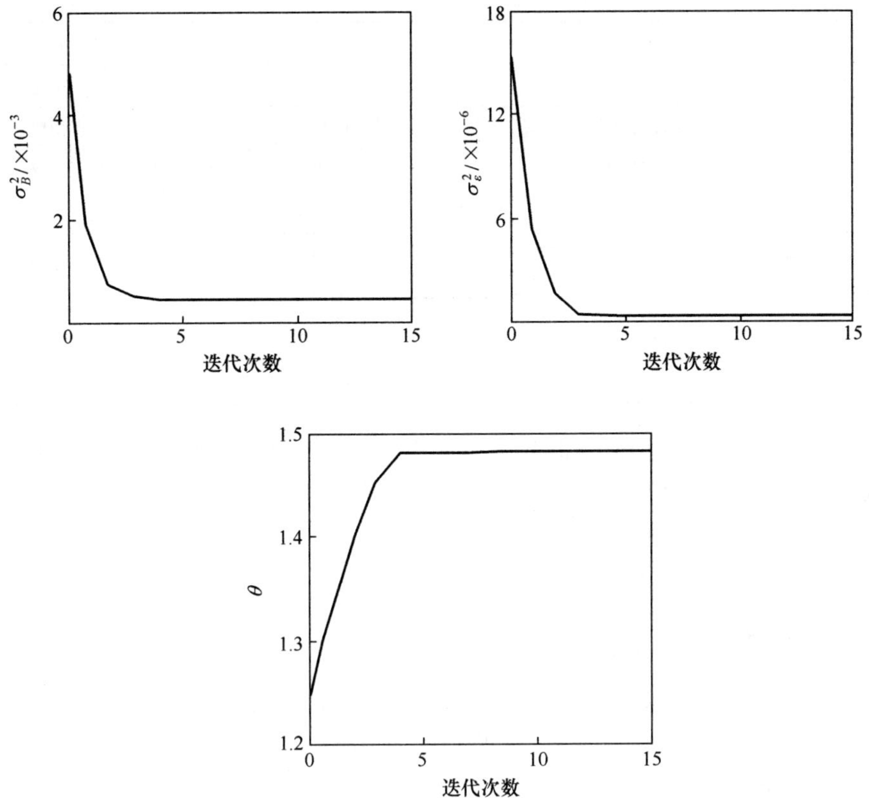

图 5.9 M0 对应参数估计迭代过程

2）失效阈值分布系数估计

失效阈值通常被定义为设备在失效时刻对应的性能退化量。由图 5.6 可得，6 台燃油泵对应的实际失效阈值见表 5.4。

表 5.4 燃油泵失效阈值

燃油泵	失效阈值
1#	5.7843
2#	5.6877
3#	6.0043
4#	6.2115
5#	6.3652
6#	6.2084

为确定随机失效阈值的具体分布类型，本书对 2#~6#燃油泵的退化失效阈值进行 K-S 假设检验，得到结果见表 5.5。

表 5.5　随机失效阈值分布 K-S 检验

序号	分布类型	假设检验置信度	结果
1	截断正态分布	0.8523	不拒绝
2	威布尔分布	0.8449	不拒绝
3	正态分布	0.7880	不拒绝
4	对数正态分布	0.7791	不拒绝
5	伽马分布	0.7136	不拒绝
6	泊松分布	0.2349	不拒绝
7	瑞利分布	0.0394	拒绝
8	指数分布	0.0273	拒绝

由表 5.5 可知，采用截断正态分布描述燃油泵性能退化的随机失效阈值更为合理。在此基础上，利用本书 5.3.2 节提出的失效阈值分布系数估计方法，设初值为 $\mu_{\omega,0}=6$，$\sigma^2_{\omega,0}=0.5$，迭代终止阈值为 5×10^{-4}，即可得到燃油泵退化失效阈值的分布系数估计值为 $\hat{\mu}_{\omega}=6.0574$，$\hat{\sigma}^2_{\omega}=0.5170$。

2. 剩余寿命预测

1）退化状态在线更新

基于本章提出的退化状态在线更新方法，利用目标设备的退化数据，即可对其退化状态进行在线更新，具体更新结果如图 5.10 所示。

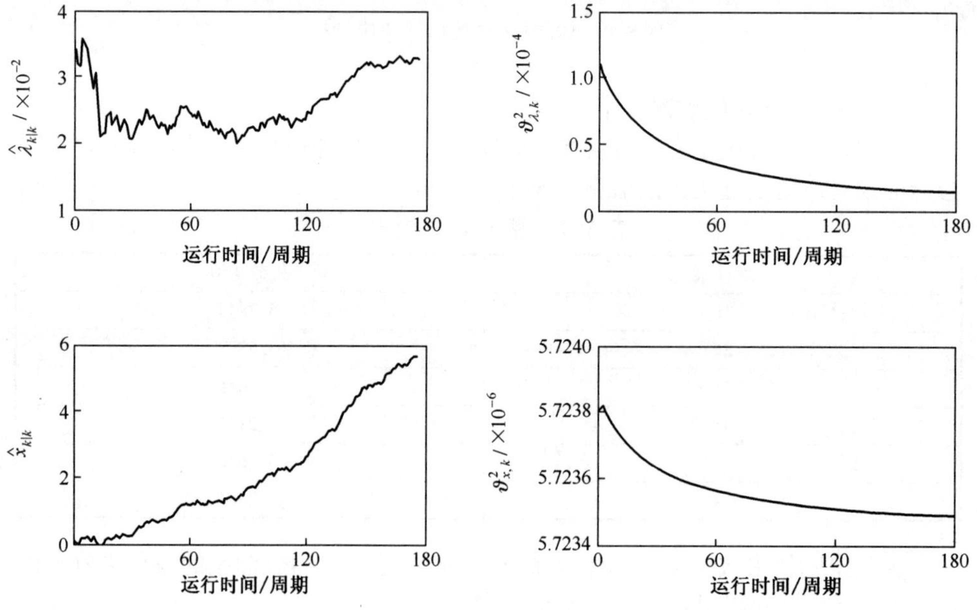

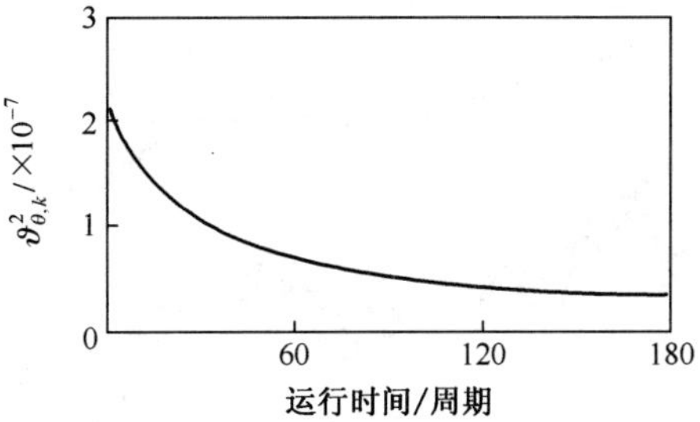

图 5.10　退化状态在线更新

2）剩余寿命预测结果

基于目标设备退化状态的在线更新结果，可以分别计算出 M0、M1 与 M2 对应燃油泵剩余寿命预测的 95%置信区间与剩余寿命预测误差。为便于分析，本章主要以运行时间[80, 140]周期内的剩余寿命预测数据为例进行说明，其他时间段内的分析过程与之相同，具体如图 5.11 与图 5.12 所示。其中，预测误差采用 MSE 值来表征，该指标主要用以衡量预测剩余寿命与真实剩余寿命之间的偏差情况，且 MSE 值越小，表明预测准确性越高，其具体计算方法为

$$\mathrm{MSE} = \int_0^{\infty} (l_k - T + t_k)^2 f_{L_k \mid Y_{1:k}}(l_k \mid \boldsymbol{Y}_{1:k})\,\mathrm{d}l_k \tag{5.83}$$

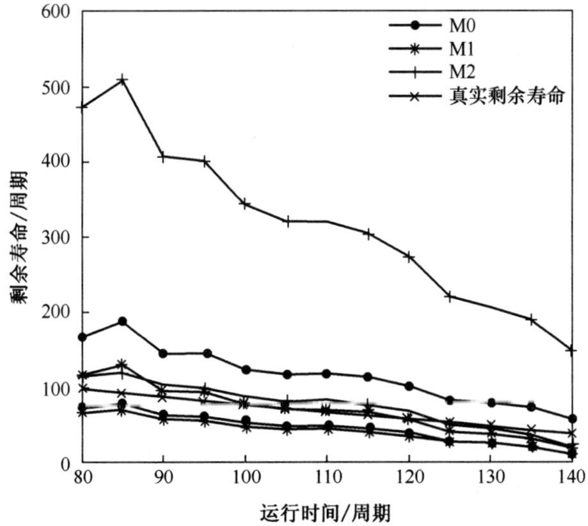

图 5.11　剩余寿命预测的 95%置信区间

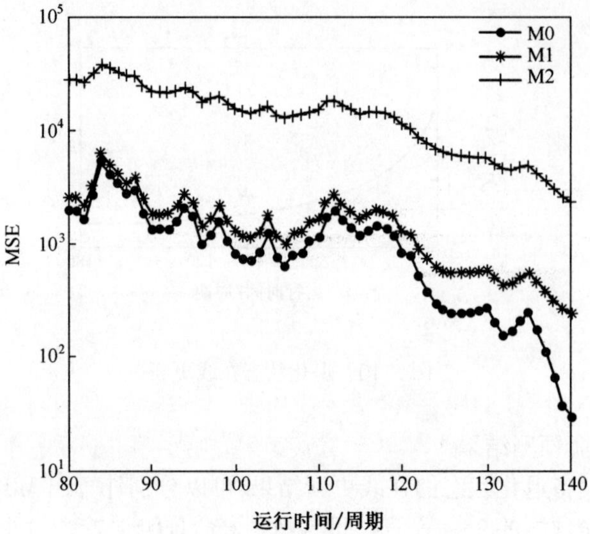

图 5.12　剩余寿命预测误差

由图 5.11 可知,M1 对应的剩余寿命预测置信区间最窄,但在 120 周期后已无法包含目标设备的真实剩余寿命;M0 的置信区间较 M1 虽然更宽,但在[80, 140]周期可以完全包含目标设备的真实剩余寿命,且经计算可知目标设备的真实剩余寿命始终位于 M0 对应剩余寿命置信区间之内,由此可以说明 M0 较 M1 预测的准确性更高。究其原因,主要是由于忽略失效阈值的随机性将降低剩余寿命预测的不确定性,进而造成置信区间过窄,以至于出现无法包含真实剩余寿命的情况。此外,由图 5.11 还可以发现,M2 具有最宽的剩余寿命预测置信区间,但在[80, 122]周期区间内,目标设备的真实剩余寿命却位于 M2 对应置信区间之外,表明 M2 在剩余寿命预测的准确性和精确度上均不及 M0。上述现象说明,忽略非线性退化将导致预测不确定性的进一步增大,且会大幅降低剩余寿命预测的准确性。图 5.12 则表明了 M0 较 M1 与 M2 预测剩余寿命的误差更小,从而进一步验证了本章所提方法的优势。

为了更加深入地剖析随机失效阈值对设备剩余寿命预测结果的影响机理,本章给出了目标设备在不同运行时刻对应的剩余寿命预测情况,对应的剩余寿命分布情况如图 5.13 所示。

由图 5.13 可知,随着燃油泵运行时间的增长,M0、M1 与 M2 得到的剩余寿命概率密度函数曲线均变窄,表明随着状态监测数据的增多,剩余寿命预测的不确定性逐渐减小。进一步,由图 5.13(a)可以发现,M1 对应剩余寿命的概率分布 M0 更为集中,说明 M1 方法预测的不确定性更低,但过低的预测不确定性也导致了其对应的剩余寿命概率密度函数无法包含目标设备的真实剩余寿命,使得其预测准

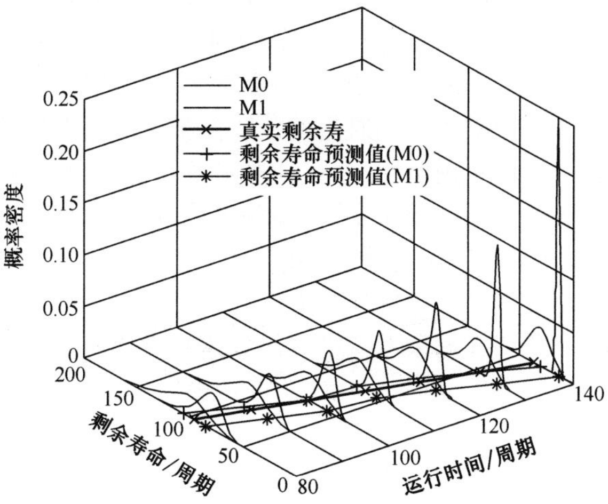

(a)

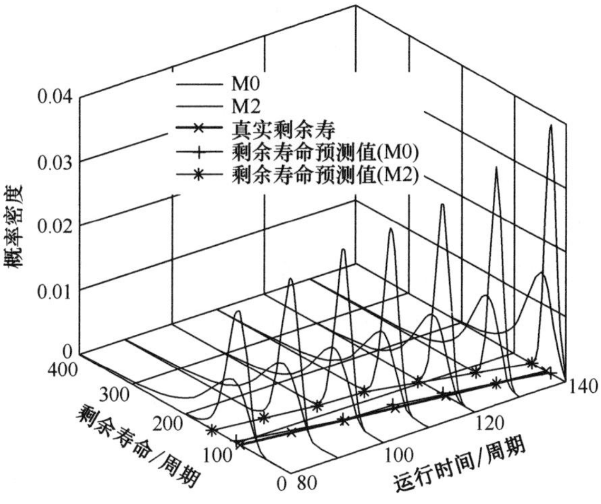

(b)

图 5.13　剩余寿命预测情况

(a)M0 与 M1;(b)M0 与 M2。

确性较差,其直观体现为在 130 周期以后 M1 对应剩余寿命概率密度函数已无法包含目标设备的真实剩余寿命。与之相反,M0 对应的剩余寿命概率密度函数则可以实现对目标设备真实剩余寿命的全覆盖,表明考虑随机失效阈值虽然增大了预测的不确定性,但却有助于提升预测的准确性,该结论也与仿真分析结果相一致。此外,M1 方法可能产生对设备剩余寿命的悲观估计,从而造成对燃油泵的提前维修或更换,导致维修资源的浪费。造成上述情况的原因是,目标设备的真实失效阈值(5.7843 MPa)大于依据经验给出的固定失效阈值(5.4173 MPa),而当采用固定失效阈值预测燃油泵的剩余寿命时,将导致对剩余寿命的估计值偏小。

由图5.13(b)可以发现,M2对应剩余寿命的概率分布较M0更为分散,说明M2的预测不确定性远大于M0,从而进一步验证了M0较M2具备更高的预测精度。究其原因,主要是由于采用线性退化模型拟合非线性退化数据,将会出现拟合误差,从而增大退化过程的不确定性,而其直观体现就是出现对参数 σ_B^2 的过大估计(表3.3),从而导致剩余寿命分布变宽,预测精度降低。此外,忽略非线性退化过程可能产生对剩余寿命的乐观估计,从而导致维修或替换的延迟,增大了发生事故的风险。综上,忽略非线性退化特征或失效阈值随机性都不利于实现对剩余寿命的科学准确预测,有必要在剩余寿命预测过程中综合考虑非线性退化与随机失效阈值的影响。

5.5.3 结论

本章重点分析了随机失效阈值对设备剩余寿命预测结果的影响,主要研究结论如下:(1)提出了一种基于EM算法的随机失效阈值分布系数估计方法,在满足截断正态分布的条件下,实现了对随机失效阈值分布系数的准确估计。较传统基于MLE算法的分布系数估计方法,本章所提方法在中、小试验样本条件下适用性更强且准确性更高,更能满足工程应用需要;(2)系统分析了非线性随机退化过程条件下随机失效阈值对设备剩余寿命预测的不确定影响,并推导出了随机失效阈值影响下设备剩余寿命概率密度函数的近似解析表达式。通过算例分析,验证了本章所提方法较忽略随机失效阈值和非线性退化的方法具备更高的剩余寿命预测准确性。

第6章 融入不完全维护效果的设备剩余寿命预测方法

6.1 引言

维护是保持和恢复机载设备性能状态的重要技术手段，在飞行机务保障工作中占据重要地位。在实际使用过程中，受不可逆退化与维修成本等因素的制约，大多数维护活动难以使设备恢复至全新状态，而是介于全新和维护前状态的中间状态，即维护不完全，也称为不完全维护[107]。例如，对风扇进行除尘和润滑作业、对电机转子进行动平衡调整、对陀螺仪进行漂移量校准等均属于不完全维护。设备在经历不完全维护后，其当前退化状态会发生显著变化，会直接影响对应剩余寿命的分布。然而，当前有关不完全维护的研究大多围绕线性退化过程展开分析，且未能定量分析不完全维护对剩余寿命预测的不确定影响，其具体表现：一是采用齐次泊松过程建立不完全维护模型具有局限性，难以客观反映设备真实的维护活动实施规律；二是缺乏不完全维护影响下的非线性退化建模分析，且忽略了对个体差异性的考量，从而降低剩余寿命预测的准确性。

针对上述问题，本章首先融合考虑个体差异的非线性维纳（Wiener）退化模型和基于复合非齐次泊松过程的不完全维护模型构建设备的综合退化模型，并提出基于EM算法的退化模型先验参数估计法和基于MLE算法的不完全维护模型参数估计法；其次，基于贝叶斯原理在线更新设备的退化状态，并推导出融入不完全维护效果的设备剩余寿命概率密度函数；最后，通过仿真算例和陀螺仪实例分析来验证所提方法的有效性。

6.2 融入不完全维护效果的设备退化建模

针对经历不完全维护的设备，建立融入不完全维护效果的随机退化模型，其中，设备所经历的不完全维护活动采用复合非齐次泊松过程进行建模，而设备的正常退化过程则采用考虑个体差异的非线性维纳过程进行建模。

6.2.1 基于复合非齐次泊松过程的不完全维护模型

本书采用非齐次泊松过程与特定随机变量构建复合非齐次泊松过程,以反映不完全维护活动对设备退化状态恢复效果的随机特性。其具体表现为采用非齐次泊松过程描述实施不完全维护的时机,采用独立同分布的随机变量衡量不完全维护的恢复效果。进一步,可给出如下假设:

(1) 维护活动仅对设备的退化状态起到恢复作用,而不改变设备原有的退化机理,即在经历维护活动后设备的退化程度降低,但退化速率、不确定性等特性与未发生维护前相同。

(2) 维护活动属于不完全维护,即经过维护后设备的性能状态得到恢复,但恢复后的性能状态介于全新(修复如新)和原有状态(修复如旧)之间。其直观表现为性能指标恢复量 E_k 满足 $0 < E_k < X(T_k)$,其中 $X(T_k)$ 表示实施不完全维护作业前设备的性能退化量,而对应的时间 T_k 则表示进行不完全维护的时刻。

(3) 设备每次进行维护的时间远小于其寿命周期总时间,因此可以忽略维护时间对设备运行的影响。

(4) 每次不完全维护对设备产生的性能指标的恢复量 E_i 均相互独立,且满足同一随机分布 $f_E(E|\boldsymbol{\Phi})$,其中 $\boldsymbol{\Phi}$ 表示分布系数。

(5) 设备在寿命周期 $(0,T]$ 内的任意时间段 $(t_{k-1},t_k]$ 所经历不完全维护作业的次数 $N(t_k - t_{k-1})$ 满足非齐次泊松分布,其强度函数为 $\rho(t|\boldsymbol{\eta})$,其中 $\boldsymbol{\eta}$ 表示未知参数,由此可得

$$P = (N(t_k - t_{k-1}) = n_k) = \frac{(m(t_k) - m(t_{k-1}))^{n_k}}{n_k!}\exp(m(t_{k-1}) - m(t_k)) \tag{6.1}$$

式中: $m(t)$ 表示维护活动发生的强度,且 $m(t) = \int_0^t \rho(\delta|\boldsymbol{\eta})\mathrm{d}\delta$; n_k 为 $(t_{k-1},t_k]$ 内不完全维护的次数, $t_0 = 0, t_{k-1} < t_k$ 。

综上所述,设备的不完全维护模型可表示为

$$M(t) = \sum_{i=0}^{N(t)} E_i \tag{6.2}$$

式中: $N(t) = N(t - t_0)$; E_0 表示未进行维护时对应的设备性能回复量,易知 $E_0 = 0$。

6.2.2 考虑不完全维护影响的随机退化模型

采用考虑个体差异的非线性维纳退化模型来描述机载设备的随机退化过程,

具体为

$$X(t)=X(0)+\lambda\Lambda(t|\boldsymbol{\theta})+\sigma_B B(t) \tag{6.3}$$

建立融入不完全维护效果的设备随机退化模型,需要综合考虑设备自身的退化特性和维护活动的恢复特性。如图 6.1 所示,在不经历维护活动时,设备的退化过程满足式(6.3)所示非线性维纳退化模型(图 6.1 中虚线);而在经历不完全维护后,设备的退化状态得到一定程度的改善,性能退化量降低。由图 6.1 易知,不完全维护活动对设备退化状态的恢复程度具有累积效应,从而使得设备的退化过程呈现出显著的阶段性特征(图 6.1 中实线)。

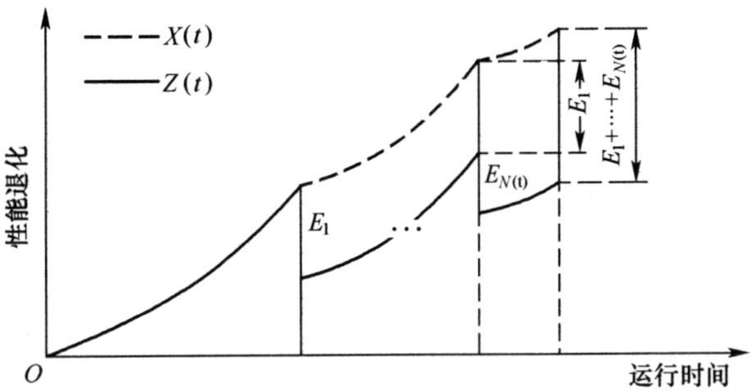

图 6.1　融入不完全维护效果的设备退化过程

基于上述分析,融入不完全维护效果的设备随机退化过程主要包含设备正常退化的正向过程和不完全维护的逆向过程两部分,由此可以建立设备的综合退化模型,其具体表达式为

$$Z(t)=X(t)-M(t)=Z(0)+\lambda\Lambda(t|\boldsymbol{\theta})+\sigma_B B(t)-M(t) \tag{6.4}$$

式中:$Z(t)$ 表示 t 时刻经过不完全维护后,设备的性能退化量,不失一般性,可令 $Z(0)=0$;$M(t)$ 前的负号体则现了不完全维护效果对退化状态的改善特性,表明维护作业可以对设备性能状态的退化起到恢复作用。

6.3　基于 EM 算法和 MLE 算法的参数联合估计

6.3.1　基于 EM 算法的退化模型先验参数估计

假设现有 N 台设备的性能退化数据,其中第 $n(i=1,2,\cdots,N)$ 台设备在第 i $(i=1,2,\cdots,m_n)$ 时刻对应的性能退化量为 $Z(t_{i,n})$,则 $\boldsymbol{Z}_n=[Z(t_{1,n}),Z(t_{2,n}),\cdots,Z(t_{m_n,n})]^{\mathrm{T}}$ 表示第 n 台设备对应的全部性能退化数据,则 $\boldsymbol{Z}_{1:N}=\{\boldsymbol{Z}_1,\boldsymbol{Z}_2,\cdots,$

$\boldsymbol{Z}_N\}$ 表示全部性能退化数据。记第 n 台设备进行第 k（$k=1,2,\cdots,d_k$）次不完全维护的时间为 $\tilde{t}_{k,n}$，对应的性能指标恢复量为 $E_{k,n}$，则 d_n 表示第 n 台设备经历的不完全维护的总次数。

由式(6.4)可得

$$\lambda\Lambda(t|\boldsymbol{\theta})+\sigma_B B(t)=Z(t)+\sum_{n=0}^{N(t)}E_n \tag{6.5}$$

令

$$\widetilde{Y}(t)=Z(t)+\sum_{n=0}^{N(t)}E_n,E_0=0 \tag{6.6}$$

则可得

$$\widetilde{Y}(0)=0 \tag{6.7}$$

进一步可将式(6.6)转化为

$$\widetilde{Y}(t)=\widetilde{Y}(0)+\lambda\Lambda(t|\boldsymbol{\theta})+\sigma_B B(t) \tag{6.8}$$

$\widetilde{Y}(t)$ 称为设备的等效性能退化量。对比式(6.8)与式(6.3)可以发现，等效性能退化量 $\widetilde{Y}(t)$ 服从非线性维纳过程。令 $\boldsymbol{\Theta}$ 表示随机退化模型的未知参数，则 $\boldsymbol{\Theta}=\{\mu_\lambda,\sigma_\lambda^2,\sigma_B^2,\boldsymbol{\theta}\}$。进一步建立等效性能退化量 $\widetilde{Y}_{1:N}$ 与漂移系数 λ 关于 $\boldsymbol{\Theta}$ 的联合对数似然函数为

$$\begin{aligned}\ln L(\widetilde{\boldsymbol{Y}}_{1:N},\lambda|\boldsymbol{\Theta})=&-\frac{\ln 2\pi+\ln\sigma_B^2}{2}\sum_{n=1}^{N}m_n-\\&\frac{1}{2}\sum_{n=1}^{N}\sum_{i=1}^{m_n}\ln\Delta t_{i,n}-\sum_{n=1}^{N}\sum_{i=1}^{m_n}\frac{1}{\Delta t_{i,n}}(\Delta\widetilde{Y}_{i,n}-\lambda_n\Delta T_{i,n})^2-\\&\frac{N\ln 2\pi}{2}-\frac{N\ln\sigma_\lambda^2}{2}-\frac{1}{2\sigma_\lambda^2}\sum_{n=1}^{N}(\lambda_n-\mu_\lambda)^2\end{aligned} \tag{6.9}$$

其中

$$\widetilde{\boldsymbol{Y}}_{1:N}=[\Delta\widetilde{\boldsymbol{Y}}_1,\Delta\widetilde{\boldsymbol{Y}}_2,\cdots,\Delta\widetilde{\boldsymbol{Y}}_N];\Delta\widetilde{\boldsymbol{Y}}_n=[\Delta\widetilde{Y}_{1,n},\Delta\widetilde{Y}_{2,n},\cdots,\Delta\widetilde{Y}_{m_n,n}]^{\mathrm{T}}$$

$\Delta\widetilde{Y}_{i,n}=\widetilde{Y}(t_{i,n})-\widetilde{Y}(t_{i-1,n})$，
$\Delta T_{i,n}=\Lambda(t_{i,n}|\boldsymbol{\theta})-\Lambda(t_{i-1,n}|\boldsymbol{\theta})$；$\Delta t_{i,n}=t_{i,n}-t_{i-1,n}$

$\widetilde{Y}(0)=0$，$t_{0,n}=0$。

令 $\hat{\boldsymbol{\Theta}}_{(j)}=(\hat{\mu}_{\lambda(j)},\hat{\sigma}_{\lambda(j)}^2,\hat{\boldsymbol{\theta}}_{(j)},\hat{\sigma}_{B(j)}^2)$ 表示第 j 步迭代后得到的退化模型先验参数估计值，则第 $j+1$ 步迭代过程可分为如下两部分：

E 步：计算联合对数似然函数的期望。

$$
\begin{aligned}
L(\boldsymbol{\Theta}|\hat{\boldsymbol{\Theta}}_{(j)}) &= E_{\lambda|\widetilde{Y}_{1:N},\hat{\Theta}_{(j)}}(\ln L(\widetilde{Y}_{1:N},\lambda|\hat{\boldsymbol{\Theta}}_j)) \\
&= -\frac{N\ln 2\pi}{2}-\frac{N\ln\sigma_\lambda^2}{2}-\frac{\ln 2\pi+\ln\sigma_B^2}{2}\sum_{n=1}^{N}m_n-\frac{1}{2}\sum_{n=1}^{N}\sum_{i=1}^{m_n}\ln\Delta t_{i,n}- \\
&\quad \sum_{n=1}^{N}\sum_{i=1}^{m_n}\frac{1}{\Delta t_{i,n}}[(\Delta\widetilde{Y}_{i,n}-E_\lambda(\lambda_n|\widetilde{Y}_n,\hat{\boldsymbol{\Theta}}_{(j)})\Delta T_{i,n})^2+D_\lambda(\lambda_n|\widetilde{Y}_n,\hat{\boldsymbol{\Theta}}_{(j)})\Delta T_{i,n}^2]- \\
&\quad \frac{1}{2\sigma_\lambda^2}\sum_{n=1}^{N}[(E_\lambda(\lambda_n|\widetilde{Y}_n,\hat{\boldsymbol{\Theta}}_{(j)})-\mu_\lambda)^2+D_\lambda(\lambda_n|\widetilde{Y}_n,\hat{\boldsymbol{\Theta}}_{(j)})]
\end{aligned}
\tag{6.10}
$$

在 $\hat{\boldsymbol{\Theta}}_{(j)}$ 与 $\widetilde{\boldsymbol{Y}}_n$ 均已知的情况下，根据贝叶斯原理可知，$\lambda_n|\widetilde{\boldsymbol{Y}}_n,\hat{\boldsymbol{\Theta}}_{(j)}$ 服从正态分布。令 $\lambda_n|\widetilde{\boldsymbol{Y}}_n,\hat{\boldsymbol{\Theta}}_{(j)} \sim \mathrm{N}(E_\lambda(\lambda_n|\widetilde{\boldsymbol{Y}}_n,\hat{\boldsymbol{\Theta}}_{(j)}),D_\lambda(\lambda_n|\widetilde{\boldsymbol{Y}}_n,\hat{\boldsymbol{\Theta}}_{(j)}))$，则可得

$$
E_\lambda(\lambda_n|\boldsymbol{Y}_n,\hat{\boldsymbol{\Theta}}_{(j)})=\frac{\hat{\sigma}_{\lambda(j)}^2\sum_{i=1}^{m_n}\frac{\Delta T_{i,n}\Delta\widetilde{Y}_{i,n}}{\Delta t_{i,n}}+\hat{\sigma}_{B(j)}^2\hat{\mu}_{\lambda(j)}}{\hat{\sigma}_{\lambda(j)}^2\sum_{i=1}^{m_n}\frac{(\Delta T_{i,n})^2}{\Delta t_{i,n}}+\hat{\sigma}_{B(j)}^2}
\tag{6.11}
$$

$$
D_\lambda(\lambda_n|\boldsymbol{Y}_n,\hat{\boldsymbol{\Theta}}_{(j)})=\frac{1}{\frac{1}{\hat{\sigma}_{B(j)}^2}\sum_{i=1}^{m_n}\frac{(\Delta T_{i,n})^2}{\Delta t_{i,n}}+\frac{1}{\hat{\sigma}_{\lambda(j)}^2}}
\tag{6.12}
$$

M 步：最大化 $L(\boldsymbol{\Theta}|\hat{\boldsymbol{\Theta}}_{(j)})$。

$$
\hat{\boldsymbol{\Theta}}_{(j+1)}=\arg\max_{\boldsymbol{\Theta}}L(\boldsymbol{\Theta}|\hat{\boldsymbol{\Theta}}_{(j)})
\tag{6.13}
$$

对式(6.10)分别求 μ_λ、σ_λ^2 与 σ_B^2 偏导数，可得

$$
\frac{\partial L(\boldsymbol{\Theta}|\hat{\boldsymbol{\Theta}}_{(j)})}{\partial\mu_\lambda}=\frac{1}{\sigma_\lambda^2}\sum_{n=1}^{N}(\mu_\lambda-E_\lambda(\lambda_n|\widetilde{\boldsymbol{Y}}_n,\hat{\boldsymbol{\Theta}}_{(j)}))
\tag{6.14}
$$

$$
\frac{\partial L(\boldsymbol{\Theta}|\hat{\boldsymbol{\Theta}}_{(j)})}{\partial\sigma_\lambda^2}=-\frac{N}{2\sigma_\lambda^2}+\frac{1}{2(\sigma_\lambda^2)^2}\sum_{n=1}^{N}[(E_\lambda(\lambda_n|\widetilde{\boldsymbol{Y}}_n,\hat{\boldsymbol{\Theta}}_{(j)})-\mu_\lambda)^2+D_\lambda(\lambda_n|\widetilde{\boldsymbol{Y}}_n,\hat{\boldsymbol{\Theta}}_{(j)})]
\tag{6.15}
$$

$$
\begin{aligned}
\frac{\partial L(\boldsymbol{\Theta}|\hat{\boldsymbol{\Theta}}_{(j)})}{\partial\sigma_B^2}&=-\frac{1}{2\sigma_B^2}\sum_{n=1}^{N}m_n+\frac{1}{2(\sigma_B^2)^2}\cdot \\
&\sum_{n=1}^{N}\sum_{i=1}^{m_n}\frac{1}{\Delta t_{i,n}}[(\Delta\widetilde{Y}_{i,n}-E_\lambda(\lambda_n|\widetilde{\boldsymbol{Y}}_n,\hat{\boldsymbol{\Theta}}_{(j)})\Delta T_{i,n})^2+D_\lambda(\lambda_n|\widetilde{\boldsymbol{Y}}_n,\hat{\boldsymbol{\Theta}}_{(j)})\Delta T_{i,n}^2]
\end{aligned}
\tag{6.16}
$$

令式(6.14)、式(6.15)与式(6.16)等于零,可得

$$\hat{\mu}_{\lambda(j+1)}=\frac{1}{N}\sum_{n=1}^{N}E_{\lambda}(\lambda_n\,|\,\widetilde{\boldsymbol{Y}}_n,\hat{\boldsymbol{\Theta}}_{(j)}) \tag{6.17}$$

$$\hat{\sigma}^2_{\lambda(j+1)}=\frac{1}{N}\sum_{n=1}^{N}\left[(E_{\lambda}(\lambda_n\,|\,\widetilde{\boldsymbol{Y}}_n,\hat{\boldsymbol{\Theta}}_{(j)})-\hat{\mu}_{\lambda(j+1)})^2+D_{\lambda}(\lambda_n\,|\,\widetilde{\boldsymbol{Y}}_n,\hat{\boldsymbol{\Theta}}_{(j)})\right] \tag{6.18}$$

$$\hat{\sigma}^2_{B(j+1)}=\frac{\sum_{n=1}^{N}\sum_{i=1}^{m_n}\frac{1}{\Delta t_{i,n}}\left[(\Delta\widetilde{Y}_{i,n}-E_{\lambda}(\lambda_n\,|\,\widetilde{\boldsymbol{Y}}_n,\hat{\boldsymbol{\Theta}}_{(j)})\Delta T_{i,n})^2+D_{\lambda}(\lambda_n\,|\,\widetilde{\boldsymbol{Y}}_n,\hat{\boldsymbol{\Theta}}_{(j)})\Delta T^2_{i,n}\right]}{\sum_{n=1}^{N}m_n} \tag{6.19}$$

将 $\hat{\mu}_{\lambda(j+1)}$ 、$\hat{\sigma}^2_{\lambda(j+1)}$ 、$\hat{\sigma}^2_{B(j+1)}$ 代入式(6.10),可得

$$\begin{aligned}L(\boldsymbol{\Theta}\,|\,\hat{\boldsymbol{\Theta}}_{(j)},\hat{\mu}_{\lambda(j+1)},\hat{\sigma}^2_{\lambda(j+1)},\hat{\sigma}^2_{B(j+1)})=&-\frac{1}{2}\sum_{n=1}^{N}\sum_{i=1}^{m_n}\ln\Delta t_{i,n}-\frac{1+N}{2}\ln 2\pi-\\&\frac{\ln 2\pi}{2}\sum_{n=1}^{N}m_n-\frac{1}{2}\sum_{n=1}^{N}m_n(\ln\hat{\sigma}^2_{B(j+1)})-\frac{N}{2}(\ln\hat{\sigma}^2_{\lambda(j+1)})-\\&\sum_{n=1}^{N}\sum_{i=1}^{m_n}\frac{1}{\Delta t_{i,n}}\left[(\Delta\widetilde{Y}_{i,n}-E_{\lambda}(\lambda_n\,|\,\widetilde{\boldsymbol{Y}}_n,\hat{\boldsymbol{\Theta}}_{(j)})\Delta T_{i,n})^2+\right.\\&\left.D_{\lambda}(\lambda_n\,|\,\widetilde{\boldsymbol{Y}}_n,\hat{\boldsymbol{\Theta}}_{(j)})\Delta T^2_{i,n}\right]\end{aligned} \tag{6.20}$$

求解函数 $L(\boldsymbol{\Theta}\,|\,\hat{\boldsymbol{\Theta}}_{(j)},\hat{\mu}_{\lambda(j+1)},\hat{\sigma}^2_{\lambda(j+1)},\hat{\sigma}^2_{B(j+1)})$ 的最大值,即可得到 $\hat{\boldsymbol{\theta}}_{(j+1)}$ 。通过迭代进行 E 步和 M 步计算,直至 $\|\hat{\boldsymbol{\Theta}}_{(j+1)}-\hat{\boldsymbol{\Theta}}_{(j)}\|$ 小于规定阈值时终止,即可得到参数估计值 $\hat{\boldsymbol{\Theta}}$ 。

6.3.2 基于 MLE 算法的不完全维护模型参数估计

1. 维护强度参数 $\boldsymbol{\eta}$

为确保全寿命周期运行的安全性与维修的经济性,设备在一个寿命周期内所经历不完全维护的次数并不是无限的,而是存在一个上限值(在此将其设为 a),本书将其称为不完全维护活动的上限假设。进一步,假设设备在任意时间段 $(t,t+s]$ 内实施不完全维护作业的强度与剩余的不完全维护次数成正比(在此将该比值设

为b),并称为不完全维护活动的比例关系假设。易知,$\boldsymbol{\eta}=(a,b)$,由此可得

$$\begin{cases}\lim\limits_{t\to+\infty} m(t)=a, & t>0\\ \lim\limits_{t\to 0^+} m(t)=0, & t>0\\ \dfrac{m(t+s)-m(t)}{(t+s)-t}=b(a-m(t)), & t>0,s>0\end{cases} \tag{6.21}$$

令$s\to 0^+$,则可得

$$\begin{cases}m'(t)=b(a-m(t))\\ m(0)=0, \quad t>0\\ m(+\infty)=a\end{cases} \tag{6.22}$$

求解微分方程式(6.22)可得

$$\begin{cases}m(t)=a(1-\exp(-bt))\\ \rho(t)=ab\exp(-bt)\end{cases} \tag{6.23}$$

本书基于MLE算法对维护强度参数$\boldsymbol{\eta}=(a,b)$进行估计。

基于式(6.1)可得强度参数a、b的似然函数为

$$L(a,b)=\prod_{n=1}^{N}\prod_{k=1}^{d_i}\frac{(a(\exp(-b\tilde{t}_{k-1,n})-\exp(-b\tilde{t}_{k,n})))^{n_k}}{n_k!}\cdot \exp(-a(\exp(-b\tilde{t}_{k-1,n})-\exp(-b\tilde{t}_{k,n}))) \tag{6.24}$$

在实际操作过程中,同一设备在同一时间段内一般只经历一项维护活动,即在$(\tilde{t}_{k-1,n},\tilde{t}_{k,n}]$区间内不完全维护的次数恒为1。由此可得$n_k=1$,将其代入式(6.24)可得

$$L(a,b)=\prod_{n=1}^{N}\prod_{k=1}^{d_i}a(\exp(-b\tilde{t}_{k-1,n})-\exp(-b\tilde{t}_{k,n}))\cdot \exp(-a(\exp(-b\tilde{t}_{k-1,n})-\exp(-b\tilde{t}_{k,n}))) \tag{6.25}$$

对式(6.25)取对数,则可得

$$\ln(L(a,b))=\sum_{n=1}^{N}\sum_{k=1}^{d_n}\ln(a(\exp(-b\tilde{t}_{k-1,n})-\exp(-b\tilde{t}_{k,n})))-a\sum_{i=1}^{N}(1-\exp(b\tilde{t}_{d_n,n})) \tag{6.26}$$

对式(6.26)分别求a与b的偏导数,可得

$$\frac{\partial\ln(L(a,b))}{\partial a}=\sum_{n=1}^{N}\frac{d_n}{a}-\sum_{i=1}^{N}(1-\exp(b\tilde{t}_{d_n,n})) \tag{6.27}$$

$$\frac{\partial \ln(L(a,b))}{\partial b} = \sum_{n=1}^{N}\sum_{k=1}^{d_n}\frac{\tilde{t}_{k,n}\exp(-b\tilde{t}_{k,n}) - \tilde{t}_{k-1,n}\exp(-b\tilde{t}_{k-1,n})}{\exp(-b\tilde{t}_{k-1,n}) - \exp(-b\tilde{t}_{k,n})} - a\sum_{n=1}^{N}\tilde{t}_{d_n,n}\exp(-b\tilde{t}_{d_n,n}) \tag{6.28}$$

令式(6.27)和式(6.28)分别等于零,可得

$$\hat{a} = \sum_{n=1}^{N}\frac{d_n}{\sum_{n=1}^{N}(1-\exp(\hat{b}\tilde{t}_{d_n,n}))} \tag{6.29}$$

$$\sum_{n=1}^{N}\sum_{k=1}^{d_n}\frac{\tilde{t}_{k,n}\exp(-b\tilde{t}_{k,n}) - \tilde{t}_{k-1,n}\exp(-b\tilde{t}_{k-1,n})}{\exp(-b\tilde{t}_{k-1,n}) - \exp(-b\tilde{t}_{k,n})} = \hat{a}\sum_{n=1}^{N}\tilde{t}_{d_n,n}\exp(-\hat{b}\tilde{t}_{d_n,n}) \tag{6.30}$$

联立式(6.29)与式(6.30)即可得到参数 a、b 的估计值 $\hat{a}$、$\hat{b}$ 。

2. 维护效果参数 $\boldsymbol{\Phi}$

本书基于 MLE 算法估计维护效果参数 $\boldsymbol{\Phi}$ 。由前面假设可知, $E_{n,k}$ 独立同分布,则易求出 $\boldsymbol{\Phi}$ 对应的似然函数为

$$L(\boldsymbol{\Phi}|E) = \prod_{n=1}^{N}\prod_{k=1}^{d_n} f_E(E_{n,k}|\boldsymbol{\Phi}) \tag{6.31}$$

最大化式(6.31)即可得到参数 $\boldsymbol{\Phi}$ 的估计值 $\hat{\boldsymbol{\Phi}}$ 。

考虑到维护的不完全效果,其对设备的性能指标恢复量应不小于零,本章以截断正态分布和伽马分布为例说明参数 $\boldsymbol{\Phi}$ 值的具体估计过程,其他分布类型的求解方式与此类似。

1) 截断正态分布

若经历不完全维护后设备的性能恢复量 E 总体满足正态分布 $N(\mu_E,\sigma_E^2)$,且 $E \geqslant 0$,则称 E 服从截断正态分布,具体可表示为 $E \sim TN(\mu_E,\sigma_E^2)$ 。由前面分析可知,其对应的概率密度函数为

$$f(E) = \frac{1}{\sqrt{2\pi\sigma_E^2}\,\Phi(\mu_E/\sigma_E)}\exp\left(-\frac{(\omega-\mu_E)^2}{2\sigma_E^2}\right) \tag{6.32}$$

式中: $\Phi(\cdot)$ 为标准正态分布的累积分布函数。

基于 E 服从截断正态分布的假设,则 E 的完全对数似然函数可表示为

$$\ln L(E) = -\sum_{n=1}^{N}\sum_{k=1}^{d_n}\frac{\ln(2\pi\sigma_E^2)}{2} - \sum_{n=1}^{N}\sum_{k=1}^{d_n}\frac{(E_{k,n}-\mu_E)^2}{2\sigma_E^2} - \ln\Phi\left(\frac{\mu_\omega}{\sigma_\omega}\right)\sum_{n=1}^{N}d_n \tag{6.33}$$

最大化式(6.33)即可求得 $\boldsymbol{\Phi}$ 的估计值 $\hat{\boldsymbol{\Phi}}$ 。由于 $\Phi(\cdot)$ 不存在解析形式,直接求解 $\hat{\mu}_E$ 与 $\hat{\sigma}_E^2$ 存在困难。因此,本书将求解 $\hat{\mu}_E$ 与 $\hat{\sigma}_E^2$ 的问题转换为一个无约束最优化问题,并利用 MATLAB 软件中基于单纯形法的 Fminsearch 函数求解出 μ_E 和 σ_E^2 的估计值。

2) 伽马分布

若经历不完全维护后设备的性能恢复量 E 总体满足伽马分布 $\Gamma(\alpha,\beta)$ 。基于 E 服从伽马分布的假设,可得 E 对应的完全对数似然函数为

$$\ln L(E) = -\sum_{n=1}^{N}\sum_{k=1}^{d_n}\ln\Gamma(\alpha) - \sum_{n=1}^{N}\sum_{k=1}^{d_n}\ln\beta + (\alpha-1)\sum_{n=1}^{N}\sum_{k=1}^{d_n}\ln E_{k,n} - \frac{1}{\beta}\sum_{n=1}^{N}\sum_{k=1}^{d_n}E_{k,n} \tag{6.34}$$

对 $\ln L(\boldsymbol{E})$ 分别求解 μ_E 与 σ_E^2 的偏导数,并令其等于零,可得

$$\begin{cases} \varphi(\alpha) + \ln\beta = \dfrac{\sum_{n=1}^{N}\sum_{k=1}^{d_n}\ln E_{k,n}}{\sum_{n=1}^{N}d_n} \\ \alpha\beta = \dfrac{\sum_{n=1}^{N}\sum_{k=1}^{d_n}E_{k,n}}{\sum_{n=1}^{N}d_n} \end{cases} \tag{6.35}$$

式中

$$\varphi(\alpha) = \frac{\mathrm{d}\ln\Gamma(\alpha)}{\mathrm{d}\alpha} \tag{6.36}$$

若伽马分布参数 α 与 β 均未知时,直接求解式(6.35)无法得到解析解。针对上述问题,可利用牛顿-拉夫森算法对式(6.35)进行迭代寻优,进而求出参数估计值 $\hat{\alpha}$ 与 $\hat{\beta}$ 。

6.4 融入不完全维护效果的设备剩余寿命预测

6.4.1 基于贝叶斯原理的退化状态在线更新

本章基于贝叶斯原理，制订经历不完全维护设备的退化状态更新机制，并利用目标设备的等效性能退化量 $\widetilde{Y}(t)$ 更新退化模型漂移系数的后验分布，进而实现对目标设备退化状态的在线更新。

假设 $\widetilde{\boldsymbol{Y}}_{1:k}=[\widetilde{Y}_1,\widetilde{Y}_2,\cdots,\widetilde{Y}_i,\cdots,\widetilde{Y}_k]^{\mathrm{T}}$ 为目标设备在 $t_1,t_2,\cdots,t_i,\cdots,t_k$ 时刻(时间间隔可以不恒定)的等效性能退化量。令 λ 的先验分布为 $\mathrm{N}(\mu_{\lambda_0},\sigma_{\lambda_0}^2)$，后验分布为 $\mathrm{N}(\mu_{\lambda_k},\sigma_{\lambda_k}^2)$，则基于贝叶斯原理的漂移系数更新机制，可得漂移系数的更新公式为

$$\mu_{\lambda_k}=\frac{\sigma_{\lambda_0}^2\sum_{i=1}^{k}\frac{\Delta T_i\Delta\widetilde{Y}_i}{\Delta t_i}+\sigma_B^2\mu_{\lambda_0}}{\sigma_{\lambda_0}^2\sum_{i=1}^{k}\frac{(\Delta T_i)^2}{\Delta t_i}+\sigma_B^2} \tag{6.37}$$

$$\sigma_{\lambda_k}^2=\frac{\sigma_{\lambda_0}^2\sigma_B^2}{\sigma_{\lambda_0}^2\sum_{i=1}^{k}\frac{(\Delta T_i)^2}{\Delta t_i}+\sigma_B^2} \tag{6.38}$$

6.4.2 融入不完全维护效果的剩余寿命分布推导

基于首达时分布可知，若设备的退化过程如式(6.3)所示，则其在 t_k 时刻对应剩余寿命的概率密度函数为

$$\begin{aligned}f_{L_k\mid\omega}(l_k\mid\omega)=&\frac{1}{\sqrt{2\pi l_k^2(\psi(l_k)^2\sigma_{\lambda_k}^2+\sigma_B^2l_k)}}\cdot\\&\exp\left(-\frac{(\omega-x_k-\psi(l_k)\mu_{\lambda_k})^2}{2(\psi(l_k)^2\sigma_{\lambda_k}^2+\sigma_B^2l_k)}\right)\cdot\\&\left(\omega-x_k-\beta(l_k)\frac{\psi(l_k)\sigma_{\lambda_k}^2(\omega-x_k)+\mu_{\lambda_k}\sigma_B^2l_k}{\psi(l_k)^2\sigma_{\lambda_k}^2+\sigma_B^2l_k}\right)\end{aligned} \tag{6.39}$$

若考虑不完全维护对设备退化状态的影响，可假设 $W(l_k) = Z(t_k + l_k) - Z(t_k)$，则易得

$$\begin{aligned} W(l_k) &= X(t_k + l_k) - X(t_k) - (M(t_k + l_k) - M(t_k)) \\ &= \lambda\psi(l_k) + \sigma_B B(l_k) - \left(\sum_{i=0}^{N(t_k+l_k)} E_i - \sum_{i=0}^{N(t_k)} E_i\right) \\ &= \widetilde{X}(l_k) - \left(\sum_{i=0}^{N(t_k+l_k)} E_i - \sum_{i=0}^{N(t_k)} E_i\right) \end{aligned} \tag{6.40}$$

式中

$$\widetilde{X}(l_k) = X(t_k + l_k) - X(t_k)$$

进一步可将式(6.40)转换为

$$\widetilde{X}(l_k) = W(l_k) + \sum_{i=0}^{N(l_k)} E_i \tag{6.41}$$

式中：$\sum_{i=0}^{N(l_k)} E_i = \sum_{i=0}^{N(t_k+l_k)} E_i - \sum_{i=0}^{N(t_k)} E_i$。

基于上述分析，可得融入不完全维护效果的设备剩余寿命的定义式为

$$L = \inf\{l_k : \widetilde{X}(l_k) \geqslant \omega + \widetilde{E} - z_k \mid \widetilde{X}(0) < \omega + \widetilde{E} - z_k\} \tag{6.42}$$

式中

$$z_k = Z(t_k)\ ,\ \widetilde{E} = \sum_{i=0}^{N(l_k)} E_i$$

对比式(6.42)与式(3.36)可以发现，不完全维护活动对设备剩余寿命预测的影响等同于将随机退化模型的失效阈值 ω 变换为可变失效阈值 $\omega' = \omega + \widetilde{E}$，而其当前时刻对应的性能退化量则变为 z_k。由于不完美维护 $M(t)$ 满足复合非齐次泊松过程，则基于全概率式可得设备剩余寿命的概率密度函数为

$$\begin{aligned} f_{L_k}(l_k) &= E_{\omega}'(f_{L_k \mid \omega'}(l_k \mid \omega')) \\ &= \sum_{i=0}^{\infty} f_{\Omega}\left(\frac{1}{\sqrt{2\pi l_k^2(\psi(l_k)^2\sigma_{\lambda_k}^2 + \sigma_B^2 l_k)}} \cdot \right. \\ &\left(\omega + R^i - z_k - \beta(l_k)\frac{\psi(l_k)\sigma_{\lambda_k}^2(\omega + R^i - z_k) + \mu_{\lambda_k}\sigma_B^2 l_k}{\psi(l_k)^2\sigma_{\lambda_k}^2 + \sigma_B^2 l_k}\right) \cdot \\ &\left.\exp\left(-\frac{(\omega + R^i - z_k - \psi(l_k)\mu_{\lambda_k})^2}{2(\psi(l_k)^2\sigma_{\lambda_k}^2 + \sigma_B^2 l_k)}\right)\right) f_{R^i}^i(R^i \mid v)\,\mathrm{d}R^i \cdot \\ &\frac{(a(\exp(b(l_k + t_k)) - \exp(bt_k)))^i}{i!} \cdot \end{aligned}$$

$$\exp(-a(a(\exp(b(l_k+t_k))-\exp(bt_k)))) \tag{6.43}$$

式中：R^i 为不完美维护的累积效应，且 $R^i=\sum_{j=0}^{i}E_j$；$f_{R^i}(R^i|v)$ 为 R^i 的概率密度函数，且 v 为分布系数；Ω 为 R^i 的取值范围。

6.5 算例分析

6.5.1 数值仿真示例

本节采用蒙特卡洛方法仿真设备经不完全维护后的退化数据，并据此开展验证分析。具体仿真模型参数设置：①仿真样本量为3，仿真步长为1周期；②设备随机退化过程满足非线性维纳过程，漂移系数 $\mu_\lambda=0.5$，$\sigma_\lambda^2=0.4$，扩散系数 $\sigma_B^2=4$，非线性退化过程为指数过程 $\Lambda(t|\boldsymbol{\theta})=t^\theta$，且 $\theta=0.8$；③不完全维护模型服从复合非齐次泊松过程，维护强度参数为 $a=5$，$b=0.002$，性能指标回复量服从伽马分布，且 $\alpha=30$，$\beta=1$。具体仿真退化数据如图6.2所示。

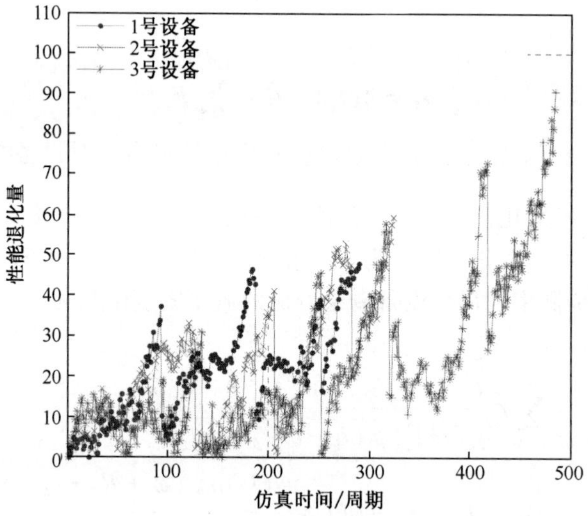

图6.2　仿真性能退化数据

假设设备的退化失效阈值 $\omega=90$，则由图6.2可知，仅3号设备发生了失效，而1号和2号设备未发生失效。因此，本书选取3号设备作为目标设备进行分析，以便于验证本章所提剩余寿命预测方法和维修决策模型的正确性。

1. 退化模型先验参数估计

本章基于 1 号与 2 号设备的性能退化数据对融入不完全维护效果的设备随机退化模型进行先验参数估计,得到的参数估计结果见表 6.1。为便于分析,将本章提出的融入不完全维护效果的设备剩余寿命预测方法和对应维修决策模型记为 M0,将文献[51]提出的剩余寿命预测方法引入本章维修决策模型,并记为 M1。进一步可知,M0 与 M1 的主要区别在于分别采用非齐次和齐次泊松过程来描述设备所经历的不完全维护活动。

表 6.1 参数估计结果

仿真参数	μ_λ	σ_λ^2	θ	σ_B^2	a	b	α	β
	0.5	0.4	0.8	4	5	0.002	30	1
M0	μ_λ	σ_λ^2	θ	σ_B^2	a	b	α	β
	0.6125	0.4078	0.9454	4.8810	5.1962	0.0021	30.0204	0.9628
M1	μ_λ	σ_λ^2	θ	σ_B^2	ρ		α	β
	0.6125	0.4078	0.9454	4.8810	0.0112		30.0204	0.9628

2. 剩余寿命预测

由于每次不完全维护后设备的性能指标恢复量 $E_{i,k}$ 独立同分布,则基于伽马分布的独立可加性可得随机变量 R^i 满足以 $\boldsymbol{v}=(30.02i,0.9628)$ 为参数的伽马分布,且其对应的概率密度函数可表示为

$$f_r^i(r\,|\,\boldsymbol{v})=\frac{1}{0.9628^{30.02i}\Gamma(30.02i)}r^{30.02i-1}\exp\left(-\frac{r}{0.9628}\right),r>0 \tag{6.44}$$

将表 6.1 参数估计结果与式(6.44)代入式(6.43),即可对经历不完全维护的设备进行剩余寿命预测。目标设备在不同运行时刻对应的剩余寿命预测值与预测置信区间见表 6.2。

表 6.2 剩余寿命预测结果

当前运行时刻 t_k /周期	真实剩余寿命 l_k /周期	M0		M1	
		剩余寿命预测值 $E(l_k)$ /周期	置信区间(置信度 95%)	剩余寿命预测值 $E(l_k)$/周期	置信区间(置信度 95%)
50	434	347.2	[183.5, 698.0]	556.5	[422.0, 745.5]
100	384	357.4	[189.0, 714.0]	558.6	[424.0, 748.0]
150	334	316.3	[162.5, 642.5]	487.2	[367.0, 656.0]

续表

当前运行时刻 t_k/周期	真实剩余寿命 l_k/周期	M0		M1	
		剩余寿命预测值 $E(l_k)$/周期	置信区间（置信度 95%）	剩余寿命预测值 $E(l_k)$/周期	置信区间（置信度 95%）
201	284	297.3	[150.0, 609.0]	451.0	[338.5, 609.5]
250	234	260.7	[126.5, 547.0]	392.0	[291.0, 534.5]
300	184	213.8	[97.5, 466.5]	318.9	[233.0, 441.0]
350	134	169.8	[71.5, 390.0]	251.5	[179.5, 354.5]
400	84	145.9	[57.5, 348.0]	214.4	[150.0, 306.5]
450	34	54.4	[13.5, 173.5]	80.1	[47.5, 130.5]

由表 6.2 可知，在不同运行时刻，M0 得到的剩余寿命预测值较 M1 更接近于目标设备的真实剩余寿命，表明 M0 具有更高的剩余寿命预测准确性。进一步分析可以发现，M0 对应剩余寿命预测置信区间普遍较 M1 更宽。原因是采用非齐次泊松过程描述设备不完全维护活动将增大不完全维护模型的不确定性，从而导致剩余寿命预测不确定性的增加。

此外，由表 6.2 还可以发现，M1 得到的剩余寿命预测结果较 M0 更为乐观，且远大于目标设备的真实剩余寿命。造成上述情况的原因是，采用齐次泊松过程描述设备所经历的不完全维护活动会导致对维修强度参数的估计值较偏大，具体如图 6.3 所示。当上述情况发生时，等同于在一个寿命周期内 M1 较 M0 所经历的不

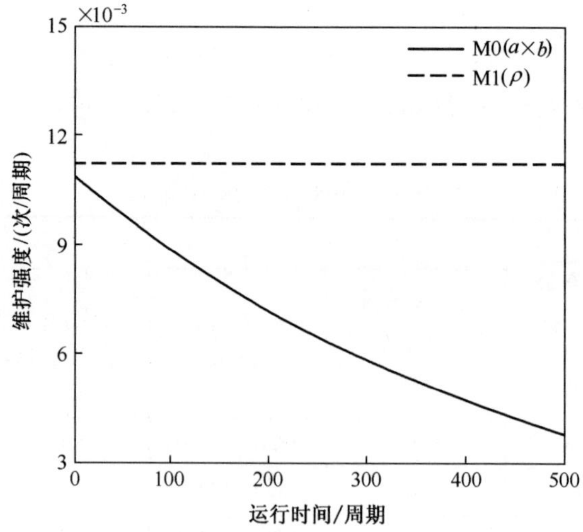

图 6.3　M0 与 M1 对应的维修强度参数

完全维护次数更多,从而使得设备的运行时间得以延长,产生更大的剩余寿命估计值。然而,过于乐观的剩余寿命预测值可能导致换件的延期,将增大事故发生的风险,不利于设备安全运行。以上结论说明,在描述不完全维护活动时采用齐次泊松过程具有局限性。

6.5.2 陀螺仪实例

液浮式陀螺仪是机载惯导系统的核心组件,是典型的机电类设备。在实际使用过程中,受内部机械磨损和外界环境腐蚀等因素的影响,陀螺仪的性能逐步退化,导致导航精度降低,漂移量增大,以至于对飞行安全和任务完成造成严重影响。为了克服陀螺漂移量增大而造成导航系统失效的问题,常利用加装于惯导系统底部的补偿电路来调节陀螺仪力矩线圈上的励磁电流,从而在一定程上校准陀螺仪的漂移系数,提升导航精度。然而,上述操作仅能够在一定程度上改善陀螺仪的退化状态,并不能完全消除零偏,且当陀螺仪零偏超过一定限度后仍需对其进行换件维修。因此,对陀螺仪进行零偏校准属于不完全维护。这里以某型机载液浮式陀螺仪为对象进行分析,经不完全维护后,陀螺仪对应的性能退化数据如图 6.4 所示。

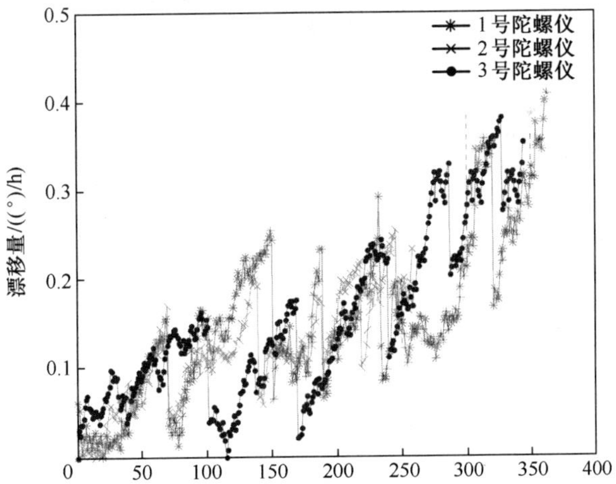

图 6.4 陀螺仪性能退化数据

实际过程中,一般认为陀螺仪的漂移量超过 0.4(°)/h 发生失效,则其失效阈值为 0.4(°)/h。由图 6.4 可知,1 号陀螺仪发生了失效,而 2 号和 3 号陀螺仪未发生失效。因此,本书选取 1 号陀螺仪作为目标设备进行分析,以验证本章所提方法的准确性。

1. 参数估计

由图 6.4 可以发现,在不考虑不完全维护恢复作用的前提下,陀螺仪的退化过程仍具有显著的非单调性,因而适于采用维纳过程进行建模分析。为了进一步验证使用维纳过程建模的合理性,本章使用文献[78]提出的自相关函数法来对陀螺仪的性能退化过程进行辨识。首先,需将设备的真实退化数据 $\boldsymbol{Z}_{1:N}$ 转化为等效性能退化数据 $\widetilde{\boldsymbol{Y}}_{1:N}$,而 $\widetilde{\boldsymbol{Y}}_{1:N}$ 自相关函数矩估计值可由式(6.45)得出,其对应的曲线如图 6.5 所示。

$$\hat{\Gamma}_{s,t}=\frac{1}{N}\sum_{n=1}^{N}(\widetilde{Y}_{s,n}-\frac{1}{N}\sum_{n=1}^{N}\widetilde{Y}_{s,n})(\widetilde{Y}_{t,n}-\frac{1}{N}\sum_{n=1}^{N}\widetilde{Y}_{t,n}) \tag{6.45}$$

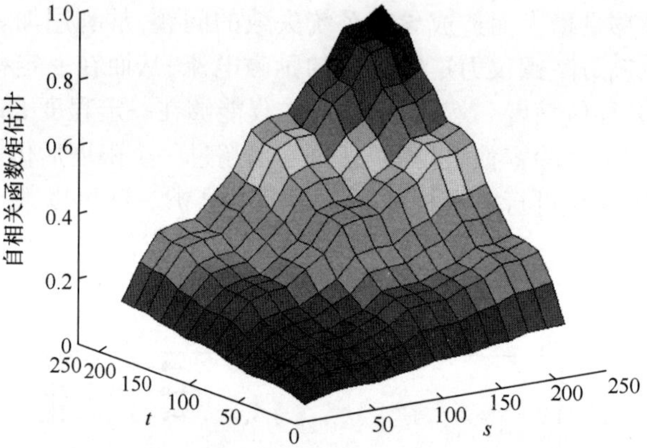

图 6.5　陀螺仪等效性能退化数据自相关函数

对比图 6.5 与图 5.7,可以发现,陀螺仪等效性能退化数据自相关函数矩估计的曲线与一元维纳过程自相关函数的曲线具有相似性,从而表明陀螺仪的退化过程服从维纳过程。

在维纳过程辨识的基础上,本章基于 2 号和 3 号陀螺仪的性能退化数据对退化模型参数进行估计,具体结果见表 6.3。为便于分析,将本章提出的融入不完全维护效果的设备剩余寿命预测方法与对应维修决策模型记为 M0,将忽略不完全维护影响的剩余寿命预测方法和对应维修决策模型记为 M1,而将采用齐次泊松过程描述不完全维护影响的剩余寿命预测方法与对应维修决策模型记为 M2。

基于前文提出的不完全维护的比例关系假设,可得

$$\Gamma(t)=\frac{m(t+s)-m(t)}{((t+s)-t)(a-m(t))} \tag{6.46}$$

将表 6.3 中的参数估计值与目标设备的性能退化数据代入式(6.46),即可得到 $\Gamma(t)$ 函数,具体如图 6.6 所示。

表 6.3　参数估计结果

M0	μ_λ	σ_l^2	θ	σ_B^2	a	b
	0.0097	1.7129×10^{-5}	0.7476	1.3434×10^{-4}	5.1962	0.0021
M1	μ_λ	σ_λ^2	θ	σ_B^2	—	—
	0.0248	4.2502×10^{-5}	0.2873	3.3445×10^{-4}	—	—
M2	μ_λ	σ_λ^2	θ	σ_B^2	ρ	—
	0.0097	1.7129×10^{-5}	0.7476	1.3434×10^{-4}	0.0138	—

由图 6.6 可知,在不同运行时刻 t,目标设备 $\Gamma(t)$ 的值在 0.0021 附近上下浮动,表明陀螺仪在 $(t,t+s]$ 周期内不完全维护发生的强度 $(m(t+s)-m(t))/((t+s)-t)$ 与剩余不完全维护的次数 $a-m(t)$ 近似满足正比例关系,且比值约等于维修参数 b。基于上述结论,证明了本章所提基于非齐次泊松过程的不完全维护模型的准确性也说明了本章所提出不完全维护上限假设与比例关系假设的合理性。

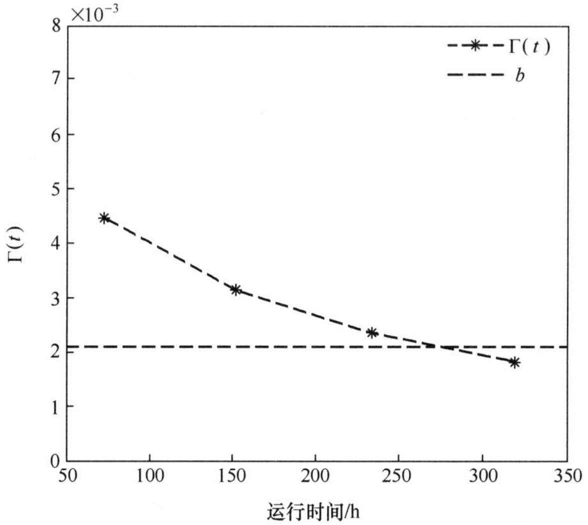

图 6.6　$\Gamma(t)$ 函数

为估计陀螺仪经历不完全维护后性能指标的恢复量 E 的分布参数 $\boldsymbol{\Phi}$,首先需明确其分布类型。本书采用 K-S 检验法对 2 号与 3 号陀螺仪不完全维护后性能指标的恢复量进行分布假设检验,具体结果见表 6.4。

表 6.4　K-S 假设检验结果

序号	分布类型	假设检验置信度	结果
1	截断正态分布	0.8580	不拒绝
2	伽马分布	0.8105	不拒绝
3	威布尔分布	0.7078	不拒绝
4	瑞利分布	0.0123	拒绝
5	指数分布	0.0040	拒绝

由表 6.4 可知，采用截断正态分布描述不完全维护对设备退化状态的改善情况更为合理。因此本书假设性能指标恢复量 $E_{i,k}$ 满足截断正态分布，则基于极大似然法可得其分布参数 $\boldsymbol{\Phi}$ 估计值为 $\hat{\mu}_E = 0.1194$，$\hat{\sigma}_E^2 = 2.8224 \times 10^{-4}$。

2. 剩余寿命预测

进一步分析可以发现，$\Phi(\hat{\mu}_E/\hat{\sigma}_E)$ 无限趋近于 1，因此在本节中可将截断正态分布近似当作正态分布进行处理，以便于简化计算过程。由于性能指标恢复量 $E_{i,k}$ 相互独立且具备相同分布，基于正态分布的可加性，易知随机变量 R^i 也服从正态分布，且满足 $N(0.1194i, 2.8224 \times 10^{-4})$，则其对应的概率密度函数可表示为

$$f_r^i(r \mid v) = \frac{1}{\sqrt{\pi \times 5.6448 \times 10^{-4}}} \exp\left(-\frac{(r - 0.1194i)^2}{5.6448 \times 10^{-4}}\right) \tag{6.47}$$

将表 6.3 中的参数估计结果与式(6.47)代入式(6.43)即可得实现对陀螺仪剩余寿命的预测，剩余寿命预测结果详如图 6.7 所示。由图 6.7 可知，在不同运行时刻，M0 对应的剩余寿命概率密度函数均可以完全包括目标设备的真实剩余寿命，且对应剩余寿命预测值也更贴近于设备的真实剩余寿命，表明 M0 的剩余寿命预测的准确性较 M1 与 M2 更高。

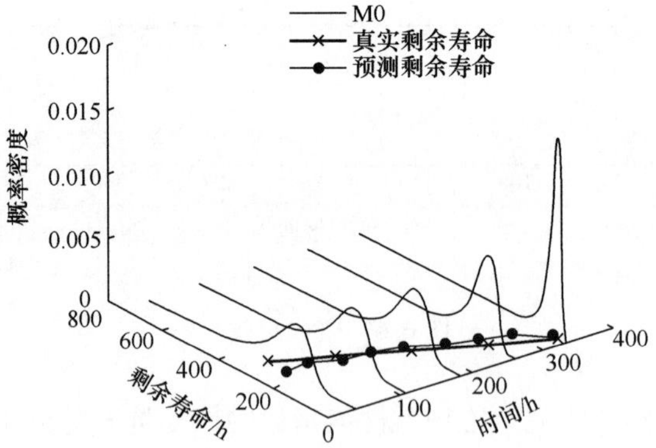

(a)

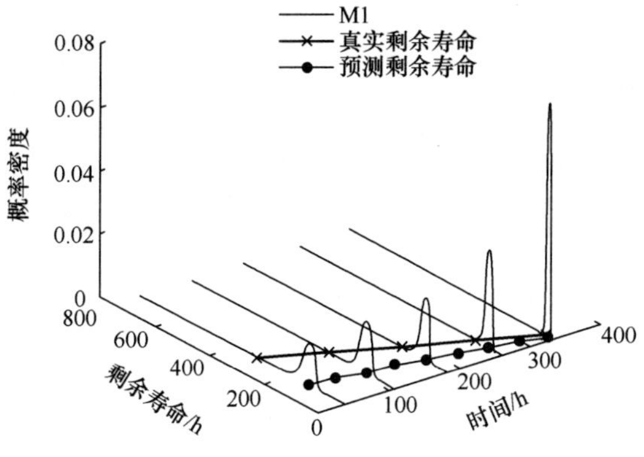

(b)

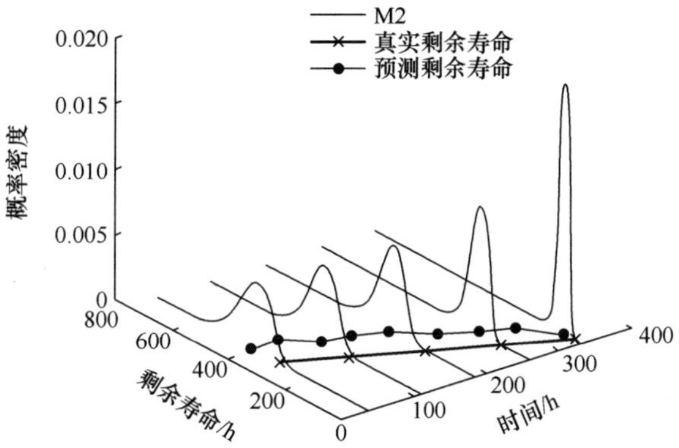

(c)

图 6.7　剩余寿命预测结果

(a)M0;(b)M1;(c)M2。

进一步分析可以发现,M1 会造成对剩余寿命的悲观估计,其直观表现是剩余寿命预测值明显小于真实值,可能导致设备提前进行维修和更换,增加不必要的维修资源消耗。其主要是忽略不完全维护的影响会降低对设备寿命的估计,导致剩余寿命预测值小于真实剩余寿命,如图 6.8(a)所示。与之相反,M2 采用齐次泊松过程描述设备所经历的不完全维护过程,导致其对不完全维护强度 $\rho(t)$ 的估计值较 M0 偏大,如图 6.8(b)所示。等同于 M2 较 M0 经历的不完全维护次数更多,进而造成了对设备剩余寿命的乐观估计,可能导致延期更换,降低设备使用的安全性。该结论与仿真算例结果相一致。

为了进一步验证本书方法较现有方法更具优势,本节选取均方误差(MSE)、绝对误差(absolute error, AE)、相对准确性(relative accuracy, RA)以及 $\alpha-\lambda$ 指标,作为剩余寿命预测准确性的判别标准。绝对误差、相对准确性和 $\alpha-\lambda$ 指标的定义如下。

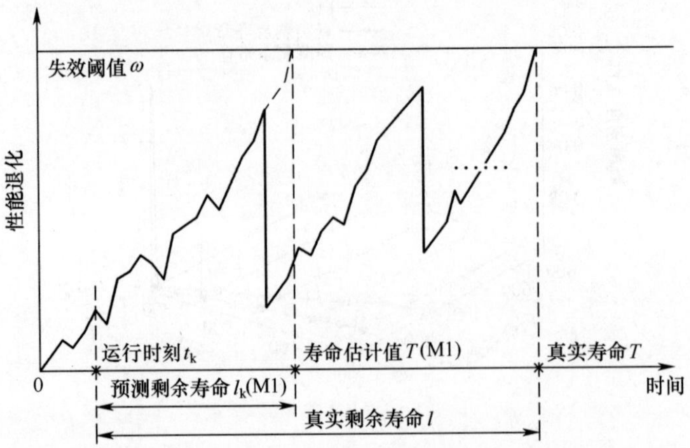

(a)

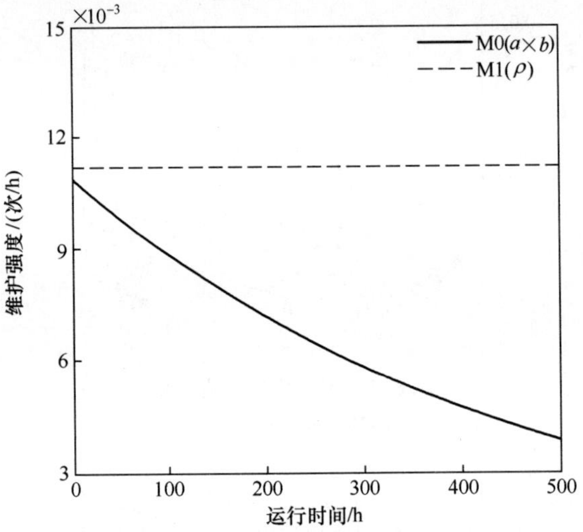

(b)

图 6.8　剩余寿命预测示意图

(a) M1; (b) M2。

(1) 绝对误差

$$AE = |l_k^p - l_k^T| \tag{6.48}$$

式中：l_k^T 表示 t_k 时刻设备的真实剩余寿命。绝对误差值越小，方法的准确性越高。

(2) 相对准确性[108]。

$$RA = 1 - \left|\frac{l_k^p - l_k^T}{l_k^T}\right| \tag{6.49}$$

相对准确性值越大,方法的准确性越高。

(3) $\alpha-\lambda$ 指标。

$\alpha-\lambda$ 指标主要用于度量剩余寿命预测值与实际剩余寿命间的接近程度。该指标描述了真实剩余寿命附近 $\pm\alpha \times 100\%$ 的置信区间(根据文献[109],选择置信度 $\alpha = 0.2$),若设备剩余寿命预测值落入该区间,即认定剩余寿命预测结果可信;反之,则不可信。λ 用于描述归一化的时间序列,$\lambda = t_k/T$。

M0、M1、M2 对应的均方误差、绝对误差、相对准确性以及 $\alpha - \lambda$ 指标如图 6.9 所示。

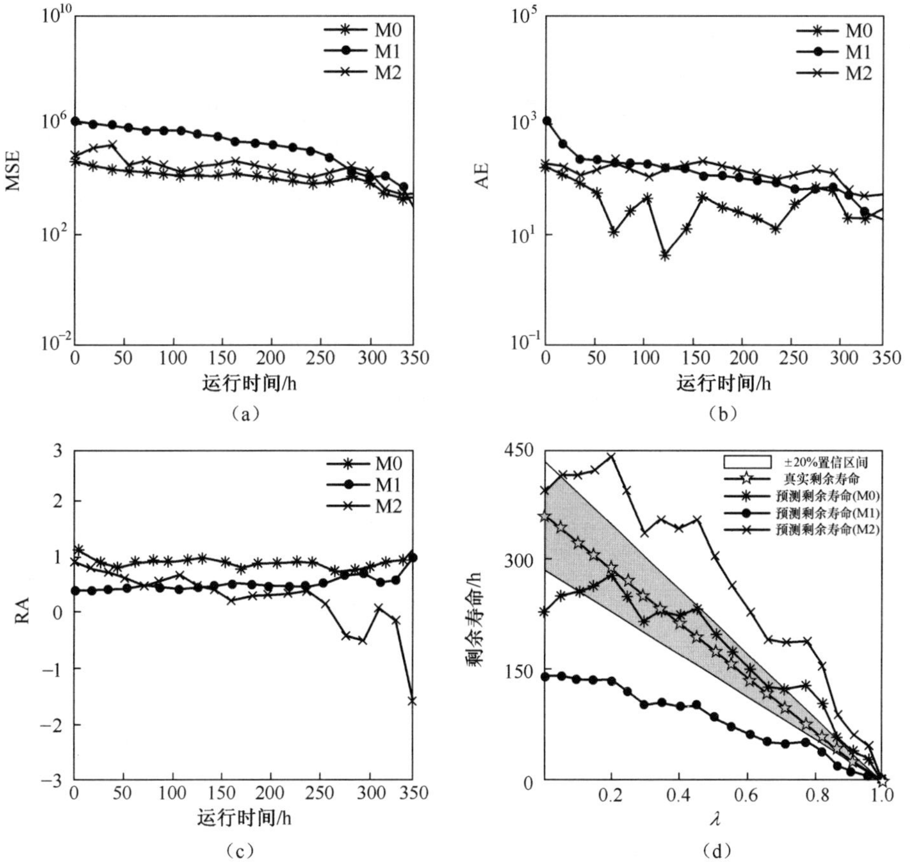

图 6.9 剩余寿命预测情况

(a) MSE; (b) AE; (c) RA; (d) α-λ。

由图 6.9(a)~图 6.9(c)可知,M0 的均方误差与绝对误差均小于 M1 与 M2。且 M0 的相对准确性高于 M1 与 M2。表明本章所提方法较 M1 与 M2 准确性更高,从而证明了本章所提融入不完全维护效果的随机退化模型更贴近于经历不完全维护活动设备的真实退化过程。而由图 6.9(d)可知,M0 对应剩余寿命预测值有大部分落入真实剩余寿命 ±20% 置信区间,而 M1 与 M2 预测的剩余寿命几乎全部处于置信区间之外,从而进一步证明了 M0 在剩余寿命预测准确性上更具优势,由此验证了采用非齐次泊松过程描述不完全维护活动的合理性。此外,在图 6.9(c)中出现了 M2 的相对准确度小于零的情况,其主要原因是采用齐次泊松过程描述不完全维护会造成对剩余寿命的过高估计,而当 $l_k^p/l_k^T > 2$ 时,就会出现 RA < 0 的情况,该结果也与前文分析相吻合。

6.5.3 结论

本章主要建立了融入不完全维护效果的随机退化模型,并就不完全维护活动对设备剩余寿命预测结果的影响进行了分析,主要研究结论:①构建了基于复合非齐次泊松过程不完全维护模型,并提出了不完全维护活动的上限假设和比例关系假设。算例分析表明,不完全维护活动的上限假设和比例关系假设符合客观现实,所提模型较传统基于齐次泊松过程的模型能够更加准确地反映不完全维护活动的实施规律。②基于非线性维纳过程建立融入不完全维护效果的设备随机退化模型,并推导出对应剩余寿命概率密度函数。通过算例分析,验证了本章所提方法较忽略不完全维护或采用齐次泊松过程描述不完全维护的方法具备更高的剩余寿命预测准确性。

第7章 基于加速退化建模的设备剩余寿命预测方法

7.1 引言

加速退化试验技术是指在设备失效机理不变的前提下,按照预先制定的试验方案进行试验,同步监测设备性能参数的变化数据,通过建立设备寿命分布参数与所施加应力之间的数学模型,将加速应力下退化信息合理折算到额定应力下的技术。这种加速试验技术可以有效解决基于额定应力的试验技术所带来的试验周期长、试验投入大、评估效果不佳等难题[110]。

按照试验应力施加方式不同,可将加速退化试验分为恒定应力、序进应力和步进应力的加速退化试验。由于步进加速退化试验具有试验效率高、费用低等优点,成为当前加速试验技术研究的热点[111]。

对于加速退化试验技术的研究可分为试验方案的优化设计和试验数据的统计分析两个部分。前者主要是解决如何在预先设定的条件下对试验方案进行优化设计,后者主要是解决如何将加速应力下退化信息折算到额定应力下,也就是加速退化建模需要解决的问题。

7.2 加速模型与加速因子

7.2.1 加速模型

加速模型是指在加速试验中用于描述设备可靠性特征量(如特征寿命、失效率等)与所施加的加速应力之间关系的模型。按照模型提出的方法不同,可分为物理、经验和统计的加速模型[112-113],如图 7.1 所示。

物理加速模型是从物理化学的角度,对设备失效过程进行解释而提出来的。其中,较为成熟和常见的是描述温度应力与设备寿命之间关系的 Arrhenius 模型、

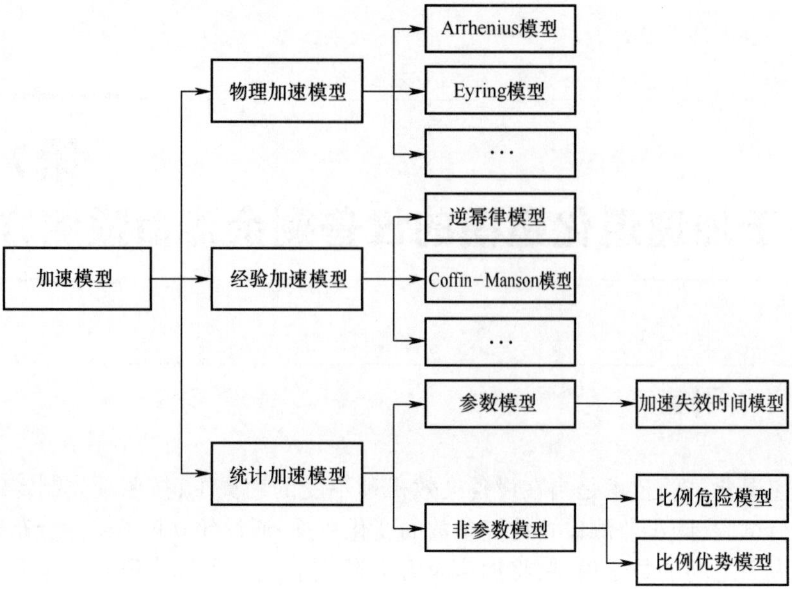

图 7.1 常见的加速模型

Eyring 模型。

经验加速模型是通过可靠性工程人员对设备失效过程进行长期观察而提出来的。其中,较为常见的是描述电应力与设备寿命之间关系的逆幂律模型、描述温度循环应力与设备寿命之间关系的 Coffin-Manson 模型。

统计加速模型是采用统计分析方法,对加速退化数据进行分析而提出来的,可分为参数模型和非参数模型。参数模型需预先假定设备的寿命分布类型;非参数模型由于不需要预先假定设备的寿命分布类型而受到关注,常见的非参数模型有比例危险模型、比例优势模型等。

下面主要阐述工程实践中较为常见的物理加速模型。

1. Arrhenius 模型

Arrhenius 模型一般用于描述设备可靠性特征量(如特征寿命、平均寿命、失效率等)与所施加的温度应力之间关系,即

$$\xi = A\exp[E_a/(kT)] \tag{7.1}$$

式中:ξ 为温度应力作用下的可靠性特征量;A 为大于 0 的常数;E_a 为激活能(eV),与设备材料有关;k 为玻耳兹曼常数(8.617×10^{-5}eV/K);T 为温度应力(热力学温度)。

对上式两边取对数,得到 Arrhenius 线性模型,即

$$\ln\xi = a + b\varphi(T) \tag{7.2}$$

式中:$a = \ln A$;$b = E_a/k$;$\varphi(T) = 1/T$。

2. 逆幂律模型

逆幂律模型一般用于描述设备可靠性特征量(如特征寿命、平均寿命、失效率等)与所施加的电应力(电流、电压等)之间关系,即

$$\xi = AV^{-c} \tag{7.3}$$

式中:ξ 为电应力作用下的可靠性特征量; A 为大于 0 的常数; V 为电应力(如电压); c 为 0 的常数,与激活能有关。

对式(7.3)两边取对数,得到逆幂律线性模型,即

$$\ln\xi = a + b\ln V \tag{7.4}$$

式中:$a = \ln A$;$b = - c$。

3. Eyring 模型

Eyring 模型一般用于描述设备可靠性特征量(如特征寿命、平均寿命、失效率等)与所施加的两种应力(其中一种应力为温度)之间关系,即

$$\xi = (A/C)\exp[B/(kT)] \cdot \exp[V(C + D/kT)] \tag{7.5}$$

式中:ξ 为两种加速应力作用下的可靠性特征量; k 为玻耳兹曼常数(8.617×10^{-5} eV/K); A、B、C、D 为待定常数; T、V 为两种加速应力。

对式(7.5)两边取对数,得到 Eyring 线性模型,即

$$\ln\xi' = \gamma_0 + \gamma_1 \cdot \varphi_1(T) + \gamma_2 \cdot \varphi_2(V) + \gamma_3 \cdot \varphi_1(T)\varphi_2(V) \tag{7.6}$$

式中:$\xi' = \xi \cdot T$;$\gamma_0 = \ln A$;$\gamma_1 = B/k$;$\gamma_2 = C$;$\gamma_3 = D/k$;$\varphi_1(T) = 1/T$;$\varphi_2(V) = V$。

若式(7.6)中两种加速应力之间并无相互作用、无耦合效应,则 $\varphi_1(T)\varphi_2(V) = 0$。

7.2.2 加速因子

加速因子(accelerated factor, AF)是加速试验中的重要参数,反映了加速应力对设备失效作用的快慢程度。

若设备在额定应力 S_o 下的寿命分布函数为 $F_0(t)$,t_{p0} 为其 p 分位寿命,在加速应力 S_i 下的寿命分布函数为 $F_i(t)$,t_{pi} 为其 p 分位寿命,有 $F_0(t)=F_i(t)=p$,则将加速应力 S_i 对额定应力 S_o 的加速因子定义为

$$\mathrm{AF}_{io} = t_{p0}/t_{pi} \tag{7.7}$$

由式(7.2)可知,当额定应力 S_o 固定时,加速因子随着加速应力的提高而不断增大。为了达到加速效果,加速因子一般大于 1。

根据加速因子的定义,在设备失效机理保持不变的前提下,对常见寿命分布模型的加速因子进行了推导计算,见表 7.1。

表 7.1　常见寿命分布的加速因子

寿命分布类型	分布函数	加速因子	分布参数约束
指数分布	$F(t) = 1 - \exp(-\lambda t)$	$\mathrm{AF}_{ij} = \lambda_i/\lambda_j$	—

续表

寿命分布类型	分布函数	加速因子	分布参数约束
双参数指数分布	$F(t) = 1 - \exp[-\lambda(t-\gamma)]$	$AF_{ij} = \lambda_i/\lambda_j = \gamma_j/\gamma_i$	$\gamma_i\lambda_i = \gamma_j\lambda_j$
正态分布	$F(t) = \Phi[(t-\mu)/\sigma]$	$AF_{ij} = \mu_j/\mu_i = \sigma_j/\sigma_i$	$\mu_j/\mu_i = \sigma_j/\sigma_i$
对数正态分布	$F(t) = \Phi[(\ln t-\mu)/\sigma]$	$AF_{ij} = \exp(\mu_j - \mu_i)$	$\sigma_i = \sigma_j$
双参数威布尔分布	$F(t) = 1 - \exp[-(t/\eta)^m]$	$AF_{ij} = \eta_j/\eta_i$	$m_i = m_j$
三参数威布尔分布	$F(t) = 1 - \exp\{-[(t-\gamma)/\eta]^m\}$	$AF_{ij} = \gamma_j/\gamma_i = \eta_j/\eta_i$	$m_i = m_j, \gamma_j/\gamma_i = \eta_j/\eta$
极值分布	$F(t) = 1 - \exp\{-\exp[(t-\mu)/\sigma]\}$	$AF_{ij} = \mu_j/\mu_i = \sigma_j/\sigma_i$	$\mu_j/\mu_i = \sigma_j/\sigma_i$

7.3 步进加速退化试验过程

按照试验应力施加方式不同,可分为恒定应力、步进应力、序进应力三种试验方式,这三种应力施加过程如图 7.2 所示。

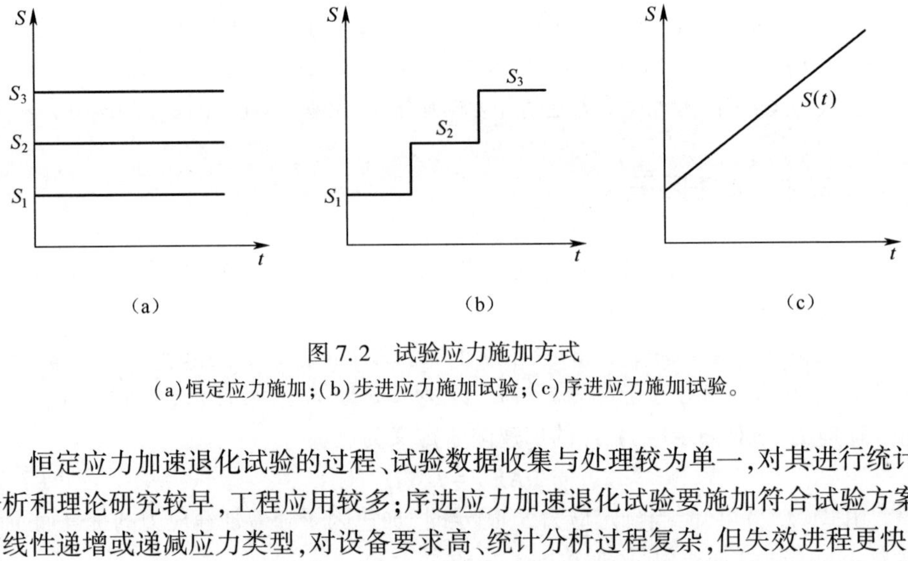

图 7.2 试验应力施加方式

(a)恒定应力施加;(b)步进应力施加试验;(c)序进应力施加试验。

恒定应力加速退化试验的过程、试验数据收集与处理较为单一,对其进行统计分析和理论研究较早,工程应用较多;序进应力加速退化试验要施加符合试验方案的线性递增或递减应力类型,对设备要求高、统计分析过程复杂,但失效进程更快、试验效率更高;步进(含步降)应力加速退化试验加试验所需样本少、效率高。本书开展加速退化建模研究重点,对步进应力加速退化试验(step-stress accelerated degradation test)过程分析如下:

针对关键性能参数仅有一个的设备进行步进加速退化试验,依次将受试设备分别放置在高于额定工作应力 S_0 的步进应力 $S_1, S_2, \cdots, S_n$ 下进行试验,各试验应力的施加过程及对应的累积退化量如图 7.3 和图 7.4 所示,各应力的施加顺序及

施加时间满足下式

$$S = \begin{cases} S_1 & 0 \leqslant t < t_1 \\ S_2 & t_1 \leqslant t < t_2 \\ \vdots & \vdots \\ S_n & t_{n-1} \leqslant t \leqslant t_n \end{cases} \tag{7.8}$$

式中：$t_i(i = 1,2,\cdots,n - 1)$ 为各试验应力的转换时间。

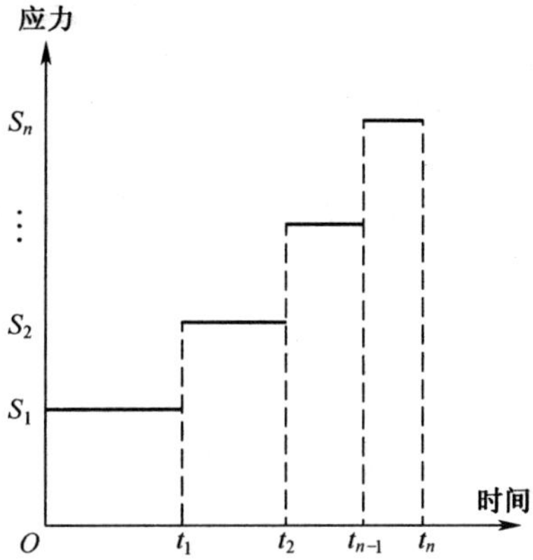

图 7.3　步进应力施加

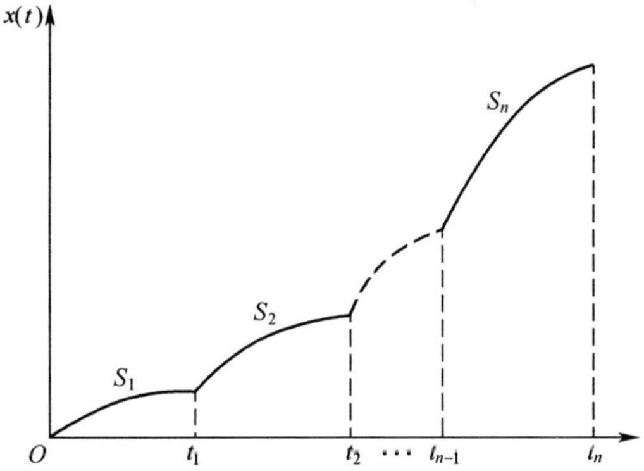

图 7.4　各试验应力下累积退化量

根据 Nelson 提出的累积退化模型(CDM)可知,将设备在 S_1 下试验 t_1 时间所产生的退化量记为 $X_1(t_1)$，等效于设备在 S_2 下试验 τ_1 时间所产生的退化量记为 $X_2(\tau_1)$，如图 7.5 所示。

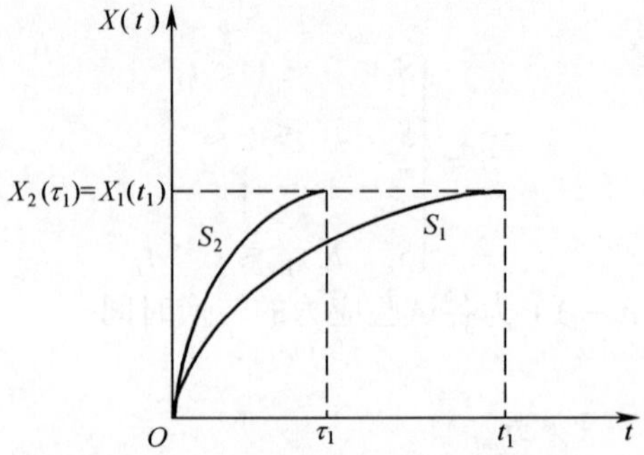

图 7.5　累积退化等效图

经推导，步进加速退化试验各应力下设备的退化量之间满足以下关系式

$$X(t)=\begin{cases}X_1(t) & 0\leqslant t<t_1\\ X_2(t-t_1+\tau_1),X_2(\tau_1)=X_1(t_1) & t_1\leqslant t<t_2\\ \vdots & \vdots\\ X_i(t-t_{i-1}+\tau_{i-1}),X_i(\tau_{i-1})=X_{i-1}(t_{i-1}-t_{i-2}+\tau_{i-2}) & t_{i-1}\leqslant t<t_i\\ \vdots & \vdots\\ X_n(t-t_{n-1}+\tau_{n-1}),X_n(\tau_{n-1})=X_{n-1}(t_{n-1}-t_{n-2}+\tau_{n-2}) & t_{n-1}\leqslant t<t_n\end{cases} \tag{7.9}$$

7.4　非线性步进加速退化建模方法

对于关键性能参数仅有一个的产品，考虑到退化过程中的非线性、随机效应等特征，通过监测到的产品一维步进加速退化数据，采用一元维纳过程和随机加速模型来建立产品非线性步进加速退化模型，近似求解出产品退化增量的概率密度函数。

7.4.1　模型假设

在步进加速退化建模前，给出以下假设：

(1) 受试产品的关键性能参数仅有一个，其退化过程 $X(t)$ 可用一元非线性维纳过程进行描述，即

$$X(t)=\lambda\Lambda(t;\boldsymbol{\vartheta})+\sigma_{\mathrm{B}}B(t) \tag{7.10}$$

式中：λ 为漂移系数；σ_{B} 为扩散系数；$B(t)$ 为标准布朗运动；$\Lambda(t;\boldsymbol{\vartheta})$ 为时间 t 的连续非减函数（$\boldsymbol{\vartheta}$ 为未知参数向量），表征产品退化过程中的非线性特征。

（2）选择温度为加速应力、Arrhenius 模型为加速模型。

（3）受试产品在各加速应力下发生的退化不可逆且退化机理、退化模式不变，符合累积退化模型要求。

（4）在各加速应力下，受试产品性能参数的测量误差暂不考虑且各产品的测量间隔和次数相同，即构成平衡数据结构。

（5）受试产品的性能退化数据在观测中会产生观测误差，其观测过程 $Y(t)$ 表示为

$$Y(t)=X(t)+\varepsilon=\lambda\Lambda(t;\boldsymbol{\vartheta})+\sigma_B B(t)+\varepsilon \tag{7.11}$$

式中：ε 表示观测误差且服从正态分布，即 $\varepsilon\sim \mathrm{N}(0,\sigma_\varepsilon^2)$。

7.4.2 随机加速模型

一般认为漂移系数 λ 与应力 S 之间的关系可用 Arrhenius 模型进行描述，具体为

$$\lambda(S)=a\exp(-b/S) \tag{7.12}$$

式中：a、b 为待定常数。

式(7.12)反映出同一温度应力作用下产品退化速度为常数，不能反映出受试产品之间的随机效应。因此，本书提出一种基于随机变量的 Arrhenius 模型来描述样本个体之间的退化差异。将式(7.12)中 a 看作正态型随机变量，即 $a\sim \mathrm{N}(\mu_a,\sigma_a^2)$，考虑随机效应的漂移系数 λ 可表示为

$$\lambda(S)=a\exp(-b/S)\qquad a\sim \mathrm{N}(\mu_a,\sigma_a^2) \tag{7.13}$$

则考虑随机效应的漂移系数 λ 可进一步表示为

$$\lambda\sim \mathrm{N}[\mu_a\exp(-b/S),\sigma_a^2\exp(-b/S)] \tag{7.14}$$

7.4.3 考虑随机效应的非线性步进加速退化模型

根据步进加速退化试验方案，将 M 个受试产品在 N 个步进加速应力下进行步进加速退化试验。各应力下样本的性能参数都测量 K 次，得到平衡数据结构。将应力 S_i 下第 j 个产品第 k 次测量时刻记为 $t_{i,k}^j$，测量到的退化量记为 $x_{i,k}^j$，退化增量 $\Delta X(t_{i,k}^j)=\Delta x_{i,k}^j=x_{i,k}^j-x_{i,k-1}^j(i=1,2,\cdots,N;j=1,2,\cdots,M;k=1,2,\cdots,K)$，由图 7.6 可知，第 j 个产品在 S_i 下的退化量初始值是上一步应力下的退化量末值，则有 $x_{i,0}^j=x_{i-1,k}^j$。

采用一元非线性维纳过程，建立各步进应力下产品的退化量 $X(t)$ 之间的关系，用公式表示为

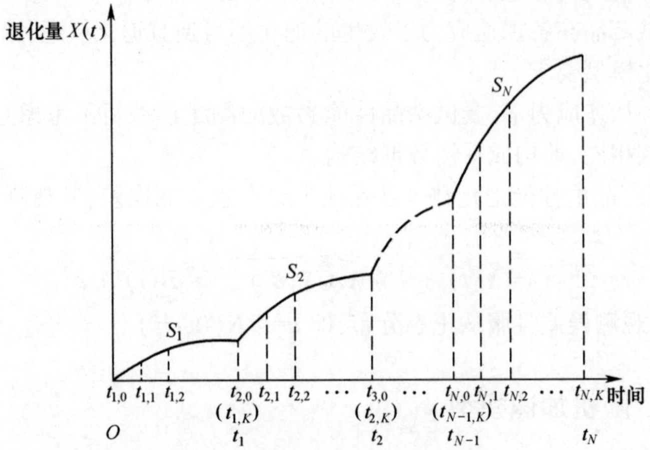

图 7.6 步进加速退化试验过程

$$X(t_{i,k})=x_{i,k}=\begin{cases}\lambda_1\Lambda(t_{i,k};\boldsymbol{\vartheta}+\sigma_B B(t_{i,k}) & 0\leqslant t_{i,k}<t_{1,K}\\ \lambda_2[\Lambda(t_{i,k};\boldsymbol{\vartheta}-\Lambda(t_{1,K};\boldsymbol{\vartheta}]+ & \\ u_1\Lambda(t_{1,K};\boldsymbol{\vartheta}+\sigma_B B(t_{i,k}) & t_{2,0}\leqslant t_{i,k}<t_{2,K}\\ \vdots & \\ \lambda_N[\Lambda(t_{i,k};\boldsymbol{\vartheta}-\Lambda(t_{N-1,K};\boldsymbol{\vartheta}]+ & \vdots\\ \sum\limits_{i=1}^{N-1}\lambda_i[\Lambda(t_{i,K};\boldsymbol{\vartheta}-\Lambda(t_{i-1,K};\boldsymbol{\vartheta}]+\sigma_B B(t_{i,k}) & t_{N,0}\leqslant t_{i,k}<t_{N,K}\end{cases}\tag{7.15}$$

式中：λ_i 为应力 $S_i(i=1,2,\cdots,N)$ 下维纳过程的漂移系数。

根据维纳过程性质可知，退化增量服从一元正态分布，可表示为

$$\Delta x_{i,k}^j \sim \mathrm{N}[\lambda_i\Delta\Lambda(t_{i,k}^j;\boldsymbol{\vartheta}),\sigma_{\mathrm{B}}^2\Delta\Lambda(t_{i,k}^j;\boldsymbol{\vartheta})]\tag{7.16}$$

式中：$\Delta\Lambda(t_{i,k}^j;\boldsymbol{\vartheta})=\Lambda(t_{i,k}^j;\boldsymbol{\vartheta})-\Lambda(t_{i,k-1}^j;\boldsymbol{\vartheta})$。

则 $\Delta x_{i,k}^j$ 的概率密度函数表示为

$$f(\Delta x_{i,k}^j)=\frac{1}{\sqrt{2\pi\sigma_B^2\Delta\Lambda(t_{i,k}^j;\boldsymbol{\vartheta})}}\exp\left[-\frac{(\Delta x_{i,k}^j-u_i\Delta\Lambda(t_{i,k}^j;\boldsymbol{\vartheta}))^2}{2\sigma\sqrt{\Delta\Lambda(t_{i,k}^j;\boldsymbol{\vartheta})}}\right]\tag{7.17}$$

7.4.4 考虑随机效应和测量误差的非线性步进加速退化模型

已知现有 M 个产品在 N 个步进加速应力下进行步进加速退化试验，试验应力记为 $S_1,S_2,\cdots,S_n$。假设应力 S_i 下产品 j 第 k 个观测数据 $y_{i,k}^j$，对应的实际退化数

据为 $x_{i,k}^{j}$,对应的监测时刻为 $t_{i,k}^{j}(i=1,2,\cdots,N;\ j=1,2,\cdots,M)$;$k=\zeta_{i-1}+1,\zeta_{i-1}+2,\cdots,\zeta_i$; $\zeta_i=\sum_{j=1}^{i}N_j$,$N_i$ 为应力 S_i 下的观测次数。则产品 j 的观测数据向量记为 $\boldsymbol{y}^j$,应力 S_i 下产品 j 的观测数据向量记为 $\boldsymbol{y}_i^j$,表示为

$$\boldsymbol{y}^j=(y_1^j,y_2^j,\cdots,y_N^j)$$

$$\boldsymbol{y}_i^j=(y_{i,\zeta_{i-1}+1}^j,y_{i,\zeta_{i-1}+2}^j,\cdots,y_{i,\zeta_i}^j)$$

根据式(7.11),建立各加速应力下 $Y(t)$ 的关系模型,即

$$y_{i,k}=\begin{cases}\lambda_1\Lambda(t_{i,k};\boldsymbol{\vartheta})+\sigma_B B(t_{i,k})+\varepsilon, & 0\leqslant t_{i,k}<t_{1,\zeta_1}\\ \lambda_2[\Lambda(t_{i,k};\boldsymbol{\vartheta})-\Lambda(t_{1,\zeta_1};\boldsymbol{\vartheta})]+\\ u_1\Lambda(t_{1,\zeta_1};\boldsymbol{\vartheta})+\sigma_B B(t_{i,k})+\varepsilon, & t_{2,\zeta_1+1}\leqslant t_{i,k}<t_{2,\zeta_2}\\ \qquad\vdots & \qquad\vdots\\ \lambda_N[\Lambda(t_{i,k};\boldsymbol{\vartheta})-\Lambda(t_{N-1,\zeta_{N-1}};\boldsymbol{\vartheta})]+\\ \sum_{i=1}^{N-1}\lambda_i[\Lambda(t_{i,\zeta_i};\boldsymbol{\vartheta})-\Lambda(t_{i-1,\zeta_{i-1}};\boldsymbol{\vartheta})]+\\ \sigma_B B(t_{i,k})+\varepsilon, & t_{N,\zeta_{N-1}+1}\leqslant t_{i,k}<t_{N,\zeta_N}\end{cases}\tag{7.18}$$

式中:$y_{i,k}$ 为应力 S_i 下第 k 个观测数据; $t_{i,k}$ 为监测时刻; λ_i 为应力 S_i 下漂移系数。

不失一般性前提下,令式(7.11)中 $\Lambda(t;\boldsymbol{\vartheta})=t^c$($c$ 为未知参数)。

将应力 S_i 下产品 j 的第 k 个观测增量记为 $\Delta\boldsymbol{y}_{i,k}^j=y_{i,k}^j-y_{i,k-1}^j$,变换后的时间增量记为 $\Delta\boldsymbol{T}_{i,k}^j=(t_{i,k}^j)^c-(t_{i,k-1}^j)^c$ 。则产品 j 的观测增量数据向量记为 $\Delta\boldsymbol{y}^j$,应力 S_i 下产品 j 的观测增量数据向量记为 $\Delta\boldsymbol{y}_i^j$, 以及对应的线性化后增量时间向量记为 $\Delta\boldsymbol{T}_i^j$,表示为

$$\Delta\boldsymbol{y}^j=(\Delta\boldsymbol{y}_1^j,\Delta\boldsymbol{y}_2^j,\cdots,\Delta\boldsymbol{y}_N^j)$$

$$\Delta\boldsymbol{y}_i^j=(\Delta\boldsymbol{y}_{i,\zeta_{i-1}+1}^j,\Delta\boldsymbol{y}_{i,\zeta_{i-1}+1}^j,\cdots,\Delta\boldsymbol{y}_{i,\zeta_i}^j)$$

$$\Delta\boldsymbol{T}_i^j=(\Delta\boldsymbol{T}_{i,\zeta_{i-1}+1}^j,\Delta\boldsymbol{T}_{i,\zeta_{i-1}+1}^j,\cdots,\Delta\boldsymbol{T}_{i,\zeta_i}^j)$$

根据多元维纳过程性质可知,第 j 个样本的观测增量数据向量 $\Delta\boldsymbol{y}^j$ 服从 N 元正态分布。

(1)当给定 u_i 时,则有

$$\Delta\boldsymbol{y}_i^j|\lambda_i\sim\mathrm{N}(\lambda_i\Delta\boldsymbol{T}_i^j,\boldsymbol{\Sigma}_i^j)\tag{7.19}$$

式中:$\boldsymbol{\Sigma}_i^j$ 为 $\Delta\boldsymbol{y}_i^j$ 的协方差矩阵,其第 (k,l) 个元素表示为 $\boldsymbol{\Sigma}_{i,k,l}^j$,即

$$
\boldsymbol{\Sigma}_{i,k,l}^{j}=\begin{cases}\sigma_B^2\Delta t_{i,k}^{j}+\sigma_{\varepsilon}^2, & k=l=1\\ \sigma_B^2\Delta t_{i,k}^{j}+2\sigma_{\varepsilon}^2, & k=l>1\\ -\sigma_{\varepsilon}^2, & l=k+1 \text{ 或 } l=k-1\\ 0, & \text{其他}\end{cases} \tag{7.20}
$$

(2) 考虑到随机效应，$\boldsymbol{\lambda}_i$ 可用正态型随机变量表示，即 $\boldsymbol{\lambda}_i \sim \mathrm{N}(\mu_{i,\lambda},\sigma_{i,\lambda}^2)$，则有

$$
\Delta \boldsymbol{y}_i^j \sim N[\mu_{i,\lambda}\Delta \boldsymbol{T}_i^j, \boldsymbol{\Sigma}_i^j+\sigma_{i,\lambda}^2\Delta \boldsymbol{T}_i^j(\Delta \boldsymbol{T}_i^j)'] \tag{7.21}
$$

则 $\Delta \boldsymbol{y}_i^j$ 的联合概率密度函数为

$$
f_{\Delta \boldsymbol{y}_i^j}(\Delta \boldsymbol{y}_i^j)=(2\pi)-\frac{1}{2}\zeta_n\left|\boldsymbol{\Sigma}_i^j+\sigma_{i,\lambda}^2\Delta \boldsymbol{T}_i^j(\Delta \boldsymbol{T}_i^j)'\right|^{-\frac{1}{2}}\cdot
\exp\left[\frac{(\Delta \boldsymbol{y}_i^j-\lambda_{i,\lambda}\Delta \boldsymbol{T}_i^j)'\left|\boldsymbol{\Sigma}_i^j+\sigma_{i,\lambda}^2\Delta \boldsymbol{T}_i^j(\Delta \boldsymbol{T}_i^j)'\right|^{-1}(\Delta \boldsymbol{y}_i^j-\mu_{i,\lambda}\Delta \boldsymbol{T}_i^j)}{2}\right] \tag{7.22}
$$

7.5 基于两步 MLE 的参数估计方法

7.5.1 考虑随机效应的加速退化模型参数估计

不失一般性情况下，令 $T=\Lambda(t;\boldsymbol{\vartheta})=t^c$。

由式(7.17)，建立步进加速退化数据的对数似然函数，即

$$
\ln L(\boldsymbol{\Theta})=-\frac{MNK}{2}[\ln(2\pi)+\ln\sigma_B^2]-\frac{M}{2}\sum_{i=1}^{N}\sum_{k=1}^{K}\ln(\Delta T_{i,k}^j)-\frac{1}{2\sigma_B^2}\sum_{j=1}^{M}\sum_{i=1}^{N}\sum_{k=1}^{K}\frac{[\Delta X(T_{i,k}^j)-\lambda_i^j\Delta T_{i,k}^j]^2}{\Delta T_{i,k}^j} \tag{7.23}
$$

式中：$\boldsymbol{\Theta}=\{a_j,b,c,\sigma_B^2\}(j=1,2,\cdots,M)$ 表示待估参数集合，b,c,σ_B^2 为固定系数，表征同类产品的总体退化特征，a_j 为随机系数，表征产品个体之间的退化差异。

根据随机加速模型可知，第 j 个产品在 S_i 下的漂移系数 λ 可表示为

$$
\lambda_i^j=a_j\exp(-b/S_i) \tag{7.24}
$$

将式(7.24)代入式(7.23)中，可得

$$nL(\boldsymbol{\Theta}) = -\frac{MNK}{2}[\ln(2\pi) + \ln\sigma_B^2] - \frac{M}{2}\sum_{i=1}^{N}\sum_{k=1}^{K}\ln[(t_{i,k}^j)^c - (t_{i,k-1}^j)^c] - \frac{1}{2\sigma_B^2}\sum_{j=1}^{M}\sum_{i=1}^{N}\sum_{k=1}^{K}\frac{\{\Delta X(t_{i,k}^j) - a_j\exp(-b/S_i)[(t_{i,k}^j)^c - (t_{i,k-1}^j)^c]\}^2}{(t_{i,k}^j)^c - (t_{i,k-1}^j)^c} \tag{7.25}$$

则求得 a_j,σ_B^2 的一阶偏导数,即

$$\frac{\partial \ln L(\boldsymbol{\Theta})}{\partial a_j} = \frac{1}{\sigma_B^2}\sum_{j=1}^{M}\sum_{i=1}^{N}\sum_{k=1}^{K}\{\Delta X(t_{i,k}^j)\exp(-b/S_i) - a_j\exp(-2b/S_i)[(t_{i,k}^j)c - (t_{i,k-1}^j)c]^2\} \tag{7.26}$$

$$\frac{\partial \ln L(\boldsymbol{\Theta})}{\partial \sigma_B^2} = -\frac{MN}{2\sigma_B^2} + \frac{1}{2\sigma_B^4}\sum_{j=1}^{M}\sum_{I=1}^{n}\sum_{K=1}^{k}\frac{\{\Delta X(t_{i,k}^j) - a_j\exp(-b/S_i)[(t_{i,k}^j)^c - (t_{i,k-1}^j)^c]\}^2}{(t_{i,k}^j)^c - (t_{i,k-1}^j)^c} \tag{7.27}$$

令式(7.26)和式(7.27)等于零,则可得

$$\hat{a}_j = \frac{\sum_{i=1}^{N}\sum_{k=1}^{K}\Delta X(t_{i,k}^j)\exp(-b/S_i)}{\sum_{i=1}^{N}\sum_{k=1}^{K}\exp(-2b/S_i)[(t_{i,k}^j)^c - (t_{i,k-1}^j)^c]} \tag{7.28}$$

$$\hat{\sigma}^2 = \frac{1}{MNK}\sum_{i=1}^{N}\sum_{k=1}^{K}\frac{\{\Delta X(t_{i,k}^j) - \hat{a}_j\exp(-b/S_i)[(t_{i,k}^j)^c - (t_{i,k-1}^j)^c]\}^2}{(t_{i,k}^j)^c - (t_{i,k-1}^j)^c} \tag{7.29}$$

通过分析可知,式(7.28)和式(7.29)的求解依赖于 b、c 的取值,难以直接求解。

将式(7.28)和式(7.29)代入式(7.25),可得参数 b、c 的轮廓对数似然函数为

$$\ln\tilde{L}(\boldsymbol{\Theta}) = -\frac{MNK}{2}[\ln(2\pi) + \ln\hat{\sigma}_B^2(b)] - \frac{M}{2}\sum_{i=1}^{N}\sum_{k=1}^{K}\ln[(t_{i,k}^j)^c - (t_{i,k-1}^j)^c] - \frac{MNK}{2} \tag{7.30}$$

因此,本书拟采用两步极大似然估计法来求解未知参数估计值,具体步骤如下:

(1) 采用 MATLAB 软件中的 Fminsearch 函数,以 b、c 为待估变量,以 $\ln\tilde{L}(\boldsymbol{\Theta})$ 为优化函数,先赋初值 b_0、c_0,再进行二维遍历搜索直到 $\ln\tilde{L}(\boldsymbol{\Theta})$ 取最大值时停止

搜索,此时 b、c 值即为所求。

(2) 将步骤(1)中所确定的 $\hat{b}$、$\hat{c}$ 代入式(7.28)和式(7.29)中即可求出 $\hat{a}_j$, $\hat{\sigma}_B^2$。

求得 $\hat{a}_j$、$\hat{\sigma}_B^2$ 后,便可进一步求出 μ_a、σ_a^2 的估计值,计算公式为

$$\begin{cases}\hat{\mu}_a = \dfrac{1}{M}\sum\limits_{j=1}^{M} a_j \\ \hat{\sigma}_a^2 = \dfrac{1}{M}\sum\limits_{j=1}^{M} (a_j - \hat{\mu}_a)^2\end{cases} \tag{7.31}$$

7.5.2 考虑随机效应和测量误差的加速退化模型参数估计

根据加速模型可知,第 j 个产品在 S_i 下的漂移系数可表示为

$$\lambda_i^j = a_j \exp(-b/S_i) \tag{7.32}$$

为了体现个体之间的随机效应,将上式(7.33)中 a 看作正态型随机变量,即 $a \sim \mathrm{N}(\mu_a, \sigma_a^2)$。

根据式(7.22),基于 M 个产品观测数据集 $\Delta\boldsymbol{y} = \{\Delta\boldsymbol{y}^1, \Delta\boldsymbol{y}^2, \cdots, \Delta\boldsymbol{y}^M\}$,建立未知参数集 $\boldsymbol{\Theta}$ 的对数似然函数为

$$\begin{aligned}\ln L(\boldsymbol{\Theta} \mid \Delta\boldsymbol{y}) = &-\frac{M\zeta_N}{2}\ln(2\pi) - \\ &\frac{M}{2}\sum_{i=1}^{N}\sum_{k=\zeta_{i-1}+1}^{\zeta_i} \ln(|\boldsymbol{\Sigma}_i^j + \sigma_a^2 \exp(-2b/S_i)\Delta\boldsymbol{T}_i^j(\Delta\boldsymbol{T}_i^j)'|) \\ &-\frac{1}{2}\sum_{j=1}^{M}\sum_{i=1}^{N}\sum_{k=\zeta_{i-1}+1}^{\zeta_i}\{[\Delta\boldsymbol{y}_i^j - \mu_a \exp(-b/S_i)\Delta\boldsymbol{T}_i^j]' \cdot \\ &|\boldsymbol{\Sigma}_i^j + \sigma_a^2\exp(-2b/S_i)\Delta\boldsymbol{T}_i^j(\Delta\boldsymbol{T}_i^j)'|^{-1} \cdot \\ &[\Delta\boldsymbol{y}_i^j - \mu_a\exp(-b/S_i)\Delta\boldsymbol{T}_i^j]\}\end{aligned} \tag{7.33}$$

由式(7.33)可知,对数似然函数中参数集为 $\boldsymbol{\Theta} = \{\mu_a, \sigma_a^2, b, c, \sigma_B^2, \sigma_\varepsilon^2\}$。其中:$b$、$c$、$\sigma_B^2$、$\sigma_\varepsilon^2$ 为固定系数,用于描述总体退化特征,可通过同类产品的观测数据估计出来;μ_a、σ_a^2 为随机系数,用于描述个体之间随机效应,作为剩余寿命分布函数中随机系数先验值。

为了便于计算,令 $\tilde{\sigma}_B^2 = \sigma_B^2/\sigma_a^2$, $\tilde{\sigma}_\varepsilon^2 = \sigma_\varepsilon^2/\sigma_a^2$, $\tilde{\boldsymbol{\Sigma}}_i^j = \boldsymbol{\Sigma}_i^j/\sigma_a^2$。分别令 $\ln L(\boldsymbol{\Theta} \mid \Delta\boldsymbol{y})$ 关于 μ_a 和 σ_a^2 的一阶偏导数为零,从而得到 μ_a 和 σ_a^2 的极大似然估计值,即

$$\hat{\mu}_a=\frac{\sum_{i=1}^{N}\sum_{k=\zeta_{i-1}+1}^{\zeta_i}(\Delta \boldsymbol{T}_i^j)'[\widetilde{\boldsymbol{\Sigma}}_i^j+\Delta \boldsymbol{T}_i^j(\Delta \boldsymbol{T}_i^j)']^{-1}\Delta \boldsymbol{y}_i^j}{\sum_{i=1}^{N}\sum_{k=\zeta_{i-1}+1}^{\zeta_i}(\Delta \boldsymbol{T}_i^j)'[\widetilde{\boldsymbol{\Sigma}}_i^j+\Delta \boldsymbol{T}_i^j(\Delta \boldsymbol{T}_i^j)']^{-1}\Delta \boldsymbol{T}_i^j\exp(-b/S_i)} \tag{7.34}$$

$$\begin{aligned}\hat{\sigma}_a^2=&\sum_{i=1}^{N}\sum_{k=\zeta_{i-1}+1}^{\zeta_i}[\Delta \boldsymbol{y}_i^j-\hat{\mu}_a\exp(-b/S_i)\Delta \boldsymbol{T}_i^j]'[\widetilde{\boldsymbol{\Sigma}}_i^j+\Delta \boldsymbol{T}_i^j(\Delta \boldsymbol{T}_i^j)']^{-1}\cdot\\&[\Delta \boldsymbol{y}_i^j-\hat{\mu}_a\exp(-b/S_i)\Delta \boldsymbol{T}_i^j]/\sum_{i=1}^{N}\sum_{k=\zeta_{i-1}+1}^{\zeta_i}\exp(-2b/S_i)\end{aligned} \tag{7.35}$$

通过分析可知,式(7.34)和式(7.35)的求解依赖于 b、c 的取值,难以直接求解。

将式(7.34)和式(7.35)代入式(7.33)中,得到关于 b、c、$\tilde{\sigma}_B^2$、$\tilde{\sigma}_\varepsilon^2$ 的轮廓对数似然函数,即

$$\begin{aligned}\ln\tilde{L}(b,c,\tilde{\sigma}_B^2,\tilde{\sigma}_\varepsilon^2\mid\Delta \boldsymbol{y})=&-\frac{M\zeta_N}{2}\left[\ln(2\pi)-\frac{b}{S_i}\ln(\hat{\sigma}_a^2)+1\right]-\\&\frac{1}{2}\sum_{i=1}^{n}\sum_{k=\zeta_{i-1}+1}^{\zeta_i}\ln(|\widetilde{\Sigma}_i^j+\hat{\sigma}_a^2\exp(-2b/S_i)\Delta \boldsymbol{T}_i^j(\Delta \boldsymbol{T}_i^j)'|)\end{aligned} \tag{7.36}$$

因此,本书拟采用两步极大似然估计法来求解参数估计值,具体步骤如下:

(1)采用 MATLAB 软件中的 Fminsearch 函数,以 b、c、$\tilde{\sigma}_B^2$、$\tilde{\sigma}_\varepsilon^2$ 为待估变量,以轮廓似然对数函数 $\ln\tilde{L}(b,c,\tilde{\sigma}_B^2,\tilde{\sigma}_\varepsilon^2\mid\Delta \boldsymbol{y})$ 为优化函数,先赋初值 b_0、c_0、$\tilde{\sigma}_{B0}^2$、$\tilde{\sigma}_{\varepsilon0}^2$,再进行二维遍历搜索直到 $\ln\tilde{L}(b,c,\tilde{\sigma}_B^2,\tilde{\sigma}_\varepsilon^2\mid\Delta \boldsymbol{y})$ 取最大值时停止搜索,此时 b、c、$\tilde{\sigma}_B^2$、$\tilde{\sigma}_\varepsilon^2$ 值即为所求。

(2)将步骤(1)中所确定的 b、c、$\tilde{\sigma}_B^2$、$\tilde{\sigma}_\varepsilon^2$ 代入式(7.34)和式(7.35)即可求出 $\hat{\mu}_a$ 和 $\hat{\sigma}_a^2$。

同时,为了防止 $\ln\tilde{L}(\cdot)$ 陷入局部最优,需设定 b、c、$\tilde{\sigma}_B^2$、$\tilde{\sigma}_\varepsilon^2$ 的初值,可采用最小二乘(LS)法。具体步骤如下:

① 给 b、c 赋任意一个正数初值,建立似然函数

$$L(u_1,u_2,\cdots,u_M\mid\Delta \boldsymbol{y})=\sum_{i=1}^{M}(\Delta \boldsymbol{y}_i-u_i\Delta\boldsymbol{\Sigma}_i)'(\Delta \boldsymbol{y}_i-u_i\Delta\boldsymbol{\Sigma}_i) \tag{7.37}$$

通过最小二乘法获得 $u_1,u_2,\cdots,u_M$ 的估计值并作为初值。

② 根据 $\mu_1,\mu_2,\cdots,\mu_M$ 的初值,计算出漂移系数的均值和方差,代入式(7.32)求出 μ_a 和 σ_a^2 的初值。

③ 根据μ_a和σ_a^2的初值,通过对$\ln L(\tilde{\sigma}_B^2,\tilde{\sigma}_\varepsilon^2 \mid \Delta \boldsymbol{y})$取极大值,得到$\tilde{\sigma}_B^2$、$\tilde{\sigma}_\varepsilon^2$的估计值并作为初值。

④ 将上述b、c、$\tilde{\sigma}_B^2$、$\tilde{\sigma}_\varepsilon^2$的初值代入式(7.36),计算出$\ln\tilde{L}(b,c,\tilde{\sigma}_B^2,\tilde{\sigma}_\varepsilon^2 \mid \Delta \boldsymbol{y})$。

⑤ 重新设定b、c初值,重复上述步骤直到$\ln\tilde{L}(b,c,\tilde{\sigma}_B^2,\tilde{\sigma}_\varepsilon^2 \mid \Delta \boldsymbol{y})$的取值变化不大时,可以认为此时的$b$、$c$、$\tilde{\sigma}_B^2$、$\tilde{\sigma}_\varepsilon^2$的初值即为合理设定的初值。

7.6 基于随机系数更新的剩余寿命预测模型

将目标产品从初始监测时刻$t_{1,1}$到当前监测时刻$t_{i,k}$的实际退化数据向量记为$\boldsymbol{x}_{1:k}$,$\boldsymbol{x}_{1:k}=(x_{1,1},x_{1,2},\cdots,x_{i,k})$。将目标产品从初始监测时刻$t_{1,1}$到当前监测时刻$t_{i,k}$的观测数据记为$\boldsymbol{y}_{1:k}$,$\boldsymbol{y}_{1:k}=(y_{1,1},y_{1,2},\cdots,y_{i,k})$。

则当前监测时刻$t_{i,k}$的观测值$y_{i,k}$与其实际退化值$x_{i,k}$之间的关系表示为

$$y_{i,k}=x_{i,k}+\varepsilon,\varepsilon \sim \mathrm{N}(0,\sigma_\varepsilon^2) \tag{7.38}$$

式中:ε表示测量误差。

7.6.1 基于贝叶斯方法的随机系数更新

根据目标产品的观测数据,采用贝叶斯推断求出目标产品在特定监测时刻上随机系数后验值,实现目标产品剩余寿命预测值在线更新。为了求解$\mu_{a,ik}$,$\sigma_{a,ik}^2$,先介绍如下引理。

1. 对于实际退化数据$\boldsymbol{x}_{1:k}$

引理 7.1 假设$\lambda \sim \mathrm{N}(\mu_\lambda,\sigma_\lambda^2)$,$\lambda$的后验分布也是正态分布,则在给定$x_{1:k}$条件下,$\lambda$的后验分布表示为

$$\lambda_{i,k} \mid x_{1:k} \sim \mathrm{N}(\mu_{\lambda,ik},\sigma_{\lambda,ik}^2) \tag{7.39}$$

式中

$$\mu_{\lambda,ik}=\frac{\sigma_\lambda^2 B_{i,k}+\mu_\lambda\sigma^2}{\sigma_\lambda^2 A_{i,k}+\sigma^2} \tag{7.40}$$

$$\sigma_{u,ik}^2=\frac{\sigma_u^2\sigma^2}{\sigma_u^2 A_{i,k}+\sigma^2} \tag{7.41}$$

其中

$$A_{i,k}=\sum_{i=1}^{k}\sum_{k=\zeta_{i-1}+1}^{\zeta_i}\frac{[\Lambda(t_{i,k};\theta)-\Lambda(t_{i,k-1};\theta)]^2}{t_{i,k}-t_{i,k-1}} \tag{7.42}$$

$$B_{i,k}=\sum_{i=1}^{k}\sum_{k=\zeta_{i-1}+1}^{\zeta_i}\frac{[(\Lambda(t_{i,k};\theta)-\Lambda(t_{i,k-1};\theta)](t_{i,k}-t_{i,k-1})}{t_{i,k}-t_{i,k-1}} \tag{7.43}$$

根据式(7.40)和式(7.41),求得 $u_{a,ik}$,$\sigma_{a,ik}^2$ 的后验估计公式为

$$\mu_{a,ik}=\frac{\hat{\sigma}_a^2\exp(-2\hat{b}/S_i)B_{i,k}+\hat{\mu}_a\exp(-\hat{b}/S_i)\sigma_B^2}{\hat{\sigma}_a^2\exp(-2\hat{b}/S_i)A_{i,k}+\sigma_B^2} \tag{7.44}$$

$$\sigma_{a,ik}^2=\frac{\hat{\sigma}_a^2\exp(-2\hat{b}/S_i)\sigma_B^2}{\hat{\sigma}_a^2\exp(-2\hat{b}/S_i)A_{i,k}+\sigma_B^2} \tag{7.45}$$

2. 对于观测数据 $\boldsymbol{y}_{1:k}$

引理 7.2 假设 $\lambda\sim \mathrm{N}(\mu_\lambda,\sigma_\lambda^2)$,$\lambda$ 的后验分布也是正态分布,则在给定 $\boldsymbol{y}_{1:k}$ 条件下,λ 的后验分布表示为

$$\lambda_{i,k}|\boldsymbol{y}_{1:k}\sim \mathrm{N}(\mu_{\lambda,ik},\sigma_{\lambda,ik}^2) \tag{7.46}$$

式中

$$\mu_{\lambda,ik}=\frac{(\Delta\boldsymbol{y}_{1:k}^*)'\boldsymbol{\Sigma}_{1:k}^{-1}\Delta\boldsymbol{y}_{1:k}\cdot\sigma_\lambda^2+\mu_\lambda}{(\Delta\boldsymbol{T}_{1:k})'\boldsymbol{\Sigma}_{1:k}^{-1}\Delta\boldsymbol{T}_{1:k}\cdot\sigma_\lambda^2+1} \tag{7.47}$$

$$\sigma_{\lambda,ik}^2=\frac{\sigma_\lambda^2}{(\Delta\boldsymbol{T}_{1:k})'\boldsymbol{\Sigma}_{1:k}^{-1}\Delta\boldsymbol{T}_{1:k}\cdot\sigma_\lambda^2+1} \tag{7.48}$$

其中:$\boldsymbol{\Sigma}_i$ 为 $\Delta\boldsymbol{y}_{1:k}$ 的协方差矩阵;$\Delta\boldsymbol{y}_{1:k}=(\Delta y_{1,1},\Delta y_{1,2},\cdots,\Delta y_{i,k})$;$\Delta\boldsymbol{T}_{1:k}=(\Delta T_{1,1},\Delta T_{1,2},\cdots,\Delta T_{i,k})$;$\Delta\boldsymbol{T}_{i,k}=(t_{i,k})^c-(t_{i,k-1})^c$。

根据式(7.47)和式(7.48),求得 $u_{a,ik}$、$\sigma_{a,ik}^2$ 的后验估计公式,即

$$\hat{\mu}_{a,ik}=\frac{(\Delta\boldsymbol{y}_{1:k}^*)'\boldsymbol{\Sigma}_{1:k}^{-1}\Delta\boldsymbol{y}_{1:k}\cdot\hat{\sigma}_a^2\exp(-2\hat{b}/S_i)+\hat{\mu}_a\exp(-\hat{b}/S_i)}{(\Delta\boldsymbol{T}_{1:k})'\boldsymbol{\Sigma}_{1:k}^{-1}\Delta\boldsymbol{T}_{1:k}\cdot\hat{\sigma}_a^2\exp(-2\hat{b}/S_i)+1} \tag{7.49}$$

$$\hat{\sigma}_{a,ik}^2=\frac{\hat{\sigma}_a^2\exp(-2\hat{b}/S_i)}{(\Delta\boldsymbol{T}_{1:k})'\boldsymbol{\Sigma}_{1:k}^{-1}\Delta\boldsymbol{T}_{1:k}\cdot\hat{\sigma}_a^2\exp(-2\hat{b}/S_i)+1} \tag{7.50}$$

式中:$\hat{\mu}_a$、$\hat{\sigma}_a^2$ 为随机系数的先验值,已在第 7.5.1 节中通过两步极大似然估计法求出。

7.6.2 随机系数的剩余寿命分布函数

将目标产品在当前监测时刻 $t_{i,k}$ 处的剩余寿命定义为

$$L_{i,k}=\inf\{l_{i,k}:X(t_{i,k}+l_{i,k})\geqslant\omega\mid X(t_{i,k})<\omega\} \tag{7.51}$$

则在给定当前时刻 $t_{i,k}$ 处 $\boldsymbol{\lambda}_{i,k}$ 和 $\boldsymbol{x}_{1:k}$ 条件下,剩余寿命的条件概率密度函数近似为

$$f_{L_{i,k}|\lambda_{i,k},x_{1:k}}(l_{i,k}|\lambda_{i,k},x_{1:k}) \approx \frac{1}{\sqrt{2\pi\sigma_B^2 l_{i,k}^3}}[\omega - x_{i,k} - \lambda_{i,k}\beta(l_{i,k})] \times \exp\left\{-\frac{[\omega - x_{i,k} - \lambda_{i,k}\varphi(l_{i,k})]^2}{2\sigma_B^2 l_{i,k}}\right\} \tag{7.52}$$

式中：

$$\beta(l_{i,k}) = (l_{i,k} + t_{i,k})^c - (t_{i,k})^c - c(l_{i,k} + t_{i,k})^{c-1} l_{i,k} \tag{7.53}$$

$$\varphi(l_{i,k}) = (l_{i,k} + t_{i,k})^c - (t_{i,k})^c \tag{7.54}$$

考虑到随机效应的影响，将加速模型中 a 看作为正态型随机变量，即 $a \sim \mathrm{N}(\mu_a, \sigma_a^2)$，则目标产品在当前时刻 $t_{i,k}$（对应的应力为 S_i）下 $\lambda_{i,k}$ 的均值和方差分别为 $\mu_{a,ik}\exp(-b/S_i)$ 和 $\sigma_{a,ik}^2\exp(-2b/S_i)$。

为了得到在观测数据 $\boldsymbol{y}_{1:k}^*$ 条件下考虑随机效应和测量误差的目标产品剩余寿命的条件 PDF 近似表达式，介绍如下引理。

引理 7.3 若 $Z_1 \sim \mathrm{N}(\mu_1, \sigma_1^2)$，$Z_2 \sim \mathrm{N}(\mu_2, \sigma_2^2)$，$w, A, B \in \mathbf{R}$ 且 $C \in \mathbf{R}^+$，则有

$$E_{Z_1}\left\{E_{Z_2}\left[(w - Z_1 - AZ_2)\exp\left(-\frac{(w - Z_1 - BZ_2)^2}{2C}\right)\right]\right\} = \sqrt{\frac{C}{B^2\sigma_2^2 + \sigma_1^2 + C}} \times \exp\left[-\frac{(w - u_1 - Bu_2)^2}{2(B^2\sigma_2^2 + \sigma_1^2 + C)}\right]\left[w - u_1 - Au_2 - \frac{w - u_1 - Bu_2}{B^2\sigma_2^2 + \sigma_1^2 + C}(B\sigma_2^2 + \sigma_1^2)\right] \tag{7.55}$$

根据式(7.52)和引理 7.3，可推导出在 $y_{1:k}$ 条件下考虑随机效应和测量误差的产品剩余寿命的条件 PDF 近似表达式为

$$\begin{aligned}
f_{L_{i,k}|\boldsymbol{y}_{1:k}}(l_{i,k}|\boldsymbol{y}_{1:k}) \approx & \frac{1}{\sqrt{2\pi l_{i,k}^2[\sigma_{a,ik}^2\exp(-2b/S_i)\varphi(l_{i,k})^2 + \sigma_\varepsilon^2 l_{i,k} + \sigma_\varepsilon^2]}} \times \\
& \exp\left\{-\frac{[\omega - y_{i,k} - \mu_{a,ik}\exp(-b/S_i)\varphi(l_{i,k})]^2}{2[\sigma_{a,ik}^2\exp(-2b/S_i)\varphi(l_{i,k})^2 + \sigma_\varepsilon^2 l_{i,k} + \sigma_\varepsilon^2]}\right\} \times \\
& \{\omega - y_{i,k} - \mu_{a,ik}\exp(-b/S_i)\beta(l_{i,k}) - \\
& [\sigma_\varepsilon^2 + \sigma_{a,ik}^2\exp(-2b/S_i)\varphi(l_{i,k})] \times \\
& \left.\frac{\omega - y_{i,k} - \mu_{a,ik}\exp(-b/S_i)\varphi(l_{i,k})}{\sigma_{a,ik}^2\exp(-2b/S_i)\varphi(l_{i,k})^2 + \sigma_\varepsilon^2 l_{i,k} + \sigma_\varepsilon^2}\right\}
\end{aligned} \tag{7.56}$$

式中：b、c、$\tilde{\sigma}_B^2$、$\tilde{\sigma}_\varepsilon^2$ 的估计值已在前文通过两步极大似然估计法求出；$\mu_{a,ik}$、$\sigma_{a,ik}^2$ 为

随机系数μ_a、σ_a^2的后验值,反映了目标产品的个体退化差异(随机效应)。

当前时刻$t_{i,k}$处目标产品剩余寿命的期望为

$$E(L_{i,k}|\boldsymbol{y}_{1:k}) = \int_0^{\infty} l_{i,k} f_{L_{i,k}|\boldsymbol{y}_{1:k}}(l_{i,k}|\boldsymbol{y}_{1:k})\mathrm{d}l_{i,k} \tag{7.57}$$

随着目标产品观测数据的不断丰富,通过在线更新随机系数后验值$\hat{\mu}_{a,ik}$、$\hat{\sigma}_{a,ik}^2$,实现目标产品剩余寿命预测结果同步更新。

7.7 基于随机系数和当前状态同步更新的剩余寿命预测模型

由于随机系数更新的贝叶斯方法未能准确估计出目标产品当前实际退化状态,可能会对预测结果产生一定的误差,因此下面提出一种随机系数和当前状态同步更新方法来消除此类误差。

7.7.1 基于KF的随机系数和当前状态同步更新

目标产品从初始监测时刻$t_{1,1}$到当前监测时刻$t_{i,k}$的观测数据记为$\boldsymbol{y}_{1:k}$,$\boldsymbol{y}_{1:k} = (y_{1,1}, y_{1,2}, \cdots, y_{i,k})$,则目标产品在当前监测时刻$t_{i,k}$的状态空间方程可表示为

$$\begin{cases} x_{i,k} = x_{i,k-1} + \lambda_{i,k-1}[\Lambda(t_{i,k};\boldsymbol{\vartheta}) - \Lambda(t_{i,k-1};\boldsymbol{\vartheta})] + \nu_{i,k} \\ u_{i,k} = u_{i,k-1} \\ y_{i,k} = x_{i,k} + \varepsilon \end{cases} \tag{7.58}$$

式中:ε为当前监测时刻$t_{i,k}$的测量误差,即$\varepsilon \sim \mathrm{N}(0,\sigma_\varepsilon^2)$;$\nu_{i,k} \sim \mathrm{N}(0,\sigma^2\Delta t_{i,k})$。

上述状态空间方程为线性高斯(Guassian)模型,可采用卡尔曼滤波(KF)方法来实现随机系数的递归估计。

由于当前监测时刻$t_{i,k}$的真实退化状态$x_{i,k}$和随机系数$\lambda_{i,k}$均为隐含状态,因此将上述状态空间方程转化为

$$\begin{cases} \boldsymbol{z}_{i,k} = \boldsymbol{A}_{i,k}\boldsymbol{z}_{i,k-1} + \boldsymbol{\eta}_{i,k} \\ y_{i,k} = \boldsymbol{C}\boldsymbol{z}_{i,k} + \varepsilon \end{cases} \tag{7.59}$$

式中:$\boldsymbol{z}_{i,k} = \begin{bmatrix} x_{i,k} \\ \lambda_{i,k} \end{bmatrix}$;$\boldsymbol{\eta}_{i,k} = \begin{bmatrix} \nu_{i,k} \\ 0 \end{bmatrix}$;$\boldsymbol{A}_{i,k} = \begin{bmatrix} 1 & \Lambda(t_{i,k};\boldsymbol{\vartheta}) - \Lambda(t_{i,k-1};\boldsymbol{\vartheta}) \\ 0 & 1 \end{bmatrix}$;

$\boldsymbol{C} = [0 \quad 1]$;$\boldsymbol{\eta}_{i,k} \sim N(0, Q_{i,k})$;$\boldsymbol{Q}_{i,k} = \begin{bmatrix} \sigma_B^2(t_{i,k} - t_{i,k-1}) & 0 \\ 0 & 0 \end{bmatrix}$。

注:不失一般性情况下,令$\Lambda(t_{i,k};\boldsymbol{\vartheta}) = (t_{i,k})^c$。

(1)将当前监测时刻$t_{i,k}$的隐含向量$z_{i,k}$的期望和协方差分别记为$\hat{z}_{i,k|k}$和$\boldsymbol{P}_{i,k|k}$,表示为

$$\hat{\boldsymbol{z}}_{i,k|k}=\begin{bmatrix}\hat{x}_{i,k|k}\\ \hat{\boldsymbol{\lambda}}_{i,k|k}\end{bmatrix}=E(\boldsymbol{z}_{i,k}|\boldsymbol{y}_{1:k}) \tag{7.60}$$

$$\boldsymbol{P}_{i,k|k}=\begin{bmatrix}\boldsymbol{\kappa}_{x,ik}^2 & \boldsymbol{\kappa}_{x\lambda,ik}^2\\ \boldsymbol{\kappa}_{x\lambda,ik}^2 & \boldsymbol{\kappa}_{\lambda,ik}^2\end{bmatrix}=\mathrm{Cov}(z_{i,k}|\boldsymbol{y}_{1:k}) \tag{7.61}$$

式中：$\hat{x}_{i,k|k}=E(x_{i,k}|\boldsymbol{y}_{1:k})$；$\hat{\boldsymbol{\lambda}}_{i,k|k}=E(\boldsymbol{\lambda}_{i,k}|\boldsymbol{y}_{1:k})$；$\boldsymbol{\kappa}_{x,ik}^2=\mathrm{var}(x_{i,k}|\boldsymbol{y}_{1:k})$；$\boldsymbol{\kappa}_{u,ik}^2=\mathrm{var}(\boldsymbol{\lambda}_{i,k}|\boldsymbol{y}_{1:k})$，$\boldsymbol{\kappa}_{xu,ik}^2=\mathrm{var}(x_{i,k}\cdot\boldsymbol{\lambda}_{i,k}|\boldsymbol{y}_{1:k})$。

（2）将隐含向量 $\boldsymbol{z}_{i,k}$ 的一步预测期望和协方差分别记为 $\hat{\boldsymbol{z}}_{i,k|k-1}$ 和 $\boldsymbol{P}_{i,k|k-1}$，表示为

$$\hat{\boldsymbol{z}}_{i,k|k-1}=\begin{bmatrix}\hat{x}_{i,k|k-1}\\ \hat{\boldsymbol{\lambda}}_{i,k|k-1}\end{bmatrix}=E(\boldsymbol{z}_{i,k}|\boldsymbol{y}_{1:k-1}) \tag{7.62}$$

$$\boldsymbol{P}_{i,k|k-1}=\begin{bmatrix}\boldsymbol{\kappa}_{x,ik-1}^2 & \boldsymbol{\kappa}_{x\lambda,ik-1}^2\\ \boldsymbol{\kappa}_{x\lambda,ik-1}^2 & \boldsymbol{\kappa}_{\lambda,ik-1}^2\end{bmatrix}=\mathrm{Cov}(z_{i,k}|\boldsymbol{y}_{1:k-1}) \tag{7.63}$$

利用卡尔曼滤波方法对随机系数进行递归估计的步骤如下：

（1）给定初始状态值

$$\hat{\boldsymbol{z}}_{1,0|0}=\begin{bmatrix}0\\ \mu_\lambda\end{bmatrix},\boldsymbol{P}_{1,0|0}=\begin{bmatrix}0 & 0\\ 0 & \sigma_\lambda^2\end{bmatrix}$$

（2）计算一步预测值

$$\begin{aligned}\hat{\boldsymbol{z}}_{i,k|k-1}&=\boldsymbol{F}_{i,k}\hat{\boldsymbol{z}}_{i,k-1|k-1}\\ \boldsymbol{P}_{i,k|k-1}&=\boldsymbol{F}_{i,k}\boldsymbol{P}_{i,k-1|k-1}\boldsymbol{F}_{i.k}^{\mathrm{T}}+\boldsymbol{Q}_{i,k}\end{aligned}$$

（3）更新当前状态

$$\begin{aligned}\hat{\boldsymbol{z}}_{i,k|k}&=\hat{\boldsymbol{z}}_{i,k|k-1}+\boldsymbol{K}(k)(y_{i,k}-\boldsymbol{H}\hat{\boldsymbol{z}}_{i,k|k-1})\\ \boldsymbol{P}_{i,k|k}&=\boldsymbol{P}_{i,k|k-1}-\boldsymbol{K}(k)\boldsymbol{H}\boldsymbol{P}_{i,k|k-1}\\ \boldsymbol{K}(k)&=\boldsymbol{P}_{i,k|k-1}\boldsymbol{H}^{\mathrm{T}}[\boldsymbol{H}\boldsymbol{P}_{i,k|k-1}\boldsymbol{H}^{\mathrm{T}}+\sigma_B^2]^{-1}\end{aligned}$$

7.7.2 随机系数和当前状态的剩余寿命联合分布函数

根据卡尔曼滤波的性质可知，$\boldsymbol{z}_{i,k}|\boldsymbol{y}_{1:k}$ 服从多维正态分布，即

$$z_{i,k}|\boldsymbol{y}_{1:k}\sim\mathrm{N}(\hat{z}_{i,k|k},\boldsymbol{P}_{i,k|k-1}) \tag{7.64}$$

由此可见，基于随机系数和当前状态同步更新的剩余寿命预测就是基于 $\boldsymbol{z}_{i,k}|\boldsymbol{y}_{1:k}$ 来推导出产品剩余寿命的概率密度函数。

由式（7.60）可知

$$\boldsymbol{\lambda}_{i,k}|\boldsymbol{y}_{1:k}\sim\mathrm{N}(\hat{\boldsymbol{\lambda}}_{i,k|k},\boldsymbol{\kappa}_{\theta,ik}^2) \tag{7.65}$$

$$x_{i,k} | \boldsymbol{y}_{1:k} \sim \mathrm{N}(\hat{x}_{i,k|k}, \boldsymbol{\kappa}_{x,ik}^2) \tag{7.66}$$

式中

$$\begin{cases} \mu_{x_{i,k}|\lambda,ik} = \hat{x}_{k|k} + \rho_{ik} \dfrac{\boldsymbol{\kappa}_{x,ik}}{\boldsymbol{\kappa}_{u,ik}}(\boldsymbol{\lambda}_{i,k} - \hat{\boldsymbol{\lambda}}_{i,k|k}) \\ \sigma_{x_{i,k}|\lambda,ik}^2 = \boldsymbol{\kappa}_{x,ik}^2(1 - \rho_{ik}^2) \\ \rho_{ik} = \boldsymbol{\kappa}_{x\lambda,ik}^2 / \boldsymbol{\kappa}_{x,ik} \cdot \boldsymbol{\kappa}_{\lambda,ik} \end{cases} \tag{7.67}$$

则在给定目标产品观测向量 $\boldsymbol{y}_{1:k}$ 条件下,其首次达到失效阈值的时间服从逆高斯分布。根据全概率公式,可推导出产品剩余寿命的概率密度函数为

$$\begin{aligned} f_{L_{i,k}|\boldsymbol{y}_{1:k}}(l_{i,k}|\boldsymbol{y}_{1:k}) &= \int_{-\infty}^{+\infty} f_{L_{i,k}|z_{i,k}}(l_{i,k}|\boldsymbol{z}_{i,k}, y_{1:k}) p(\boldsymbol{z}_{i,k}|\boldsymbol{y}_{1:k}) \mathrm{d}\boldsymbol{z}_{i,k} \\ &= \int_{-\infty}^{+\infty} \Big[p(\boldsymbol{z}_{i,k}|\boldsymbol{y}_{1:k}) \int_{-\infty}^{+\infty} f_{L_{i,k}|\lambda_{i,k},x_{i,k},\boldsymbol{y}_{1:k}}(l_{i,k}|\boldsymbol{\lambda}_{i,k}, x_{i,k}, \boldsymbol{y}_{1:k}) \\ & p(\boldsymbol{\lambda}_{i,k} | x_{i,k}, \boldsymbol{y}_{1:k}) \mathrm{d}x_{i,k} \Big] \mathrm{d}\boldsymbol{\lambda}_{i,k} = E_{\lambda_{i,k}|\boldsymbol{y}_{1:k}} \Big\{ E_{x_{i,k}|\lambda_{i,k},\boldsymbol{y}_{1:k}} \\ & \Big[\int_{-\infty}^{+\infty} f_{L_{i,k}|\lambda_{i,k},x_{i,k},\boldsymbol{y}_{1:k}}(l_{i,k}|\boldsymbol{\lambda}_{i,k}, x_{i,k}, \boldsymbol{y}_{1:k}) \Big] \Big\} \end{aligned} \tag{7.68}$$

令 $\boldsymbol{z}_{i,k}|\boldsymbol{y}_{1:k}$ 表示 $z_{i,k}$ 的后验分布,则在给定目标产品在监测时刻 $t_{i,k}$ 下的观测向量 $\boldsymbol{y}_{1:k}$ 条件下,可推导出产品剩余寿命的概率密度函数的近似表达式为

$$f'_{L_{i,k}|\boldsymbol{y}_{1:k}}(l_{i,k}|\boldsymbol{y}_{1:k}) \approx \frac{1}{F} f_{L_{i,k}|\boldsymbol{y}_{1:k}}(l_{i,k}|\boldsymbol{y}_{1:k}) \tag{7.69}$$

式中

$$F = \int_0^{+\infty} f_{L_{i,k}|\boldsymbol{y}_{1:k}}(l_{i,k}|\boldsymbol{y}_{1:k}) \mathrm{d}l_{i,k} \tag{7.70}$$

$$\begin{aligned} f_{L_{i,k}|\boldsymbol{y}_{1:k}}(l_{i,k}|\boldsymbol{y}_{1:k}) \approx & \frac{1}{\sqrt{2\pi l_{i,k}^2 (B_{i,k}^2 \boldsymbol{\kappa}_{\theta,ik}^2 + C_{i,k})}} \exp\left[-\frac{(D_{i,k} - B_{i,k}\hat{\boldsymbol{\lambda}}_{i,k|k})^2}{2(B_{i,k}^2 \boldsymbol{\kappa}_{\theta,ik}^2 + C_{i,k})} \right] \times \\ & \left[D_{i,k} - A_{i,k}\hat{\boldsymbol{\lambda}}_{i,k|k} - (A_{i,k}B_{i,k}\boldsymbol{\kappa}_{\theta,ik}^2 + \sigma_{x_{i,k}|\lambda,ik}^2) \frac{D_{i,k} - B_{i,k}\hat{\boldsymbol{\lambda}}_{i,k|k}}{B_{i,k}^2 \boldsymbol{\kappa}_{\theta,ik}^2 + C_{i,k}} \right] \end{aligned} \tag{7.71}$$

式中

$$A_{i,k} = \rho_{i,k} \frac{\boldsymbol{\kappa}_{x,ik}}{\boldsymbol{\kappa}_{u,ik}} + \beta(l_{i,k}); B_{i,k} = \rho_{i,k} \frac{\boldsymbol{\kappa}_{x,ik}}{\boldsymbol{\kappa}_{u,ik}} + \varphi(l_{i,k})$$

$$C_{i,k} = \sigma_{x_{i,k}|u,ik}^2 + \sigma^2 l_{i,k}; D_{i,k} = \omega - \hat{x}_{i,k|k} + \rho_{i,k} \frac{\boldsymbol{\kappa}_{x,ik}}{\boldsymbol{\kappa}_{u,ik}} \hat{u}_{i,k|k}$$

式(7.71)的推导过程如下:

已知 $x_{i,k}|\lambda_{i,k},y_{1:k} \sim N(\mu_{x_{i,k}|\lambda,ik},\sigma^2_{x_{i,k}|\lambda,ik})$，其中 $\mu_{x_{i,k}|\lambda,ik},\sigma^2_{x_{i,k}|\lambda,ik}$ 的取值见式(7.68)。则根据全概率公式，可得其概率密度函数为

$$f_{L_{i,k}|\lambda_{i,k},y_{1:k}}(l_{i,k}|\lambda_{i,k},y_{1:k}) = E_{x_{i,k}|\lambda_{i,k},y_{1:k}}[f_{L_{i,k}|\lambda_{i,k},y_{1:k}}(l_{i,k}|\lambda_{i,k},x_{i,k},y_{1:k})] \tag{7.72}$$

根据引理 5.1 和引理 7.2，对式(7.72)进行近似变换，得

$$\begin{aligned}
&f_{L_{i,k}|\lambda_{i,k},y_{1:k}}(l_{i,k}|\lambda_{i,k},y_{1:k}) \approx \\
&E_{x_{i,k}|\lambda_{i,k},y_{1:k}}\left\{\frac{(\omega-\lambda_{i,k}\beta(l_{i,k})-x_{i,k})}{\sqrt{2\pi\sigma_B^2 l_{i,k}^3}}\exp\left[-\frac{(\omega-\lambda_{i,k}\beta(l_{i,k})-x_{i,k})^2}{2\sigma_B^2 l_{i,k}}\right]\right\} \\
&= \frac{1}{\sqrt{2\pi l_{i,k}^2(\sigma^2_{x_{i,k}|\lambda,ik}+\sigma_B^2 l_{i,k})}}\exp\left[-\frac{(\omega-\lambda_{i,k}\varphi(l_{i,k})-\hat{\mu}_{x_{i,k}|\lambda,ik})^2}{2(\sigma^2_{x_{i,k}|\lambda,ik}+\sigma_B^2 l_{i,k})}\right]\times \\
&\left[\omega-\lambda_{i,k}\beta(l_{i,k})-\hat{\mu}_{x_{i,k}|\lambda,ik}-\frac{(\omega-u_{i,k}\varphi(l_{i,k})-\hat{\mu}_{x_{i,k}|\lambda,ik})\sigma^2_{x_{i,k}|\lambda,ik}}{\sigma^2_{x_{i,k}|\lambda,ik}+\sigma_B^2 l_{i,k}}\right]
\end{aligned} \tag{7.73}$$

将式(7.68)代入式(7.73)可得

$$\begin{aligned}
&f_{L_{i,k}|\lambda_{i,k},y_{1:k}}(l_{i,k}|\lambda_{i,k},y_{1:k}) \approx \frac{1}{\sqrt{2\pi l_{i,k}^2(\sigma^2_{x_{i,k}|u,ik}+\sigma_{\mathrm{B}}^2 l_{i,k})}}\times \\
&\exp\left[-\frac{\left[\omega-\lambda_{i,k}\varphi(l_{i,k})-\hat{x}_{k|k}-\rho_{ik}\dfrac{\kappa_{x,ik}}{\kappa_{\lambda,ik}}(\lambda_{i,k}-\hat{\lambda}_{i,k|k})\right]^2}{2(\sigma^2_{x_{i,k}|u,ik}+\sigma_{\mathrm{B}}^2 l_{i,k})}\right]\times \\
&\left[\omega-\lambda_{i,k}\beta(l_{i,k})-\hat{x}_{k|k}-\rho_{ik}\frac{\kappa_{x,ik}}{\kappa_{\lambda,ik}}(\lambda_{i,k}-\hat{\lambda}_{i,k|k})-\right. \\
&\left.\frac{\left[\omega-\lambda_{i,k}\varphi(l_{i,k})-\hat{x}_{k|k}-\rho_{ik}\dfrac{\kappa_{x,ik}}{\kappa_{\lambda,ik}}(\lambda_{i,k}-\hat{\lambda}_{i,k|k})\right]\sigma^2_{x_{i,k}|\lambda,ik}}{\sigma^2_{x_{i,k}|\lambda,ik}+\sigma_{\mathrm{B}}^2 l_{i,k}}\right]
\end{aligned} \tag{7.74}$$

为简化上述公式，令

$$A_{i,k}=\rho_{i,k}\frac{\kappa_{x,ik}}{\kappa_{\lambda,ik}}+\beta(l_{i,k}),B_{i,k}=\rho_{i,k}\frac{\kappa_{x,ik}}{\kappa_{\lambda,ik}}+\varphi(l_{i,k}),$$

$$C_{i,k}=\sigma^2_{x_{i,k}|\lambda,ik}+\sigma^2 l_{i,k},D_{i,k}=\omega-\hat{x}_{i,k|k}+\rho_{i,k}\frac{\kappa_{x,ik}}{\kappa_{\lambda,ik}}\hat{\lambda}_{i,k|k}$$

根据引理 5.1 可推导出

$$f_{L_{i,k}|\boldsymbol{y}_{1:k}}(l_{i,k}|\boldsymbol{y}_{1:k}) \approx \frac{1}{\sqrt{2\pi l_{i,k}^2(B_{i,k}^2\kappa_{\theta,ik}^2+C_{i,k})}}\exp\left[-\frac{(D_{i,k}-B_{i,k}\hat{\lambda}_{i,k|k})^2}{2(B_{i,k}^2\kappa_{\theta,ik}^2+C_{i,k})}\right]\times$$

$$\left[D_{i,k} - A_{i,k}\hat{\lambda}_{i,k|k} - (A_{i,k}B_{i,k}\kappa^2_{\theta,ik} + \sigma^2_{x_{i,k}|\lambda,ik})\frac{D_{i,k} - B_{i,k}\hat{\lambda}_{i,k|k}}{B^2_{i,k}\kappa^2_{\theta,ik} + C_{i,k}}\right] \tag{7.75}$$

注:考虑到随机效应,将加速模型中 a 看作正态型随机变量,即 $a \sim \mathrm{N}(\mu_a,\sigma_a^2)$,则目标产品在当前时刻 $t_{i,k}$(应力 S_i)的漂移系数 $\lambda_{i,k}$ 的均值和方差分别为 $\mu_{a,ik}\exp(-b/S_i)$ 和 $\sigma^2_{a,ik}\exp(-2b/S_i)$,其中,$b$、$c$、$\sigma_B^2$、$\sigma_\varepsilon^2$ 的估计值以及 μ_a、σ_a^2 先验均值在 7.5.2 节中通过两步极大似然估计法求出。

7.8 仿真实例

依据文献[96]给出的激光器实测退化数据,仿真得到激光器在步进加速应力下的退化数据,以验证所提出方法的正确性。已知该激光器的性能参数为工作电流(mA),正常工作温度为25℃。激光器的工作电流会随着时间的延长而出现递增的退化现象。

已知该激光器受温度影响较为敏感,其性能退化速率与温度之间的关系符合 Arrhenius 模型。引用文献[115]中给出的激光器退化模型参数真值见表 7.2。引入测量误差,设定 $\sigma=0.08$。采用蒙特卡洛仿真方法,设定步进应力为25℃、50℃、75℃,每个应力下测量 5 次,测量间隔为 150h,得到 8 组仿真的步进应力下实际退化数据(不带测量误差,此时 $\sigma=0$)和观测数据见图 7.7、图 7.8(图中 * 所示为目标设备的退化轨迹)。

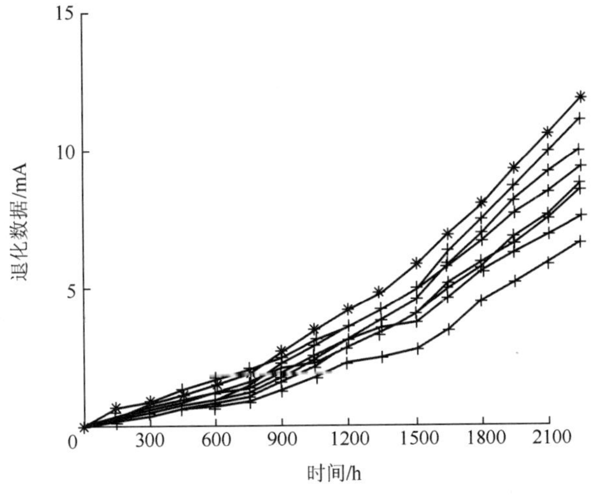

图 7.7 仿真的步进加速退化试验实际退化数据

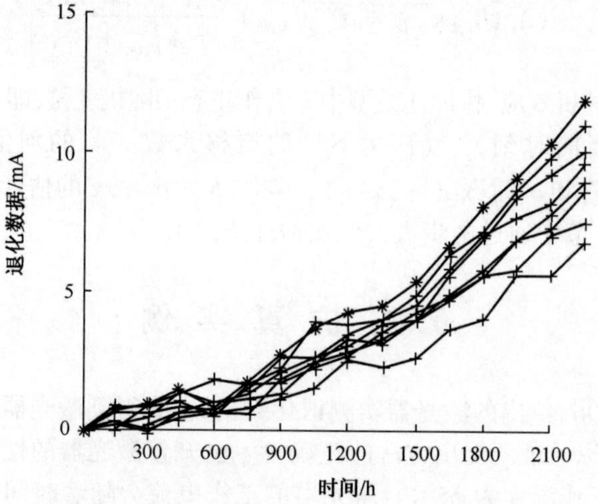

图 7.8 仿真的步进加速退化试验观测数据

利用仿真得到的激光器步进加速退化试验观测数据来验证本书所提出方法的正确性和优势。将文献[116]中未考虑测量误差的非线性加速退化建模方法记为 M1,将带测量误差的线性加速退化建模方法（$c=1$）记为 M2,本书提出的带测量误差的非线性加速退化建模方法记为 M3(由此可见,M1 和 M2 是 M3 的特殊情况)。采用赤池信息准则(AIC)和均方误差(MSE)来判别各模型之间的拟合优劣性。

7.8.1 先验参数估计结果

依据监测到的后 7 个样本观测数据(图 7.7 和图 7.8 中所示的退化轨迹),首先采用最小二乘法,设定 b、c、σ_B^2、σ_ε^2 的初值;然后采用 MLE 法,借助 Fminsearch 函数对式(7.36)进行多维遍历搜索,当轮廓对数似然函数取最大值,此时返回 b、c、σ_B^2、σ_ε^2 的值即为所求,见表 7.2。可以看出,M3 的 AIC 值和 MSE 值均为最小,这是因为本书所建的模型充分考虑了非线性、随机效应和测量误差对样本总体退化过程的影响,更符合其实际退化过程。说明本书所提出的方法较 M1、M2 具有更好的拟合准确性。

表 7.2 不同模型的参数估计结果

模型	u_a	σ_a^2	b	c	σ_B^2	σ_ε^2	$-\ln L(\cdot)$	AIC	MSE
真值	12.54	7.723	2600	1.20	1.09×10^{-4}	6.40×10^{-3}	—	—	—
初值	13.62	8.985	2210	1.02	5.20×10^{-4}	8.96×10^{-3}	207.6	427.2	5.86×10^{-2}
M1	12.91	7.183	2390	1.04	0.78×10^{-4}	0	200.3	410.6	4.54×10^{-2}

（续）

模型	u_a	σ_a^2	b	c	σ_B^2	σ_ε^2	$-\ln L(\cdot)$	AIC	MSE
M2	12.01	5.314	2407	1.00	3.82×10^{-4}	7.21×10^{-3}	194.2	398.4	2.87×10^{-3}
M3	12.20	4.093	2485	1.10	2.20×10^{-4}	5.52×10^{-3}	187.6	387.2	1.42×10^{-3}

7.8.2 随机系数在线更新结果

以步进加速退化试验中第 8 个样本为目标设备，其在 2250h 处的实际退化数值为 11.81mA。为了验证本书在剩余寿命中引入随机系数更新贝叶斯方法的有效性，假设该激光器的退化失效阈值为 11.81mA，在 2250h 处刚好失效。将 M3 的剩余寿命预测模型中加入随机系数在线更新方法记为 M4，将随机系数与当前状态同步更新加入 M3 记为 M5。通过对比 M3、M4、M5 与真实值之间的差距，来验证 M5 的优势。

根据目标设备的样本数据，以表 7.2 中基于 M3 的随机系数估计值$\hat{\mu}_a$和$\hat{\sigma}_a^2$为先验值，采用随机系数更新方法，由式(7.49)和式(7.50)计算出目标设备在观测末期的随机系数的后验值见表 7.3。

表 7.3　观测末期随机系数后验值

模型	$\hat{\mu}_a$	$\hat{\sigma}_a^2$
真值	12.45	7.723
先验值	12.20	4.093
M3	11.80	9.485
M4	12.26	5.980

由表 7.3 可知，M4 计算出的随机系数均值和方差的后验值介于其先验值与真实值之间，而 M3 计算出的随机系数均值和方差的后验值离真值较远。这是因为 M4 在 M3 的基础上引入随机系数更新方法，能更好地反映出目标设备的个体退化特征，具有更好的估计优势。

7.8.3 随机系数和当前状态同步更新结果

采用卡尔曼滤波算法和状态空间模型，估计出目标产品退化轨迹如图 7.9 所示，可以看出估计出的目标产品退化轨迹较为接近其实际退化轨迹。同时，估计出观测末期时随机系数后验值$\hat{\mu}_a = 12.35$和$\hat{\sigma}_a^2 = 6.451$，较 M4 估计出的随机系数

的后验值 $\hat{\mu}_a = 12.26$ 和 $\hat{\sigma}_a^2 = 5.980$ 更接近于真值,说明了 M5 的估计精度高于 M4。

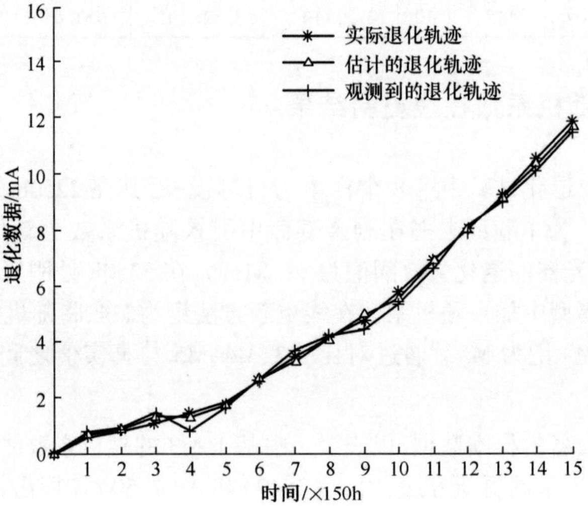

图 7.9　目标产品的退化轨迹比较

7.8.4　目标设备剩余寿命预测

分别利用 M3、M5 的随机系数后验值以及真值,计算出目标设备的剩余寿命概率密度函数如图 7.10 所示。

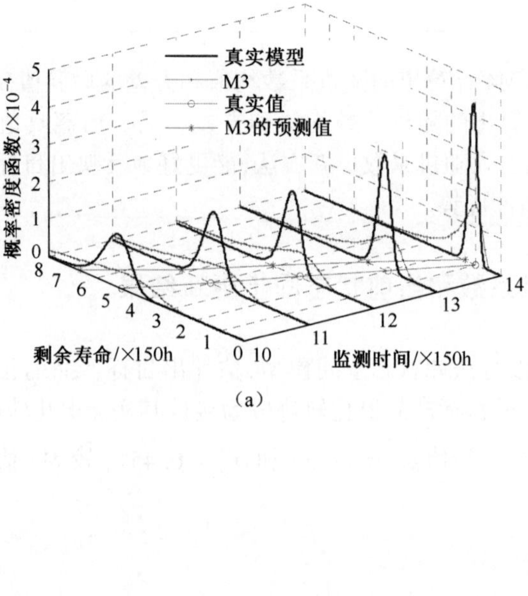

(a)

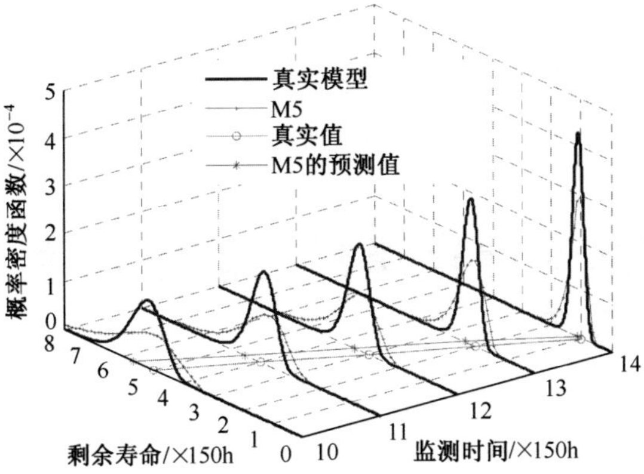

(b)

图 7.10　不同方法下剩余寿命的概率密度函数

(a)真值和 M3;(b)真值和 M5。

由图 7.10 可知,M5 的剩余寿命概率密度函数比 M3 的剩余寿命概率密度函数更窄且更接近真值的概率密度函数,同时 M5 的目标设备剩余寿命点估计值较 M3 更接近于真值的剩余寿命点估计值。这是因为 M5 的剩余寿命概率密度函数采用随机系数更新方法,使得目标设备在剩余寿命预测过程中不断以自身观测数据来更新随机系数,使得预测结果更逼近于其真实退化过程。说明本书所提出的带测量误差的退化模型和基于随机系数贝叶斯更新的剩余寿命预测模型具有更好的预测精度。

7.8.5　结论

本章主要是分析了剩余寿命预测过程,推导出剩余寿命分布函数的一般表达式;依据一维状态监测数据下产品退化建模方法,分别建立了随机系数更新的剩余寿命模型、随机系数与当前状态同步更新的剩余寿命模型,推导出相应的剩余寿命概率密度函数的近似表达式;以同类产品一维步进加速退化数据为先验信息,分别提出了基于贝叶斯的随机系数估计方法、基于卡尔曼滤波的随机系数和当前状态同步估计方法,求解出基于目标产品当前监测数据的随机系数或随机系数与当前状态的后验均值,实现了目标产品剩余寿命预测;结合算例分析,验证了本章所建模型的正确性和优势。

第8章 基于比例加速退化建模的设备剩余寿命预测方法

8.1 引　言

受环境和自身因素的影响,设备的退化过程呈现出显著的随机性,而加速试验使得退化的随机性更加显著,因此采用具备时变不确定特征的维纳过程刻画加速退化过程具备合理性。由于布朗运动在高应力(温度)条件下体现出更强的不确定性,因而现有研究多假设加速应力既影响维纳过程的漂移系数又影响扩散系数,并已在电缆[117]、LED[118]、加速度计[119]、电阻器[120]等设备的加速退化建模研究中得到应用和验证。然而,现有考虑应力同时影响漂移系数和扩散系数的加速退化建模研究中,多认为漂移系数与扩散系数间不存在关联关系或假设满足特定共轭先验分布,而未能更深入地剖析其内在关联性,从而制约了剩余寿命预测准确性提升。

针对上述问题,本章首先基于加速因子不变原则证明了漂移系数与扩散系数的比例关系,并据此构建考虑测量误差与个体差异的比例加速退化模型;其次,针对试验样本有多台和仅有一台的情况,分别提出基于两步 MLE 算法的参数估计方法和基于 EM-KF 算法的参数自适应估计方法;再次,基于 KF 算法在线更新设备的退化状态,并推导出对应的剩余寿命概率密度函数;最后,基于单台行波管和多台 MEMS 陀螺仪加速退化试验数据,验证了方法的有效性。

8.2 基于比例关系的设备加速退化建模

8.2.1 比例退化模型

加速退化试验必须保证设备的退化机理在试验的全过程中保持不变,即需要满足 Pieruschka 假设[121]。该假设的具体表述为设备在不同加速应力条件下对应寿命分布类型相同,但具体参数可不相同。进一步,易得

$$A_{S_1,S_2}=\frac{T_{S_2}}{T_{S_1}}=\frac{f_{T_{S_1}}(t_{S_1})}{f_{T_{S_2}}(t_{S_2})} \tag{8.1}$$

式中:S_1、S_2 分别表示加速应力;A_{S_1,S_2} 为 S_1 相对于对 S_2 的加速因子,其是一个仅与应力大小有关而与设备寿命无关的常数;T_{S_1}、T_{S_2}、$f_{T_{S_1}}(t_{S_1})$、$f_{T_{S_2}}(t_{S_2})$ 分别对应不同加速应力条件下设备的真实寿命和寿命分布。

式(8.1)也称为加速退化试验中的加速因子不变原则,其对应的具体证明过程详见文献[121],本书不对其进行展开说明。

若设备的退化过程满足线性维纳退化过程,则易得

$$\begin{aligned}A_{S_1,S_2}&=\sqrt{\frac{(\sigma_B^2)_{S_2}t_{S_2}^3}{(\sigma_B^2)_{S_1}t_{S_1}^3}}\exp\left[-\frac{(\omega-\lambda_{S_1}t_{S_1})^2}{2(\sigma_B^2)_{S_1}t_{S_1}}+\frac{(\omega-\lambda_{S_2}t_{S_2})^2}{2(\sigma_B^2)_{S_2}t_{S_2}}\right]^{A_{S_1,S_2}=\frac{t_{S_2}}{t_{S_1}}}\\&=\sqrt{\frac{(\sigma_B^2)_{S_2}A_{S_1,S_2}^3}{(\sigma_B^2)_{S_1}}}\exp\left[\omega\left(\frac{\lambda_{S_1}}{(\sigma_B^2)_{S_1}}-\frac{\lambda_{S_2}}{(\sigma_B^2)_{S_2}}\right)+\right.\\&\quad\left.\frac{\omega^2}{2t_{S_1}}\left(\frac{1}{(\sigma_B^2)_{S_2}A_{S_1,S_2}}-\frac{1}{(\sigma_B^2)_{S_1}}\right)+\frac{t_{S_1}}{2}\left(\frac{\lambda_{S_2}^2A_{S_1,S_2}}{(\sigma_B^2)_{S_2}}-\frac{\lambda_{S_1}^2}{(\sigma_B^2)_{S_1}}\right)\right]\end{aligned} \tag{8.2}$$

式中:λ_{S_1}、λ_{S_2}、$(\sigma_B^2)_{S_1}$、$(\sigma_B^2)_{S_2}$ 分别对应不同加速应力条件下的退化模型的漂移系数与扩散系数。

为使加速因子 A_{S_1,S_2} 与设备的寿命 t_{S_1} 与 t_{S_2} 无关,则式(8.2)包含时间项的系数应恒等于零,由此可得

$$\frac{1}{(\sigma_B^2)_{S_2}A_{S_1,S_2}}-\frac{1}{(\sigma_B^2)_{S_1}}=0 \tag{8.3}$$

$$\frac{\lambda_{S_2}^2A_{S_1,S_2}}{(\sigma_B^2)_{S_2}}-\frac{\lambda_{S_1}^2}{(\sigma_B^2)_{S_1}}=0 \tag{8.4}$$

联立式(8.3)与式(8.4)可得

$$\frac{t_{S_1}}{t_{S_2}}=\frac{\lambda_{S_1}}{\lambda_{S_2}}=\frac{(\sigma_B^2)_{S_1}}{(\sigma_B^2)_{S_2}} \tag{8.5}$$

进一步,本章采用基于时间尺度变换的非线性维纳退化模型来对设备的加速退化过程进行刻画,其具体表达式为

$$X(t)=X(0)+\lambda\Lambda(t|\boldsymbol{\theta})+\sigma_B B(\Lambda(t|\boldsymbol{\theta}))\tag{8.6}$$

若令 $\Lambda(t|\boldsymbol{\theta})=\tau$，可得

$$X(t)=X(0)+\lambda\tau+\sigma_B B(\tau)\tag{8.7}$$

易知，式(8.7)等价于线性维纳过程模型，同前面分析过程，可得

$$\frac{\tau_{S_1}}{\tau_{S_2}}=\frac{\Lambda(t_{S_1}|\boldsymbol{\theta})}{\Lambda(t_{S_2}|\boldsymbol{\theta})}=\frac{\lambda_{S_1}}{\lambda_{S_2}}=\frac{(\sigma_B^2)_{S_1}}{(\sigma_B^2)_{S_2}}\tag{8.8}$$

由式(8.5)和式(8.8)可知，在满足 Pieruschka 假设的基础上，针对线性/非线性退化模型，加速应力对设备寿命的影响均可转化为对退化模型漂移系数和扩散系数的影响，且加速应力对设备退化速率和退化不确性的影响程度相同。

基于式(8.5)与式(8.8)可推导出

$$\frac{\lambda_{S_1}}{(\sigma_B^2)_{S_1}}=\frac{\lambda_{S_2}}{(\sigma_B^2)_{S_2}}\tag{8.9}$$

式(8.9)表明，在不同加速应力条件下，线性/非线性退化模型的漂移系数与扩散系数始终具有固定的比例关系。由于 S_1 与 S_2 具有任意性，则易知漂移系数与扩散系数的比例关系具有普遍性，因而可将其表示为

$$\frac{\lambda}{\sigma_B^2}=\frac{1}{k}\tag{8.10}$$

式中：k 为未知常数。

针对式(8.6)所示非线性维纳退化模型，将漂移系数与扩散系数的比例关系引入退化建模，即可得到非线性比例退化模型具体表达式为

$$X(t)=X(0)+\lambda\Lambda(t|\boldsymbol{\theta})+\sqrt{\lambda k}B(\Lambda(t|\boldsymbol{\theta}))\tag{8.11}$$

考虑到不同设备间的个体差异性，可采用随机漂移系数来描述设备间的差异性，即 $\lambda\sim\mathrm{N}(\mu_\lambda,\sigma_\lambda^2)$，由此可得考虑个体差异的非线性比例退化模型。为便于计算分析，常令漂移系数与布朗运动相互独立。

考虑到状态监测过程中由于测量方法、环境干扰等对设备退化状态获取产生的不确定性影响，为了进一步提升退化建模的准确性，本章将测量误差引入退化建模，得到考虑测量误差与个体差异的非线性比例退化模型为

$$Y(t)=X(0)+\lambda\Lambda(t|\boldsymbol{\theta})+\sqrt{\lambda k}B(\Lambda(t|\boldsymbol{\theta}))+\varepsilon\tag{8.12}$$

式中：$Y(t)$ 表示设备退化量的监测值；ε 表示测量误差，一般认为其具备高斯特性，即 $\varepsilon\sim\mathrm{N}(0,\sigma_\varepsilon^2)$。此外，常令测量误差独立于布朗运动和漂移系数。

8.2.2 比例加速退化模型

加速退化试验主要包含恒定应力加速退化试验、步进应力加速退化试验和序进应力加速退化试三类[122-124]。其中恒定应力和步进应力试验是应用最广泛的加速退化试验方式,其理论方法成熟,评估效果较好;序进应力试验目前仍处于初步研究阶段,该方法对试验环境要求严苛,统计模型过于复杂,试验成本高,导致现阶段应用较少。因此,本书主要针对恒定应力和步进应力加速退化试验进行分析,并基于本书提出的考虑个体差异与测量误差的非线性比例退化模型构建设备的加速退化模型。

1. 恒定应力加速退化模型

如图 8.1 所示,恒定应力加速退化试验中,全体样本被分为若干测试组,并置于不同应力条件下进行试验。整个试验过程中,不同测试组对应的应力条件恒定不变。在满足失效机理不变的前提下,假设恒定应力加速退化试验共有 M 个应力,且 $S_1 < S_2 < \cdots < S_M$,则第 m 个应力对应的设备退化模型为

$$Y(t|S_m) = X(0) + \lambda_m\Lambda(t|\boldsymbol{\theta}) + \sqrt{\lambda_m k}B(\Lambda(t|\boldsymbol{\theta})) + \varepsilon \tag{8.13}$$

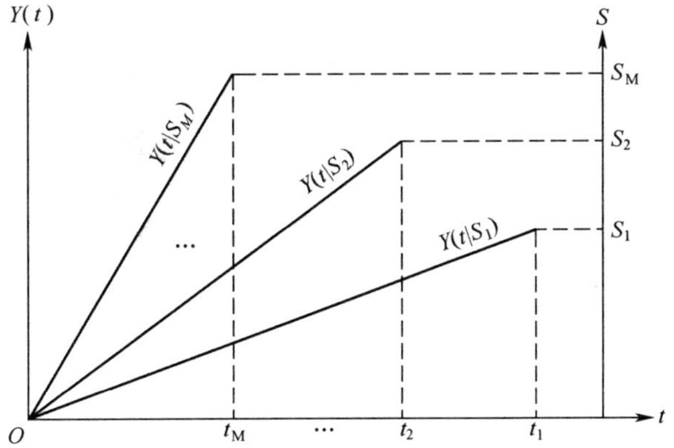

图 8.1 恒定应力加速退化模型

考虑到退化设备的个体差异性,可令参数 α 为一随机变量来表示退化速率的不确定性,对应漂移系数的正态分布假设,则可令 $\alpha \sim \mathrm{N}(\mu_\alpha,\sigma_\alpha^2)$,由此可得 $\lambda_m \sim \mathrm{N}(\mu_\alpha\delta(S_m|\beta),\sigma_\alpha^2\delta^2(S_m|\beta))$, $m=1,2,\cdots,M$。

2. 步进应力加速退化模型

如图 8.2 所示,步进应力加速退化试验中,全体试验样本被置于相同的加速应力条件下进行加速退化试验,且加速应力随时间的增加而逐步升高或降低,并在两次变化之间应力条件保持恒定。在满足失效机理不变原则的前提下,假设步进应

力加速退化试验共有 M 个应力,且 $S_1 < S_2 < \cdots < S_M$,而应力作用时间分别为 $[t_0,t_1),[t_1,t_2),\cdots,[t_{M-1},t_M)$,且 $t_0 < t_1 < t_2 < \cdots < t_M, t_0 = 0$。由此可得设备的加速退化模型为

$$Y(t) = \begin{cases} X(0) + \lambda_1 \Lambda(t|\boldsymbol{\theta}) + \sqrt{\lambda_1 k} B(\Lambda(t|\boldsymbol{\theta})) + \varepsilon & , \quad 0 \leqslant t < t_1 \\ \lambda_2(\Lambda(t|\boldsymbol{\theta}) - \Lambda(t_1|\boldsymbol{\theta})) + \lambda_1 \Lambda(t_1|\boldsymbol{\theta}) \\ + \sqrt{\lambda_2 k} B(\Lambda(t|\boldsymbol{\theta})) + \varepsilon & , \quad t_1 \leqslant t < t_2 \\ \vdots & \quad \vdots \\ \sum_{m=1}^{M-1} \lambda_m(\Lambda(t_m|\boldsymbol{\theta}) - \Lambda(t_{m-1}|\boldsymbol{\theta})) + \lambda_M(\Lambda(t|\boldsymbol{\theta}) \\ - \Lambda(t_{M-1}|\boldsymbol{\theta})) + \sqrt{\lambda_M k} B(\Lambda(t|\boldsymbol{\theta})) + \varepsilon & , \quad t_{M-1} \leqslant t < t_M \end{cases} \tag{8.14}$$

式中:$\lambda_m \sim \mathrm{N}(\mu_\alpha \delta(S_m|\beta), \sigma_\alpha^2 \delta^2(S_m|\beta))$,;$m=1,2,\cdots,M$。

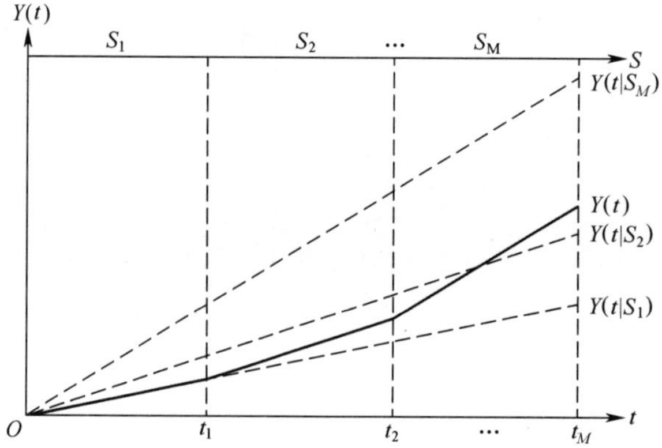

图 8.2　步进应力加速退化模型

8.3　基于不同样本量的参数估计

受加速退化试验要求和设备研制要求等因素的制约,开展加速退化试验时采用的样本数量可能有多台也可能仅有单台。针对上述情况,本章分别基于多试验样本和单一试验样本开展加速退化模型的参数估计研究。

由于本章在退化建模过程中考虑了漂移系数与扩散系数的比例关系,使得退化模型的复杂性进一步加强,导致传统基于 MLE 算法和基于 EM 算法的参数估计方法因计算复杂度过高而无法应用。为了解决比例加速退化模型参数难以估计的

问题,本章针对多样本数据和单一样本数据分别提出基于两步 MLE 算法的参数估计法和基于 EM-KF 算法的参数自适应估计法,实现了不同样本量条件下对模型参数的准确估计。

8.3.1 基于多台同类设备加速退化数据的参数估计

基于前面分析可知,考虑测量误差与个体差异的比例加速退化模型中包含未知参数 $\boldsymbol{\Theta}=\{k,\boldsymbol{\theta},\sigma_\varepsilon^2,\mu_\alpha,\sigma_\alpha^2,\beta\}$ 。针对多试验样本条件,为估计参数 $\boldsymbol{\Theta}$,本节提出基于两步 MLE 算法的参数估计方法。

假设共有 N 个样本参与加速退化试验,则 $Y_{m,i,j}=Y(t_{m,i,j})$ 表示第 m 个应力条件下,第 i 个样本在第 j 个监测时刻对应性能退化量的测量值。其中: $i=1,2,\cdots,n_m$; $j=1,2,\cdots,l_{m,i}$, $l_{m,i}$ 表示第 m 个应力条件下第 i 个样本的总监测次数。令 $\boldsymbol{Y}_{m,i}$ 表示第 m 个应力条件下第 i 个样本的全部性能退化数据,则 $\boldsymbol{Y}_m=\{\boldsymbol{Y}_{m,1},\boldsymbol{Y}_{m,2},\cdots,\boldsymbol{Y}_{m,n_m}\}$ 表示第 m 个应力条件下所有试验样本的全部退化数据。$\boldsymbol{Y}=\{\boldsymbol{Y}_1,\boldsymbol{Y}_2,\cdots,\boldsymbol{Y}_M\}$ 可表示所有样本总体退化数据。令 $\Delta Y_{m,i,j}=Y(t_{m,i,j})-Y(t_{m,i,j-1})$,则 $\Delta\boldsymbol{Y}_{m,i}=[\Delta Y_{m,i,1},\Delta Y_{m,i,2},\cdots,\Delta Y_{m,i,l_{m,i}}]^{\mathrm{T}}$ 。

针对恒定应力加速退化模型与步进应力加速退化模型,上述假设均成立,其区别主要在于恒定应力条件下 $\sum_{m=1}^{M}n_m=N$;而步进应力条件下 $n_m=N$ 。

基于上述分析,若设备的退化过程如式(8.13)或式(8.14)所示,则基于维纳过程的独立增量特性,易知 $\Delta\boldsymbol{Y}_{m,i}$ 服从多元正态分布 $\mathrm{N}(\boldsymbol{\mu}_{m,i},\Sigma_{m,i})$,且其对应的期望和协方差矩阵分别为

$$\boldsymbol{\mu}_{m,i}=\lambda_{m,i}\Delta\boldsymbol{T}_{m,i} \tag{8.15}$$

$$\Sigma_{m,i}=(\sigma_B^2)_{m,i}\boldsymbol{D}_{m,i}+\sigma_\varepsilon^2\boldsymbol{F}_{m,i} \tag{8.16}$$

其中

$$\Delta\boldsymbol{T}_{m,i}=[\Delta T_{m,i,1},\Delta T_{m,i,2},\cdots,\Delta T_{m,i,l_{m,i}}]^{\mathrm{T}} \tag{8.17}$$

$$\boldsymbol{D}_{m,i}=\begin{pmatrix}\Delta t_{m,i,j} & & & \\ & \Delta t_{m,i,j} & & \\ & & \ddots & \\ & & & \Delta t_{m,i,j}\end{pmatrix}_{l_{m,i}\times l_{m,i}} \tag{8.18}$$

$$\Delta\boldsymbol{T}_{m,i,j}=\Lambda(t_{m,i,j}\,|\,\boldsymbol{\theta})-\Lambda(t_{m,i,j-1}\,|\,\boldsymbol{\theta}) \tag{8.19}$$

$$\Delta t_{m,i,j}=t_{m,i,j}-t_{m,i,j-1} \tag{8.20}$$

$$F_{m,i}=\begin{pmatrix}1 & -1 & 0 & \cdots & 0\\ -1 & 2 & -1 & \cdots & \vdots\\ 0 & -1 & 2 & \ddots & 0\\ \vdots & \vdots & \ddots & \ddots & -1\\ 0 & 0 & \cdots & -1 & 2\end{pmatrix}_{l_{m,i}\times l_{m,i}} \tag{8.21}$$

由此,可得设备退化数据 $\boldsymbol{Y}$ 对应的轮廓对数似然函数

$$\ln L(\boldsymbol{Y}|\boldsymbol{\Theta})=-\frac{\ln 2\pi}{2}\sum_{m=1}^{M}\sum_{i=1}^{n_m}l_{m,i}-\frac{1}{2}\sum_{m=1}^{M}\sum_{i=1}^{n_m}\ln|\boldsymbol{\Sigma}_{m,i}|-\frac{1}{2}\sum_{m=1}^{M}\sum_{i=1}^{n_m}(\Delta Y_{m,i}-\boldsymbol{\mu}_{m,i})^{\mathrm{T}}\boldsymbol{\Sigma}_{m,i}^{-1}(\Delta Y_{m,i}-\boldsymbol{\mu}_{m,i}) \tag{8.22}$$

令 $\widetilde{\boldsymbol{\Sigma}}_{m,i}=\boldsymbol{\Sigma}_{m,i}/\sigma_{B,i}^2$, $\tilde{\sigma}_\varepsilon^2=\sigma_\varepsilon^2/\sigma_{B,i}^2$,则式(8.22)等价于

$$\ln L(\boldsymbol{Y}|\boldsymbol{\Theta})=-\frac{\ln 2\pi}{2}\sum_{m=1}^{M}\sum_{i=1}^{n_m}l_{m,i}-\frac{1}{2}\sum_{m=1}^{M}\sum_{i=1}^{n_m}\ln|\widetilde{\boldsymbol{\Sigma}}_{m,i}|-\frac{1}{2}\sum_{m=1}^{M}\sum_{i=1}^{n_m}l_{m,i}\ln(\sigma_B^2)_{m,i}-\frac{1}{2}\sum_{m=1}^{M}\sum_{i=1}^{n_m}\frac{1}{(\sigma_B^2)_{m,i}}(\Delta\boldsymbol{Y}_{m,i}-\boldsymbol{\lambda}_{m,i}\Delta\boldsymbol{T}_{m,i})^{\mathrm{T}}(\widetilde{\boldsymbol{\Sigma}}_{m,i})^{-1}(\Delta\boldsymbol{Y}_{m,i}-\boldsymbol{\lambda}_{m,i}\Delta\boldsymbol{T}_{m,i}) \tag{8.23}$$

求解 $\ln L(\boldsymbol{Y}|\boldsymbol{\Theta})$ 关于 $\boldsymbol{\lambda}_{m,i}$ 与 $(\sigma_B^2)_{m,i}$ 的偏导数,并令其等于零,可得

$$\hat{\boldsymbol{\lambda}}_{m,i}=\frac{\Delta\boldsymbol{T}_{m,i}^{\mathrm{T}}\widetilde{\boldsymbol{\Sigma}}_{m,i}^{-1}\Delta\boldsymbol{Y}_{m,i}}{\Delta\boldsymbol{T}_{m,i}^{\mathrm{T}}\widetilde{\boldsymbol{\Sigma}}_{m,i}^{-1}\Delta\boldsymbol{T}_{m,i}} \tag{8.24}$$

$$(\hat{\sigma}_B^2)_{m,i}=\frac{(\Delta\boldsymbol{Y}_{m,i}-\boldsymbol{\lambda}_i\Delta\boldsymbol{T}_{m,i})^{\mathrm{T}}\widetilde{\boldsymbol{\Sigma}}_{m,i}^{-1}(\Delta\boldsymbol{Y}_{m,i}-\boldsymbol{\lambda}_i\Delta\boldsymbol{T}_{m,i})}{l_{m,i}} \tag{8.25}$$

将式(8.24)与式(8.25)代入式(8.23)可得

$$\ln L(\boldsymbol{Y}|\boldsymbol{\Theta})=-\frac{1+\ln 2\pi}{2}\sum_{m=1}^{N}\sum_{i=1}^{n_m}l_{m,i}-\frac{1}{2}\sum_{m=1}^{N}\sum_{i=1}^{n_m}\ln|\widetilde{\boldsymbol{\Sigma}}_{m,i}((\hat{\sigma}_B^2)_{m,i},\boldsymbol{\theta},\sigma_\varepsilon^2)|-\frac{1}{2}\sum_{m=1}^{N}\sum_{i=1}^{n_m}l_{m,i}\ln(\hat{\sigma}_B^2)_{m,i} \tag{8.26}$$

求式(8.26)的最大值,即可得到未知参数 σ_ε^2、$\boldsymbol{\theta}$ 的估计值 $\hat{\sigma}_\varepsilon^2$、$\hat{\boldsymbol{\theta}}$ 。本书采用 MATLAB 中的 Fmimsearch 函数求解式(8.26)的极大值,由于该函数基于单纯形法原理,可以确保收敛至全局最优解,因而可以有效提升参数估计的准确性。将 $\hat{\sigma}_\varepsilon^2$、

$\hat{\boldsymbol{\theta}}$代入式(8.24)与式(8.25),可得估计值 $\hat{\lambda}_{1,1},\hat{\lambda}_{1,2},\cdots,\hat{\lambda}_{1,n_1},\cdots,\hat{\lambda}_{m,i}\cdots,\hat{\lambda}_{M,1},\hat{\lambda}_{M,2},\cdots,\hat{\lambda}_{M,n_M}$ 与$(\hat{\sigma}_B^2)_{1,1},(\hat{\sigma}_B^2)_{1,2},\cdots,(\hat{\sigma}_B^2)_{1,n_1},\cdots,(\hat{\sigma}_B^2)_{m,i},\cdots,(\hat{\sigma}_B^2)_{M,n_M}$。

令 $\hat{\lambda} = [\hat{\lambda}_{1,1},\hat{\lambda}_{1,2},\cdots,\hat{\lambda}_{1,n_1},\cdots,\hat{\lambda}_{m,i}\cdots,\hat{\lambda}_{M,1},\hat{\lambda}_{M,2},\cdots,\hat{\lambda}_{M,n_M}]$, $\hat{\sigma}_B^2 = [(\hat{\sigma}_B^2)_{1,1},(\hat{\sigma}_B^2)_{1,2},\cdots,(\hat{\sigma}_B^2)_{1,n_1},\cdots,(\hat{\sigma}_B^2)_{m,i},\cdots,(\hat{\sigma}_B^2)_{M,n_M}]$,基于比例关系假设与设备个体差异性假设,可得 $\hat{\lambda}$ 与 $\hat{\sigma}_B^2$ 的完全对数似然函数为

$$\ln L(\hat{\lambda},\hat{\sigma}_B^2) = -\sum_{m=1}^{M}\sum_{i=1}^{n_m}\ln 2\pi - \sum_{m=1}^{M}\sum_{i=1}^{n_m}\ln\sigma_\alpha^2 - 2\sum_{m=1}^{M}\sum_{i=1}^{n_m}\ln\delta(S_m|\beta) - \sum_{m=1}^{M}\sum_{i=1}^{n_m}\frac{(\hat{\lambda}_{m,i}-\mu_\alpha\delta(S_m|\beta))^2+\left(\frac{(\hat{\sigma}_B^2)_{m,i}}{k}-\mu_\alpha\delta(S_m|\beta)\right)^2}{2\sigma_\alpha^2\delta^2(S_m|\beta)} \tag{8.27}$$

分别求式(8.27)关于μ_α、σ_α^2、k 的偏导数,并令其等于零,可得

$$\hat{\mu}_\alpha = \frac{1}{\sum_{m=1}^{M}n_m}\left(\sum_{m=1}^{M}\sum_{i=1}^{n_m}\frac{(\hat{\sigma}_B^2)_{m,i}}{2k\delta(S_m|\beta)}+\sum_{m=1}^{M}\sum_{i=1}^{n_m}\frac{\hat{\lambda}_{m,i}}{2\delta(S_m|\beta)}\right) \tag{8.28}$$

$$\hat{\sigma}_\alpha^2 = \sum_{m=1}^{M}\sum_{i=1}^{n_m}\frac{(\hat{\lambda}_{m,i}-\hat{\mu}_\alpha\delta(S_m|\beta))^2+\left(\frac{(\hat{\sigma}_B^2)_{m,i}}{k}-\hat{\mu}_\alpha\delta(S_m|\beta)\right)^2}{2\delta^2(S_m|\beta)\sum_{m=1}^{M}n_m} \tag{8.29}$$

$$\hat{k} = \frac{\sum_{m=1}^{M}\sum_{i=1}^{n_m}(\hat{\sigma}_B^2)_{m,i}^2/\delta^2(S_m|\beta)}{\mu_\alpha\sum_{m=1}^{M}\sum_{i=1}^{n_m}(\hat{\sigma}_B^2)_{m,i}/\delta(S_m|\beta)} \tag{8.30}$$

将式(8.29)代入式(8.27)可得

$$\ln L(\hat{\lambda},\hat{\sigma}_B^2) = -\left(\sum_{m=1}^{M}n_m\right)^2 - \sum_{m=1}^{M}\sum_{i=1}^{n_m}\ln 2\pi - \sum_{m=1}^{M}\sum_{i=1}^{n_m}\ln\hat{\sigma}_\alpha^2 - 2\sum_{m=1}^{M}\sum_{i=1}^{n_m}\ln\delta(S_m|\beta) \tag{8.31}$$

求式(8.31)的最大值,即可得到β 的估计值$\hat{\beta}$。

在此基础上,联立式(8.28)与式(8.30)即可得到$\hat{k}$。进一步,再将$\hat{\beta}$与$\hat{k}$代入式(8.28)与式(8.29)即可得到$\hat{\mu}_\alpha$ 与 $\hat{\sigma}_\alpha^2$。

8.3.2 基于单台设备加速退化数据的参数自适应估计

针对单一试验样本条件下的参数估计问题,本节提出基于 EM-KF 算法的参数自适应估计方法。该参数估计方法主要分为两步部分:①利用 KF 算法得到设备真实退化状态的估计值;②利用 EM 算法求解设备真实退化状态估计值中隐含的退化模型参数。基于此,随着设备退化状态的逐步更新,退化模型参数的估计值也实现递归更新。

1. 基于 KF 算法的设备真实退化状态估计

基于 KF 算法对设备的真实退化状态进行估计。假设 $t_j|S_m$ 为目标设备的第 j 个监测时刻,且其对应的加速应力为 S_m,则 $Y_j=Y(t_j|S_m)$ 与 $X_j=X(t_j|S_m)$ 分别为对应时刻设备性能退化量的测量值和真实值;而 $\boldsymbol{Y}_{1:j}=[Y_1,Y_2,\cdots Y_j]$ 表示直至 t_j 时刻已获取的全部退化数据。

若设备的加速退化过程如式(8.13)或式(8.14)所示,则比例加速退化模型的状态转移方程为

$$\begin{cases}X_j = X_{j-1} + \alpha_{j-1}\delta(S_m|\beta)\Delta\Lambda(t_j|\boldsymbol{\theta}) + \sqrt{a_{j-1}k\delta(S_m|\beta)}B(\Delta\Lambda(t_j|\boldsymbol{\theta}))\\ \alpha_j = a_{j-1}\\ Y_j = X_j + \varepsilon\end{cases} \tag{8.32}$$

式中

$$\Delta\Lambda(t_j|\boldsymbol{\theta}) = \Lambda(t_j|\boldsymbol{\theta}) - \Lambda(t_{j-1}|\boldsymbol{\theta}), t_0 = 0$$
$$B(\Delta\Lambda(t_j|\boldsymbol{\theta})) = B(\Lambda(t_j|\boldsymbol{\theta})) - B(\Lambda(t_{j-1}|\boldsymbol{\theta}))$$

由于式(8.32)中存在非线性函数 $\Delta\Lambda(t_j|\boldsymbol{\theta})$,导致传统 KF 算法无法直接应用。为此,本书对其进行线性化预处理,可令

$$A_j = \begin{bmatrix}1 & \delta(S_m|\beta)\Delta\Lambda(t_j|\boldsymbol{\theta})\\ 0 & 1\end{bmatrix} \tag{8.33}$$

$$Z_j = \begin{bmatrix}X_j\\ \alpha_j\end{bmatrix} \tag{8.34}$$

$$\boldsymbol{W}_j = \begin{bmatrix}\sqrt{k\alpha_{j-1}\delta(S_m|\beta)}B(\Delta\Lambda(t_j|\boldsymbol{\theta}))\\ 0\end{bmatrix} \tag{8.35}$$

$$\boldsymbol{L} = [1 \quad 0] \tag{8.36}$$

由此可得

$$\begin{cases}\boldsymbol{Z}_j = \boldsymbol{A}_j\boldsymbol{Z}_{j-1} + \boldsymbol{W}_{j-1}\\ Y_j = \boldsymbol{L}\boldsymbol{Z}_{j-1} + \varepsilon\end{cases} \tag{8.37}$$

令 $\hat{\boldsymbol{Z}}_{j|j}$、$\boldsymbol{P}_{j|j}$ 分别表示设备真实退化状态的滤波均值与方差,对应的一步预测均值与方差可表示为 $\hat{\boldsymbol{Z}}_{j|j-1}$,$\boldsymbol{P}_{j|j-1}$。其具体定义式为

$$\hat{\boldsymbol{Z}}_{j|j}=\begin{bmatrix}E(X_j|\boldsymbol{Y}_{1:j})\\E(\alpha_j|\boldsymbol{Y}_{1:j})\end{bmatrix}\tag{8.38}$$

$$\boldsymbol{P}_{j|j}=\begin{bmatrix}D(X_j|\boldsymbol{Y}_{1:j}) & \mathrm{Cov}(X_j,\alpha_j|\boldsymbol{Y}_{1:j})\\\mathrm{Cov}(X_j,\alpha_j|\boldsymbol{Y}_{1:j}) & D(\alpha_j|\boldsymbol{Y}_{1:j})\end{bmatrix}\tag{8.39}$$

$$\hat{\boldsymbol{Z}}_{j|j-1}=\begin{bmatrix}E(X_j|\boldsymbol{Y}_{1:j-1})\\E(\alpha_j|\boldsymbol{Y}_{1:j-1})\end{bmatrix}\tag{8.40}$$

$$\boldsymbol{P}_{j|j-1}=\begin{bmatrix}D(X_j|\boldsymbol{Y}_{1:j-1}) & \mathrm{Cov}(X_j,\alpha_j|\boldsymbol{Y}_{1:j-1})\\\mathrm{Cov}(X_j,\alpha_j|\boldsymbol{Y}_{1:j-1}) & D(\alpha_j|\boldsymbol{Y}_{1:j-1})\end{bmatrix}\tag{8.41}$$

基于上述分析,可给出 KF 过程为

$$\hat{\boldsymbol{Z}}_{j|j}=\hat{\boldsymbol{Z}}_{j|j-1}+\boldsymbol{K}_j(Y_j-\boldsymbol{L}\hat{\boldsymbol{Z}}_{j|j-1})\tag{8.42}$$

$$\boldsymbol{P}_{j|j}=\boldsymbol{P}_{j|j-1}-\boldsymbol{K}_j\boldsymbol{L}\boldsymbol{P}_{j|j-1}\tag{8.43}$$

$$\hat{\boldsymbol{Z}}_{j|j-1}=\boldsymbol{A}_j\hat{\boldsymbol{Z}}_{j-1|j-1}\tag{8.44}$$

$$\boldsymbol{P}_{j|j-1}=\boldsymbol{A}_j\boldsymbol{P}_{j-1|j-1}\boldsymbol{A}_j^{\mathrm{T}}+\begin{bmatrix}E(\alpha_{j-1}|Y_{1:j-1})k\delta(S_n|\beta)\Delta\Lambda(t_j|\boldsymbol{\theta}) & 0\\0 & 0\end{bmatrix}\tag{8.45}$$

$$\boldsymbol{K}_j=\boldsymbol{P}_{j|j-1}\boldsymbol{L}^{\mathrm{T}}(\boldsymbol{L}\boldsymbol{P}_{j|j-1}\boldsymbol{L}^{\mathrm{T}}+\sigma_\varepsilon^2)^{-1}\tag{8.46}$$

式中

$$\hat{\boldsymbol{Z}}_{0|0}=\begin{bmatrix}0\\\mu_\alpha\end{bmatrix}$$

$$\boldsymbol{P}_{0|0}=\begin{bmatrix}0 & 0\\0 & \sigma_\alpha^2\end{bmatrix}$$

给定滤波均值与方差的初始值 $\hat{\boldsymbol{Z}}_{0|0}$ 与 $\boldsymbol{P}_{0|0}$,基于式(8.33)~式(8.46),即可实现对设备真实退化状态的估计。

2. 基于 EM 算法的退化模型参数估计

基于上面分析,可知未知参数 μ_α、σ_α^2 隐含于滤波均值与方差的初始值 $\hat{\boldsymbol{Z}}_{0|0}$、$\boldsymbol{P}_{0|0}$ 之中。为便于分析,可令 $\boldsymbol{\psi}$ 表示考虑个体差异与测量误差的比例加速退化模型中的未知参数,则 $\boldsymbol{\psi}=\{\hat{\boldsymbol{Z}}_{0|0},\boldsymbol{P}_{0|0},\beta,k,\boldsymbol{\theta},\sigma_\varepsilon^2\}$。若已知目标设备性能退化量的监测数据为 $\boldsymbol{Y}_{1:j}$,利用式(8.37)可得到未知参数 $\boldsymbol{\psi}$ 关于设备真实性能退化状态 $\boldsymbol{Z}_{0:k}$ 与监测数据 $\boldsymbol{Y}_{1:j}$ 的联合对数似然函数,即

$$
\begin{aligned}
L(\boldsymbol{\psi}) &= \ln L(\boldsymbol{Z}_{0:j}, \boldsymbol{Y}_{1:j} \mid \boldsymbol{\psi}) \\
&= \ln L(\boldsymbol{Z}_{0:j} \mid \boldsymbol{Y}_{1:j}, \boldsymbol{\psi}) + \ln L(\boldsymbol{Y}_{1:j} \mid \boldsymbol{\psi}) \\
&= \ln L(\boldsymbol{Z}_0 \mid \boldsymbol{\psi}) + \ln \prod_{i=1}^{j} L(\boldsymbol{Z}_i \mid \boldsymbol{Z}_{i-1}, \boldsymbol{\psi}) + \ln \prod_{i=1}^{j} L(Y_i \mid \boldsymbol{Z}_i, \boldsymbol{\psi}) \\
&= \ln L(\boldsymbol{Z}_0 \mid \boldsymbol{\psi}) + \sum_{i=1}^{j} \ln L(\boldsymbol{Z}_i \mid \boldsymbol{Z}_{i-1}, \boldsymbol{\psi}) + \sum_{i=1}^{j} \ln L(Y_i \mid \boldsymbol{Z}_i, \boldsymbol{\psi})
\end{aligned}
\tag{8.47}
$$

式中：$L(\boldsymbol{Z}_{0:j}, \boldsymbol{Y}_{1:j} \mid \boldsymbol{\psi})$ 为监测数据 $\boldsymbol{Y}_{1:j}$ 与设备真实退化状态的 $\boldsymbol{Z}_{0:k}$ 的联合概率密度函数。

基于上述分析可得

$$
\boldsymbol{Z}_0 \mid \boldsymbol{\psi} \sim \mathrm{N}(\hat{\boldsymbol{Z}}_{0|0}, \boldsymbol{P}_{0|0}) \tag{8.48}
$$

$$
\boldsymbol{Z}_i \mid \boldsymbol{Z}_{i-1}, \boldsymbol{\psi} \sim \mathrm{N}(\boldsymbol{A}_i \boldsymbol{Z}_{i-1}, \boldsymbol{Q}_i) \tag{8.49}
$$

$$
\boldsymbol{Q}_i = \begin{bmatrix} kE(\alpha_{j-1})\delta(S_n \mid \beta)\Delta\Lambda(t_j \mid \boldsymbol{\theta}) & 0 \\ 0 & 0 \end{bmatrix} \tag{8.50}
$$

$$
Y_i \mid X_i \sim \mathrm{N}(\boldsymbol{L}\boldsymbol{Z}_i, \sigma_{\varepsilon}^2) \tag{8.51}
$$

将式(8.48)~式(8.51)代入式(8.47)，并除去常数项，可得

$$
\begin{aligned}
L(\boldsymbol{\psi}) &= \ln P(\boldsymbol{Z}_{0:j}, \boldsymbol{Y}_{1:j} \mid \boldsymbol{\psi}) \\
&\propto -\frac{1}{2}\ln|\boldsymbol{P}_{0|0}| - \frac{1}{2}[\boldsymbol{Z}_0 - \hat{\boldsymbol{Z}}_{0|0}]^{\mathrm{T}} \boldsymbol{P}_{0|0}^{-1} [\boldsymbol{Z}_0 - \hat{\boldsymbol{Z}}_{0|0}] - \\
&\quad \frac{j}{2}\ln\sigma_{\varepsilon}^2 - \frac{1}{2\sigma_{\varepsilon}^2}\sum_{i=1}^{j}(Y_i - \boldsymbol{L}\boldsymbol{Z}_i)^2 - \frac{1}{2}\sum_{i=1}^{j}\ln|\boldsymbol{Q}_i| - \\
&\quad \frac{1}{2}\sum_{i=1}^{j}[\boldsymbol{Z}_i - \boldsymbol{A}_i\boldsymbol{Z}_{i-1}]^{\mathrm{T}} \boldsymbol{Q}_i^{-1} [\boldsymbol{Z}_i - \boldsymbol{A}_i\boldsymbol{Z}_{i-1}]
\end{aligned}
\tag{8.52}
$$

假设第 j 次迭代后退化模型参数的估计值为 $\hat{\boldsymbol{\psi}}^{(j)} = \{\hat{\boldsymbol{Z}}_{0|0}^{(j)}, \boldsymbol{P}_{0|0}^{(j)}, \beta^{(j)}, k^{(j)}, \boldsymbol{\theta}^{(j)}, \sigma_{\varepsilon}^{2(j)}\}$，基于 EM 算法，可知第 $j+1$ 次迭代的计算过程分为 E 步和 M 步。

E 步：在第 j 次估计结果 $\boldsymbol{\psi}^{(j)}$ 的基础上，对似然函数 $L(\boldsymbol{\psi})$ 求解关于隐含状态 $\boldsymbol{Z}$ 的期望，可得

$$
\begin{aligned}
E(L(\boldsymbol{\psi})) &\propto -\frac{1}{2}\ln|\boldsymbol{P}_{0|0}^{(j)}| - \frac{1}{2}\sum_{i=1}^{k}\ln|\boldsymbol{Q}_i^{(j)}| - \frac{k}{2}\ln\sigma_{\varepsilon}^{2(j)} - \\
&\quad \frac{1}{2}\mathrm{tr}\{(\boldsymbol{P}_{0|0}^{(j)})^{-1} E\{Z_0 Z_0^{\mathrm{T}} - Z_0 \hat{Z}_{0|0}^{\mathrm{T}} - \hat{\boldsymbol{Z}}_{0|0}^{\mathrm{T}} \boldsymbol{Z}_0^{\mathrm{T}} + \hat{\boldsymbol{Z}}_{0|0} \hat{Z}_{0|0}^{\mathrm{T}}\}\} - \\
&\quad \frac{1}{2}\sum_{i=1}^{k}\mathrm{tr}\left\{(\boldsymbol{Q}_i^{(j)})^{-1} E\left\{\begin{aligned}&\boldsymbol{Z}_i\boldsymbol{Z}_i^{\mathrm{T}} - \boldsymbol{Z}_i(\boldsymbol{A}_i\boldsymbol{Z}_{i-1})^{\mathrm{T}} - \boldsymbol{A}_i\boldsymbol{Z}_{i-1}\boldsymbol{Z}_i^{\mathrm{T}} + (\boldsymbol{A}_i\boldsymbol{Z}_{i-1}) \\ &(\boldsymbol{A}_i\boldsymbol{Z}_{i-1})^{\mathrm{T}}\end{aligned}\right\}\right\} - \\
&\quad \frac{1}{2\sigma_{\varepsilon}^{2(j)}}\sum_{i=1}^{k} E\{(Y_i - \boldsymbol{L}\boldsymbol{Z}_i)^{\mathrm{T}}(Y_i - \boldsymbol{L}\boldsymbol{Z}_i)\}
\end{aligned}
\tag{8.53}
$$

M 步:对式(8.53)求极大值。由于式(8.53)隐含变量较多,无法直接对其进行最大化,为此,本书采用 RTS 平滑器[125],对式(8.53)进行处理。首先,给出(RTS)后向递归过程,即

$$\boldsymbol{D}_i = \boldsymbol{P}_{i|i}\boldsymbol{A}_i^{\mathrm{T}}(\boldsymbol{P}_{i+1|i})^{-1} \tag{8.54}$$

$$\tilde{\boldsymbol{Z}}_{i|j} = \hat{\boldsymbol{Z}}_{i|i} + \boldsymbol{D}_i(\tilde{\boldsymbol{Z}}_{i+1|j} - \hat{\boldsymbol{Z}}_{i+1|i}) \tag{8.55}$$

$$\tilde{\boldsymbol{P}}_{i|j} = \boldsymbol{P}_{i|i} + \boldsymbol{D}_i(\tilde{\boldsymbol{P}}_{i+1|j} - \boldsymbol{P}_{i+1|i})\boldsymbol{D}_i^{\mathrm{T}} \tag{8.56}$$

$$\tilde{\boldsymbol{P}}_{i,i-1|j} = \boldsymbol{P}_{i|i}\boldsymbol{D}_{i-1}^{\mathrm{T}} + \boldsymbol{D}_i(\tilde{\boldsymbol{P}}_{i+1,i|j} - \boldsymbol{A}_i\boldsymbol{P}_{i|i})\boldsymbol{D}_{i-1}^{\mathrm{T}} \tag{8.57}$$

式中:$\tilde{\boldsymbol{Z}}_{i|j}$、$\tilde{\boldsymbol{P}}_{i|j}$、$\tilde{\boldsymbol{P}}_{i,i-1|j}$ 分别为 RTS 平滑器的均值、方差和协方差矩阵;i 为 RTS 后向平滑的迭代次数,$i=j,j-1,\cdots,0$;$\boldsymbol{D}_i$ 为 RTS 平滑器的滤波增益。

RTS 的基本原理是:令 $\tilde{\boldsymbol{Z}}_{i|j}$,$\tilde{\boldsymbol{P}}_{i|j}$,$\tilde{\boldsymbol{P}}_{i,i-1|j}$ 的初始值等于 KF 中设备真实退化状态的估计值,反向迭代得到退化模型参数的估计值。由此易知

$$\tilde{\boldsymbol{Z}}_{j|j} = \hat{\boldsymbol{Z}}_{j|j} \tag{8.58}$$

$$\tilde{\boldsymbol{P}}_{j|j} = \boldsymbol{P}_{j|j} \tag{8.59}$$

$$\tilde{\boldsymbol{P}}_{j,j-1|j} = \boldsymbol{A}_j\boldsymbol{P}_{j-1|j-1} - \boldsymbol{K}_j\boldsymbol{L}\boldsymbol{A}_j\boldsymbol{P}_{j-1|j-1} \tag{8.60}$$

利用 RTS 基本原理可得

$$\begin{cases} E\{\boldsymbol{Z}_i \cdot \boldsymbol{Z}_i^{\mathrm{T}}\} = \tilde{\boldsymbol{Z}}_{i|j}\tilde{\boldsymbol{Z}}_{i|j}^{\mathrm{T}} + \tilde{\boldsymbol{P}}_{i|j} \\ E\{\boldsymbol{Z}_i \cdot \boldsymbol{Z}_{i-1}^{\mathrm{T}}\} = \tilde{\boldsymbol{Z}}_{i|j}\tilde{\boldsymbol{Z}}_{i-1|j}^{\mathrm{T}} + \tilde{P}_{i,i-1|j} \\ E\{\boldsymbol{Z}_i\} = \tilde{\boldsymbol{Z}}_{i|j} \end{cases} \tag{8.61}$$

基于上述分析,可将式(8.53)转为

$$\begin{aligned} E(L(\boldsymbol{\psi})) \propto & -\frac{1}{2}\ln|\boldsymbol{P}_{0|0}^{(j)}| - \frac{1}{2}\sum_{i=1}^{k}\ln|\boldsymbol{Q}_i^{(j)}| - \frac{k}{2}\ln\sigma_\varepsilon^{2(j)} - \\ & \frac{1}{2}\mathrm{tr}\{(\boldsymbol{P}_{0|0}^{(j)})^{-1}(\tilde{\boldsymbol{Z}}_{0|k}\tilde{\boldsymbol{Z}}_{0|k}^{\mathrm{T}} - \tilde{\boldsymbol{Z}}_{0|k}\hat{\boldsymbol{Z}}_{0|0}^{\mathrm{T}} - \hat{\boldsymbol{Z}}_{0|0}\tilde{\boldsymbol{Z}}_{0|k}^{\mathrm{T}} + \hat{\boldsymbol{Z}}_{0|0}\hat{\boldsymbol{Z}}_{0|0}^{\mathrm{T}} + \tilde{\boldsymbol{P}}_{0|k})\} - \\ & \frac{1}{2}\sum_{i=1}^{k}\mathrm{tr}\{(\boldsymbol{Q}_i^{(j)})^{-1}(\boldsymbol{C}_{1,i} + \boldsymbol{C}_{2,i}\boldsymbol{A}_i^{\mathrm{T}} + \boldsymbol{A}_i\boldsymbol{C}_{2,i}^{\mathrm{T}} - \boldsymbol{A}_i\boldsymbol{C}_{3,i}\boldsymbol{A}_i^{\mathrm{T}})\} - \\ & \frac{1}{2\sigma_\varepsilon^{2(j)}}\sum_{i=1}^{k}((Y_i - \boldsymbol{L}\tilde{\boldsymbol{Z}}_{i|k})^2 + \boldsymbol{L}\tilde{\boldsymbol{P}}_{i|k}\boldsymbol{L}^{\mathrm{T}}) \end{aligned} \tag{8.62}$$

式中

$$\boldsymbol{C}_{1,i} = \tilde{\boldsymbol{Z}}_{i|k}\tilde{\boldsymbol{Z}}_{i|k}^{\mathrm{T}} + \tilde{\boldsymbol{P}}_{i|k} \tag{8.63}$$

$$\boldsymbol{C}_{2,i} = \tilde{\boldsymbol{Z}}_{i|k}\tilde{\boldsymbol{Z}}_{i-1|k}^{\mathrm{T}} + \tilde{\boldsymbol{P}}_{i,i-1|k} \tag{8.64}$$

$$\boldsymbol{C}_{3,i} = \tilde{\boldsymbol{Z}}_{i-1|k}\tilde{\boldsymbol{Z}}_{i-1|k}^{\mathrm{T}} + \tilde{\boldsymbol{P}}_{i-1|k} \tag{8.65}$$

为求 $E(L(\psi))$ 最大时对应的 $\hat{\boldsymbol{Z}}_{0|0}^{(j)}$、$\boldsymbol{P}_{0|0}^{(j)}$、$\hat{\sigma}_{\varepsilon}^{2(j)}$，可令 $E(L(\boldsymbol{\psi}))$ 关于 $\hat{\boldsymbol{Z}}_{0|0}^{(j)}$、$\boldsymbol{P}_{0|0}^{(j)}$、$\hat{\sigma}_{\varepsilon}^{2(j)}$ 的偏导数等于零。由此可得

$$\hat{\boldsymbol{Z}}_{0|0}^{(j+1)} = \tilde{\boldsymbol{Z}}_{0|j} \tag{8.66}$$

$$\boldsymbol{P}_{0|0}^{(j+1)} = \tilde{\boldsymbol{P}}_{0|j} \tag{8.67}$$

$$\hat{\sigma}_{\varepsilon}^{2(j+1)} = \frac{\sum_{i=1}^{j}((Y_i - \boldsymbol{L}\tilde{\boldsymbol{Z}}_{i|j})^2 + \boldsymbol{L}\tilde{\hat{\boldsymbol{P}}}_{i|j}\hat{\boldsymbol{L}}^{\mathrm{T}})}{j} \tag{8.68}$$

将 $\hat{\boldsymbol{Z}}_{0|0}^{(j+1)}$、$\boldsymbol{P}_{0|0}^{(j+1)}$、$\hat{\sigma}_{\varepsilon}^{2(j+1)}$ 代入式(8.62)，并采用 MATLAB 软件中基于单纯形法的 fminsearch 函数求解其最大值，即可得到参数估计值 $\hat{\beta}^{(j+1)}$、$\hat{k}^{(j+1)}$、$\hat{\boldsymbol{\theta}}^{(j+1)}$。

不断对 E 步和 M 步进行迭代，直至 $|\boldsymbol{\psi}^{(j+1)} - \boldsymbol{\psi}^{(j)}|$ 小于给定阈值停止迭代，即可得到退化模型参数的估计值。

8.4 基于比例加速退化建模的设备剩余寿命预测

8.4.1 基于 KF 算法的退化状态在线更新

8.3.2 节中已经给出了单一加速退化试验样本条件下设备退化状态的更新过程，在此不再进行重复说明。本节的重点是研究多加速退化试验样本条件下目标设备退化状态的更新方法。

加速退化试验的最终目的是测算在额定应力条件下设备的寿命或剩余寿命，其对应的预测结果需要在额定应力条件下才具备现实意义。要实现额定应力条件下对目标设备退化状态的在线更新，首先需要对目标设备所对应的性能退化数据进行折算，以使其符合额定应力条件下设备的真实退化规律。

当前，针对设备性能退化数据的折算方法主要包含两类：第一类是保持设备性能退化量的监测值不变，而将加速应力条件下的监测时间折算为额定应力下的监

测时间,也称为时间折算法;第二类是将加速应力条件下退化模型的相关参数折算到额定应力条件下,也称为参数折算法[126]。时间折算法计算简便,且受参数估计不确定的影响较小,因此本章主要采用时间折算法来对目标设备的退化数据进行折算。具体的折算过程见表 8.1。

表 8.1 退化数据折算

类型	退化量	退化时间	
目标设备监测数据为额定应力条件下退化数据	$Y^*(t) = Y(t)$	$t^* = t$	
目标设备监测数据为加速应力条件下退化数据	$Y^*(t) = Y(t)$	$t^* = \Lambda^{-1}(\frac{\lambda_{S_0}}{\lambda_{S_1}}\Lambda(t \mid \boldsymbol{\theta}) \mid \boldsymbol{\theta})$	$t^* = \Lambda^{-1}(\frac{(\sigma_B^2)_{S_0}}{(\sigma_B^2)_{S_1}}\Lambda(t \mid \boldsymbol{\theta}) \mid \boldsymbol{\theta})$

注:$Y(t)$ 和 t 表示目标设备的实际退化数据与运行时间;$Y^*(t)$ 和 t^* 表示目标设备经折算后的退化数据与运行时间;S_0 为设备的额定工作应力,S_1 为加速应力。

表 8.1 中退化时间的折算公式可通过对式(8.8)进行简单变形得到,在此不再进行详细说明。将目标设备退化数据折算到额定应力条件下后,即可进行退化状态的在线更新。

假设目标设备经折算后的退化数据 $\boldsymbol{Y}_{1:j}^* = [Y_1^*, Y_2^*, \cdots, Y_j^*]$,对的应真实退化量 $\boldsymbol{X}_{1:j}^* = [X_1^*, X_2^*, \cdots, X_j^*]$,而对应的监测时间为 $t_1^*, t_2^*, \cdots, t_j^*$。若其退化过程如式(8.13)或式(8.14)所示,则可得额定应力条件下目标设备的状态转移方程为

$$\begin{cases} X_j^* = X_{j-1}^* + \alpha_{j-1}\delta(S_0 \mid \beta)\Delta\Lambda(t_j^* \mid b) + \\ \sqrt{\alpha_{j-1}k\delta(S_0 \mid \beta)}B(\Delta\Lambda(t_j^* \mid b)) \\ \alpha_j = \alpha_{j-1} \\ Y_j^* = X_j^* + \varepsilon \end{cases} \tag{8.69}$$

式中:$\alpha_j = \alpha_{j-1}$ 表示针对同一目标设备,其对应的特征参数不随加速试验的进行而发生变化;$\Delta\Lambda(t_j^* \mid b) = \Lambda(t_j^* \mid b) - \Lambda(t_{j-1}^* \mid b)$,$t_0^* = 0$。

令

$$\hat{\boldsymbol{A}}_j = \begin{bmatrix} 1 & \delta(S_0 \mid \beta)(\Delta\Lambda(t_j^* \mid b)) \\ 0 & 1 \end{bmatrix} \tag{8.70}$$

$$Z_j = \begin{bmatrix} X_j^* \\ \alpha_j \end{bmatrix} \tag{8.71}$$

$$\boldsymbol{W}_{j-1} = \begin{bmatrix} \sqrt{\alpha_{j-1}k\delta(S_0 \mid \beta)}B(\Delta\Lambda(t_j^* \mid b)) \\ 0 \end{bmatrix} \tag{8.72}$$

$$L = [1 \quad 0] \tag{8.73}$$

进而,可将式(8.70)转换为

$$\begin{cases} \boldsymbol{Z}_j = \boldsymbol{A}_j \boldsymbol{Z}_{j-1} + \boldsymbol{W}_{j-1} \\ Y_j^* = \boldsymbol{L}\boldsymbol{Z}_{j-1} + \varepsilon \end{cases} \tag{8.74}$$

为对式(8.74)采用 KF 算法进行处理,首先需定义如下参数:

(1)真实退化状态滤波均值

$$\hat{\boldsymbol{Z}}_{j|j} = E(\boldsymbol{Z}_j | \boldsymbol{Y}_{1:j}^*) = \begin{bmatrix} E(X_j^* | \boldsymbol{Y}_{1:j}^*) \\ E(\alpha_j | \boldsymbol{Y}_{1:j}^*) \end{bmatrix} = \begin{bmatrix} \hat{X}_{j|j}^* \\ \hat{\alpha}_{j|j} \end{bmatrix} \tag{8.75}$$

(2)真实退化状态滤波方差

$$\boldsymbol{P}_{j|j} = D(\boldsymbol{Z}_j | \boldsymbol{Y}_{1:j}^*) = \begin{bmatrix} D(X_j^* | \boldsymbol{Y}_{1:j}^*) & \mathrm{Cov}(X_j^*, \alpha_j | \boldsymbol{Y}_{1:j}^*) \\ \mathrm{Cov}(X_j^*, \alpha_j | \boldsymbol{Y}_{1:j}^*) & D(\alpha_j | \boldsymbol{Y}_{1:j}^*) \end{bmatrix} \tag{8.76}$$

(3)真实退化状态一步预测均值

$$\hat{\boldsymbol{Z}}_{j|j-1} = E(\boldsymbol{Z}_j | \boldsymbol{Y}_{1:j-1}^*) = \begin{bmatrix} E(X_j^* | \boldsymbol{Y}_{1:j-1}^*) \\ E(\alpha_j | \boldsymbol{Y}_{1:j-1}^*) \end{bmatrix} = \begin{bmatrix} \hat{X}_{j|j-1}^* \\ \hat{\alpha}_{j|j-1} \end{bmatrix} \tag{8.77}$$

(4)真实退化状态一步预测方差

$$\boldsymbol{P}_{j|j-1} = D(\boldsymbol{Z}_j | \boldsymbol{Y}_{1:j-1}^*) = \begin{bmatrix} D(X_j^* | \boldsymbol{Y}_{1:j-1}^*) & \mathrm{Cov}(X_j^*, \alpha_j | \boldsymbol{Y}_{1:j-1}^*) \\ \mathrm{Cov}(X_j^*, \alpha_j | \boldsymbol{Y}_{1:j-1}^*) & D(\alpha_j | \boldsymbol{Y}_{1:j-1}^*) \end{bmatrix} \tag{8.78}$$

(5) $\boldsymbol{W}_{j-1}$ 的协方差

$$\boldsymbol{Q}_{j-1|j-1} = \begin{bmatrix} \hat{\alpha}_{j-1|j-1} k\delta(S_0 | \beta) \Delta\Lambda(t_j^* | b) & 0 \\ 0 & 0 \end{bmatrix} \tag{8.79}$$

基于上述分析,利用 KF 算法,即可实现对设备退化状态的在线更新。具体步骤如下。

(1)状态预测

$$\hat{\boldsymbol{Z}}_{j|j-1} = \hat{\boldsymbol{A}}_j \hat{\boldsymbol{Z}}_{j-1|j-1} \tag{8.80}$$

(2)协方差预测

$$\boldsymbol{P}_{j|j-1} = \boldsymbol{A}_j \boldsymbol{P}_{j-1|j-1} \boldsymbol{A}_j^{\mathrm{T}} + \boldsymbol{Q}_{j-1|j-1} \tag{8.81}$$

(3)滤波增益

$$\boldsymbol{K}_j = \boldsymbol{P}_{j|j-1} \boldsymbol{L}^{\mathrm{T}} (\boldsymbol{L}\boldsymbol{P}_{j|j-1} \boldsymbol{L}^{\mathrm{T}} + \sigma_\varepsilon^2)^{-1} \tag{8.82}$$

(4)状态更新

$$\hat{\boldsymbol{Z}}_{j|j} = \hat{\boldsymbol{Z}}_{j|j-1} + \boldsymbol{K}_j (Y_j - \boldsymbol{L} \hat{\boldsymbol{Z}}_{j|j-1}) \tag{8.83}$$

(5)协方差更新

$$\boldsymbol{P}_{j|j} = \boldsymbol{P}_{j|j-1} - \boldsymbol{K}_j\boldsymbol{L}\boldsymbol{P}_{j|j-1} \tag{8.84}$$

将采用两步极大似然估计法得到的$\hat{\mu}_\alpha$、$\hat{\sigma}_\alpha^2$作为滤波的初始值$\mu_{\alpha,0}$、$\sigma_{\alpha,0}^2$，即

$$\hat{\boldsymbol{Z}}_{0|0} = \begin{bmatrix} 0 \\ \mu_{\alpha,0} \end{bmatrix}, \boldsymbol{P}_{0|0} = \begin{bmatrix} 0 & 0 \\ 0 & \sigma_{\alpha,0}^2 \end{bmatrix} \tag{8.85}$$

则利用式(8.71)~式(8.85)，即可实现额定应力条件下目标设备退化状态的在线更新。

8.4.2 基于比例加速退化建模的剩余寿命分布推导

基于时间尺度变换的非线性维纳退化模型对应的剩余寿命概率密度函数为[127]

$$f_L(l_k) = \frac{\omega - X_j}{\sqrt{2\pi\sigma_B^2\psi\ (l_j)^3}}\exp\left(-\frac{(\omega - X_j - \lambda\psi(l_j))^2}{2\sigma_B^2\psi(l_j)}\right)\frac{\mathrm{d}\psi(l_j)}{\mathrm{d}l_j} \tag{8.86}$$

式中：$\psi(l_j) = \Lambda(t_j + l_j|\boldsymbol{\theta}) - \Lambda(t_j|\boldsymbol{\theta})$。

将比例关系模型$\sigma_B = \sqrt{\lambda k}$，加速模型$\lambda(S) = \alpha\rho(S|\beta)$以及额定应力$S_0$代入式(8.86)，可得到额定应力条件下目标设备剩余寿命的条件概率密度函数为

$$\begin{aligned} f_{L_j|\alpha_j,X_j}(l_j|\alpha_j,X_j,S_0) = &\frac{\omega - X_j}{\sqrt{2\pi k\alpha_j\delta(S_0|\beta)\psi\ (l_j)^3}}\frac{\mathrm{d}\psi(l_j)}{\mathrm{d}l_j}\times \\ &\exp\left(-\frac{(\omega - X_j - \alpha_j\delta(S_0|\beta)\psi(l_j))^2}{2k\alpha_j\delta(S_0|\beta)\psi(l_j)}\right) \end{aligned} \tag{8.87}$$

基于KL算法更新机制，可知参数α_j与目标设备真实退化量X_j满足二维正态分布，其对应的条件分布为

$$\alpha_j|\boldsymbol{Y}_{1:j} \sim \mathrm{N}(E(\alpha_j|\boldsymbol{Y}_{1:j}),D(\alpha_j|\boldsymbol{Y}_{1:j})) \tag{8.88}$$

$$\begin{aligned} X_j|\alpha_j,\boldsymbol{Y}_{1:j} \sim \mathrm{N}\Bigg(&E(X_j|\boldsymbol{Y}_{1:j}) + \frac{\mathrm{cov}(X_j,\alpha_j|\boldsymbol{Y}_{1:j})}{D(\alpha_j|\boldsymbol{Y}_{1:j})}(\alpha_j - E(\alpha_j|Y_{1:j})), \\ &DX_j|\boldsymbol{Y}_{1:j} - \frac{\mathrm{cov}(X_j,\alpha_j|\boldsymbol{Y}_{1:j})^2}{D(\alpha_j|Y_{1:j})}\Bigg) \end{aligned} \tag{8.89}$$

利用全概率公式，将式(8.88)与式(8.89)代入式(8.87)即可得到额定应力条件下目标设备剩余寿命的概率密度函数为

$$\begin{aligned} f_{L_j|S_0}(l_j|S_0,\boldsymbol{Y}_{1:j}) = &\int_{-\infty}^{+\infty}\int_{-\infty}^{+\infty} f_{L_j}(l_j|\alpha_j,X_j,S_0,\boldsymbol{Y}_{1:j})P(X_j|\alpha_j,\boldsymbol{Y}_{1:j})\cdot \\ &P(a_j|\boldsymbol{Y}_{1:j})\mathrm{d}X_j\mathrm{d}\alpha_j \end{aligned} \tag{8.90}$$

式(8.90)针对单一加速退化试验样本和多加速退化试验样本均成立,其区别仅在于采用何种数据来估计退化模型参数和更新退化状态。

8.5 算例分析

8.5.1 单台行波管实例

行波管是机载导航、雷达、电子对抗系统的核心部件,具备高可靠性、高价值、长寿命的特点。本书基于某型行波管单台加速退化试验数据进行分析,具体试验条要求如下:

(1)行波管的性能退化量选用阴极发射电流,且其加速模型满足 Exponential 模型,即 $\delta(S|\beta)=\exp(\beta S)$;

(2)加速试验类型为恒定应力加速退化试验,且加速应力为电流密度,该试验中选用加速应力为 $8\mathrm{A/cm^2}$(额定工作应力约为 $1\mathrm{A/cm^2}$);

(3)每隔 10h 对实验样本进行一次采样,共得到 1200 组数据(行波管的加速退化试验数据如图 8.3 所示);

(4)当行波管的阴极发射电流下降至初始时刻的 10%时,可认为该行波管发生失效(对应的真实寿命约为 7000h)。

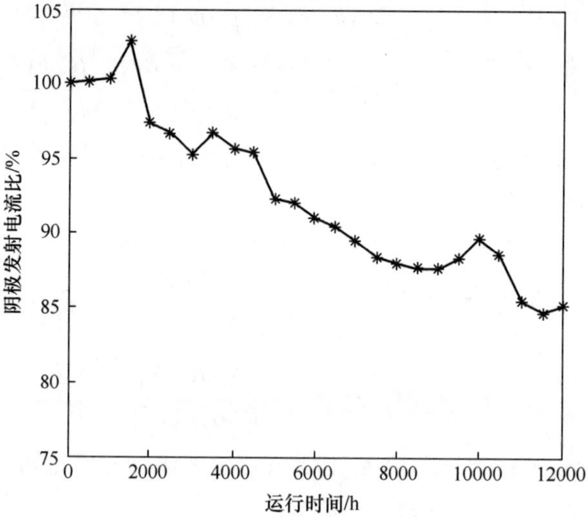

图 8.3 行波管加速退化数据

1. 退化模型参数自适应估计

由图 8.3 可以发现,行波管的退化路径具有明显的非单调特征,因而适于采用维纳过程进行建模分析。为了进一步验证使用维纳过程建模的合理性，本章使用自相关函数法来对行波管的性能退化过程进行辨识。行波管退化数据自相关函数的矩估计值如图 8.4 所示。

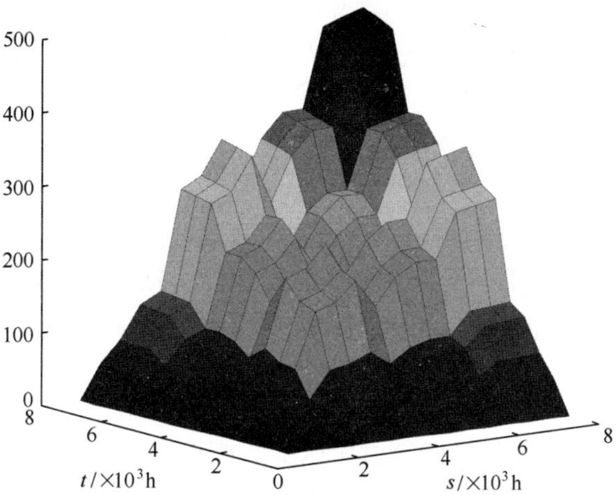

图 8.4　行波管性能退化数据自相关函数

对比图 8.4 与图 5.7 可以发现，行波管性能退化数据自相关函数矩估计与一元维纳过程自相关函数的曲线具有相似性，从而表明行波管的退化过程服从维纳过程。

工程经验表明，电子类设备退化过程近似满足幂函数[48,128-129]。为此，本书假设非线性函数 $\Lambda(t|\boldsymbol{\theta})=t^{\theta}$ 。设退化模型参数初值为 $\mu_{\alpha}=0,\sigma_{\alpha}^{2}=1,\beta=1,k=1,\theta=0,\sigma_{\varepsilon}^{2}=0$，则基于本章提出的参数自适应估计方法，即可实现对退化模型参数的自适应估计。具体估计过程如图 8.5 所示。

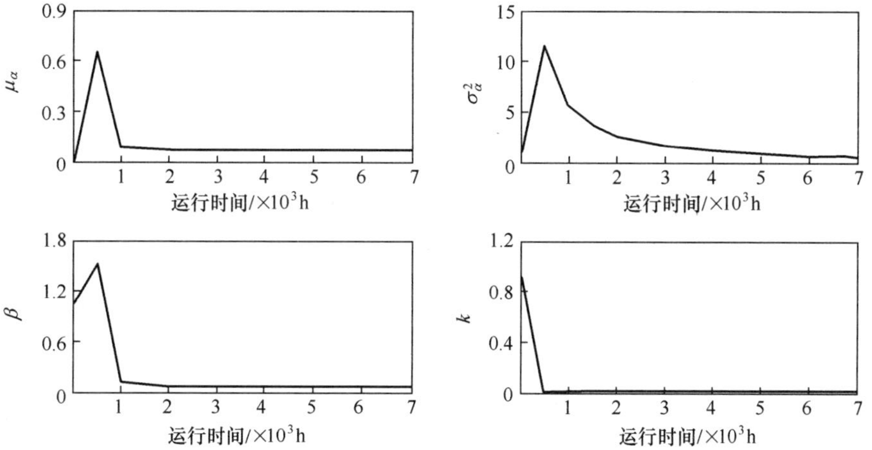

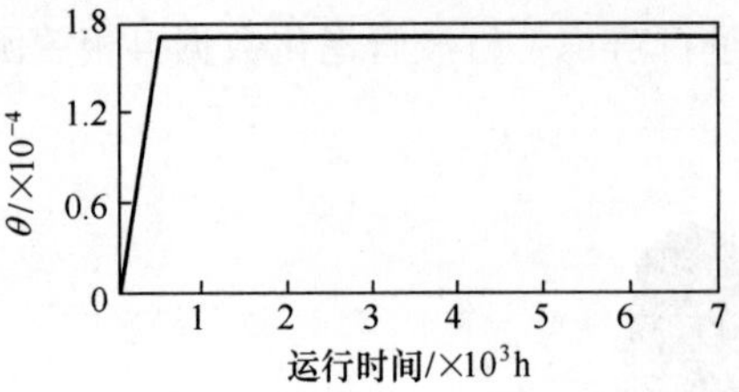

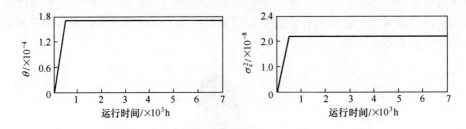

图 8.5　参数自适应估计过程

由图 8.5 可知,除 σ_{α}^{2} 外,其余退化模型参数均可以较快地收敛至稳定值,表明本书所提参数自适应估计算法具备较好的收敛性。且该算法运行算总时间约为 0.0532s(运行环境:Intel Core I7-9750H 处理器,16G 内存,Windows7 旗舰版操作系统,MATLAB 软件),表明该参数自适应估算方法具备较低的时间复杂度,拥有良好性能。

为了验证漂移系数与扩散系数成比例关系假设的合理性,将不考虑漂移系数与扩散系数比例关系的加速退化模型代入本书所提参数自适应估计方法,得到漂移系数 λ 与扩散系数 σ_{B}^{2} 的自适应参数估计值,具体如图 8.6 所示。

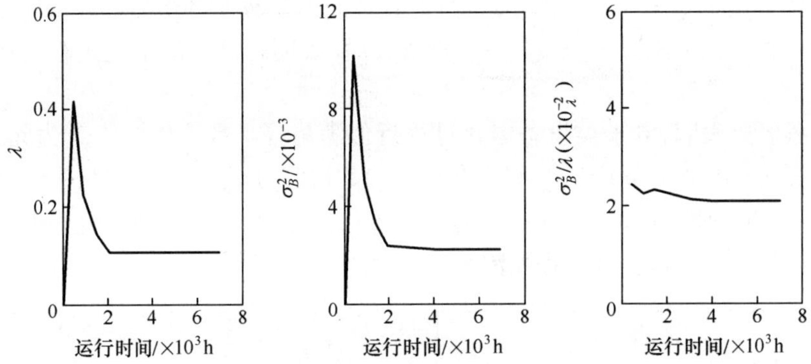

图 8.6　漂移系数与扩散系数自适应估计值

由图 8.6 可知,漂移系数与扩散系数在不同运行时刻对应的参数估计值近似满足比例关系,且比值始终在 0.021 左右浮动。上述现象说明,在加速退化模型中,漂移系数与扩散系数具有近似恒定的比例关系,从而证明了本章所提比例关系假设的合理性。

2. 剩余寿命预测

1) 退化状态在线更新

为便于分析,本书所提剩余寿命预测方法记为 M0,将文献[119]提出的不考虑漂移系数与扩散系数比例关系的剩余寿命预测方法记为 M1。采用 KF 算法对行波管退化状态进行更新,M0 与 M1 对应设备退化状态的更新结果如图 8.7 所示。

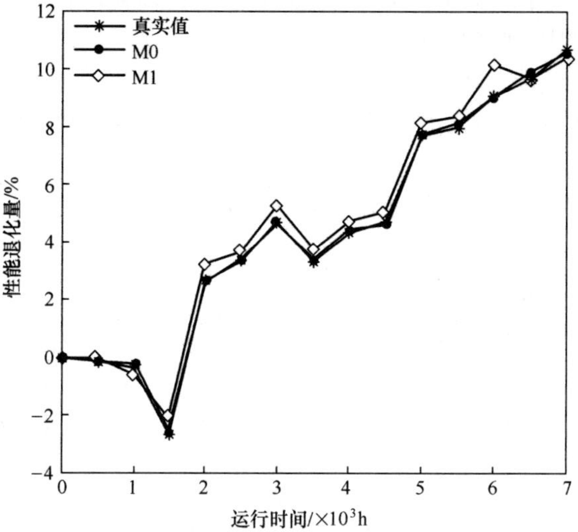

图 8.7 退化状态在线更新

图 8.7 中设备退化量的真实值,是将图 8.3 中初始时刻退化量设定为 0 后得到的。由图 8.7 可知,相较于 M1,M0 得到的设备退化状态估计值与目标设备的真实退化状态更接近,表明考虑漂移系数与扩散系数比例关系的退化模型更能反映设备在加速应力条件下的真实退化规律,具备更好的模型拟合性。为了更直观地讨论 M0 与 M1 的差异,本书给出不同方法对应退化状态预测结果的绝对误差,具体如图 8.8 所示。

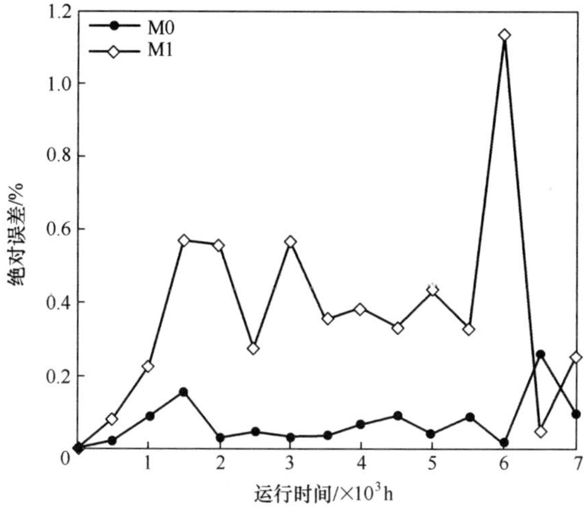

图 8.8 退化状态预测误差

由图 8.8 可知，M0 的退化状态预测误差要显著小于 M1。其原因是 M1 忽略了漂移系数与扩散系数的比例关系，导致该方法对设备退化状态进行估计的不确定性增大，进而产生了较大的误差。因此，有必要在加速退化建模过程中考虑漂移系数与扩散系数的比例关系。

2）剩余寿命预测结果

基于退化模型参数的自适应估计结果，即可实现对目标设备在额定应力条件下剩余寿命的自适应预测。一般情况下，该型行波管的正常工作应力 $S_0 \approx 1\mathrm{A/cm^2}$，其对应的剩余寿命预测曲线如图 8.9 所示。

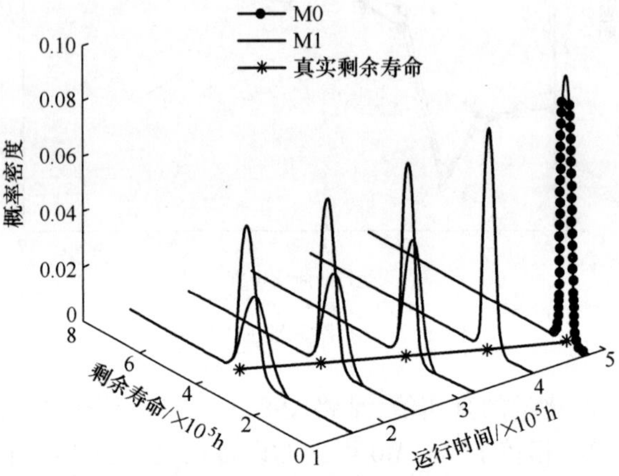

图 8.9　剩余寿命预测结果

由图 8.9 可知，M0 与 M1 对应剩余寿命概率密度函数曲线均可以包含目标设备的真实剩余寿命，但 M0 对应的剩余寿命分布曲线较 M1 明显更为集中，表明在确保剩余寿命准确预测的基础上，M0 方法具有更低的预测不确定性，预测精度更高。

进一步，令

$$(\sigma_B^2)_{M_0} = E(\alpha_k \mid \boldsymbol{Y}_{1:k}) \times \exp(\beta S_0) \times k \tag{8.91}$$

式中：$(\sigma_B^2)_{M_0}$ 等价于 M0 方法在额定应力条件下的扩散系数。

与之相对应，令 $(\sigma_B^2)_{M_1}$ 表示 M1 方法在额定应力条件下的扩散系数。而 $(\sigma_B^2)_{M_0}$ 与 $(\sigma_B^2)_{M_1}$ 的更新过程如图 8.10 所示。

由图 8.10 可知，在扩散系数的更新过程中，M0 对应的扩散系数较 M1 更小，表明 M0 的预测不确定性更低，该结论也进一步印证了图 8.9 中的结果。由此说明，本章提出的比例加速退化模型具有更好的拟合性，可以更真实地反映退化过程的时变不确定性，显著提升剩余寿命预测方法的性能。

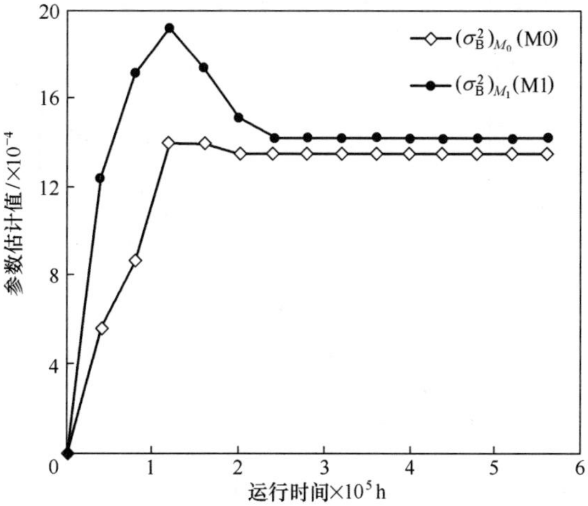

图 8.10　扩散系数更新情况对比

8.5.2　多台 MEMS 陀螺仪实例

MEMS 陀螺仪是现代导航定位系统的核心部件，在航空、航天等领域应用广泛，且具备较高的使用可靠性和较长的有效寿命。本章基于某型 MEMS 陀螺仪的步进应力加速退化数据和现场监测数据来预测目标设备的剩余寿命。其中，步进应力加速退化试验包含 4 台样本和 3 组应力（$S_1=40℃$，$S_2=70℃$，$S_3=100℃$）水平，且每组应力条件下以 10h 为间隔分别采样 50 次。现场监测数据则包含了目标设备在额定应力（$S_0=25℃$）条件下运行 180 天的全部退化数据，具体退化过程如图 8.11 与图 8.12 所示。

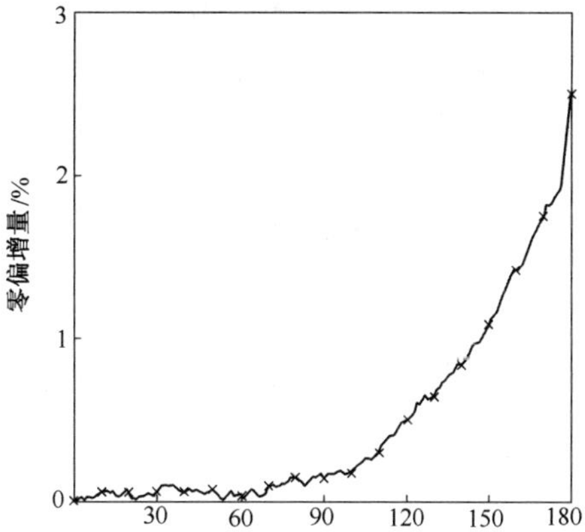

图 8.11　现场监测数据

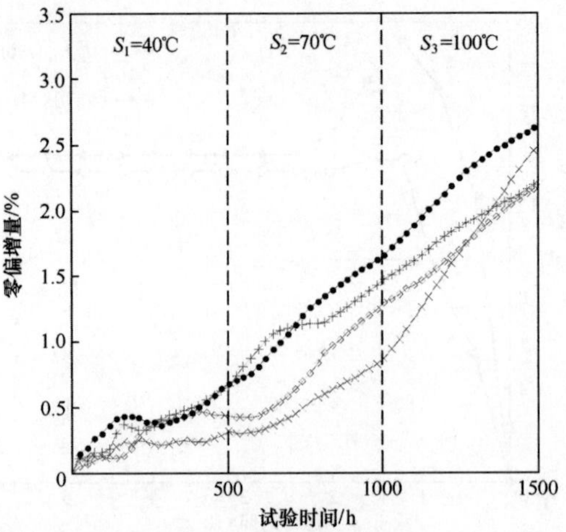

图 8.12　加速退化试验数据

1. 参数估计

从图 8.11 可以发现，MEMS 陀螺仪的退化路径具有明显的非单调特征，因而适于采用维纳过程进行建模分析。为了进一步证明维纳过程适于拟合 MEMS 陀螺仪的退化过程，本章使用自相关函数法来对目标设备的退化过程进行辨识。MEMS 陀螺仪自相关函数的矩估计值如图 8.13 所示。

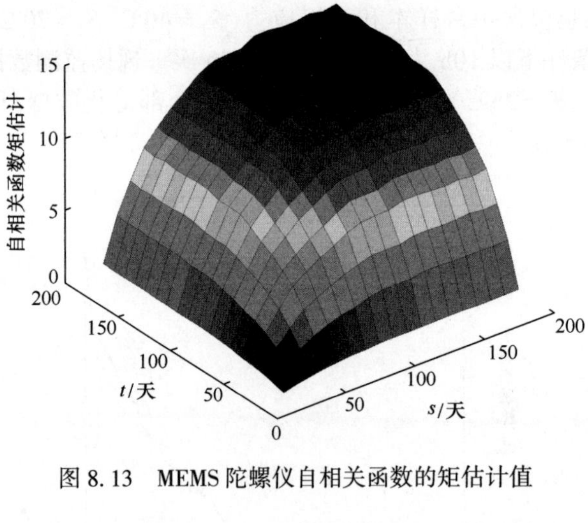

图 8.13　MEMS 陀螺仪自相关函数的矩估计值

对比图 8.13 与图 5.7，可以发现 MEMS 陀螺仪性能退化数据自相关函数矩估计与一元维纳过程自相关函数的曲线具有相似性，从而表明 MEMS 陀螺仪的退化过程服从维纳过程。

由图 8.11 与图 8.12 可知，MEMS 陀螺仪退化呈现明显的非线性特征，不妨令

$\Lambda(t|\boldsymbol{\theta})=\exp(\theta t)-1$。在实际使用过程中,MEMS 陀螺仪对温度应力较为敏感,因此本书选用 Arrhenius 模型建模 MEMS 陀螺仪的加速退化过程。利用图 8.12 所示 MEMS 陀螺仪加速退化数据,依据 8.3.1 节提出的退化模型参数估计方法,即可得到加速退化模型的参数估计值,具体见表 8.2。

表 8.2 退化模型参数估计

μ_α	0.1173	σ_α^2	2.0170×10^{-6}	β	3.7276
θ	1.5669×10^{-2}	k	0.0045	σ_ε^2	1.1802×10^{-8}

为证明漂移系数与扩散系数比例关系的真实存在,且与加速应力大小无关。在不考虑漂移系数与扩散系数比例关系的基础上,利用极大似然估计法对不同加速应力条件下的退化模型参数进行估计,具体结果见表 8.3。

表 8.3 不同应力条件下的漂移/扩散系数估计

应力	λ	σ_B^2	σ_B^2/λ
S_1	0.1149	5.5700×10^{-5}	4.8477×10^{-3}
S_2	0.1164	5.6832×10^{-5}	4.8825×10^{-3}
S_3	0.1170	6.1143×10^{-5}	5.2259×10^{-3}

由表 8.3 可知,在不同加速应力条件下,漂移系数 λ 与扩散系数 σ_B^2 呈现出较为明显的比例关系,且比值始终在 5×10^{-3} 左右浮动,与应力大小无关。进一步分析可以发现,σ_B^2/λ 的比值与本书得到的 $\hat{k}$ 估计值较为接近,从而进一步验证了本章所提比例加速退化模型的合理性。

需要说明的是,表 8.2 与表 8.3 中的参数估计结果是将图 8.12 加速退化数据时间由小时折算为天(24h)后得到的。

2. 剩余寿命预测

1) 退化状态在线更新

进一步,基于 5.4.1 节提出的退化状态在线更新方法,依据目标设备的现场监测数据,同步更新其退化状态,目标设备退化状态更新过程如图 8.14 所示。

2) 剩余寿命预测结果

一般情况下,当 MEMS 陀螺仪的零偏增量超过初始值的 2.5%时可认为其发生失效,即其失效阈值 $\omega=2.5\%$。由此可知,目标设备在 180 天时发生失效,即目标设备的真实寿命为 180 天。基于上述分析,利用 5.4.2 节提出的剩余寿命分布推导方法,即可实现对额定应力条件下目标设备剩余寿命的在线预测。为了便于对比分析,本书提出的剩余寿命预测方法和对应维修决策模型记为 M0,将文献[119]提出的不考虑漂移系数与扩散系数比例关系的剩余寿命预测方法与对应维修决策模型记为 M1,将文献[120]提出的基于漂移系数和扩散系数服从特定共轭

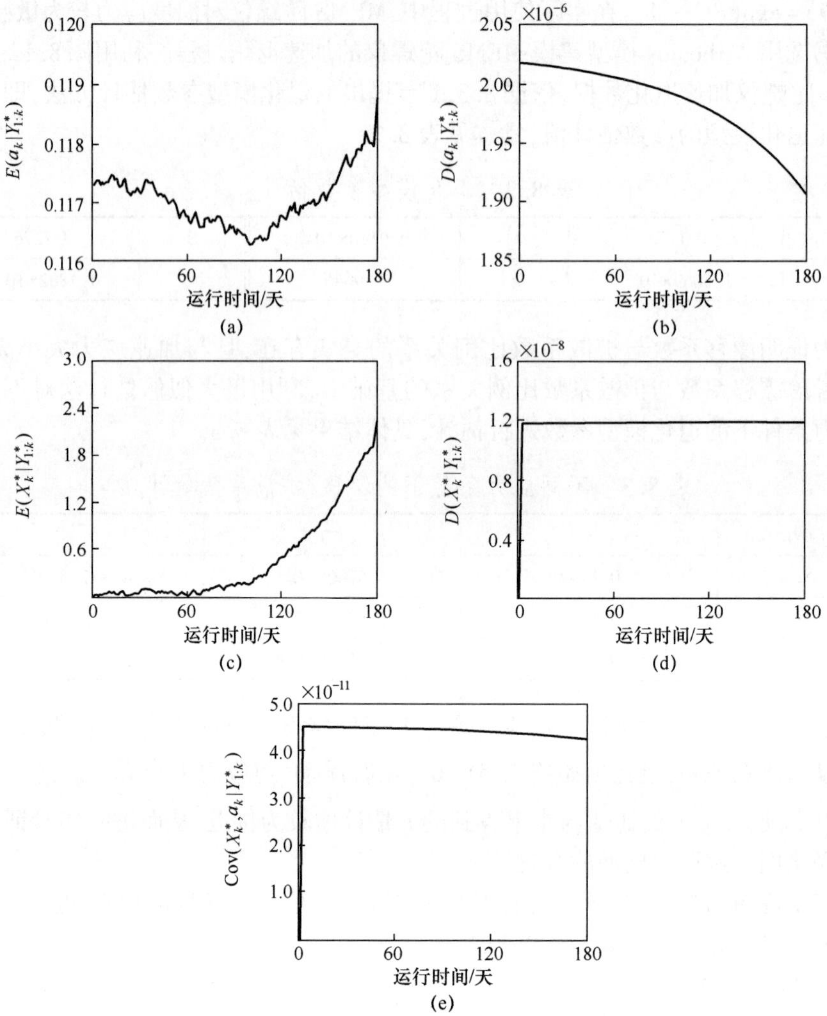

图 8.14 退化状态在线更新

先验分布假设的剩余寿命预测方法与对应维修决策模型记为 M2。根据不同方法得到的剩余寿命预测结果与 95% 预测置信区间见表 8.4。

由表 8.4 可知,在不同状态监测时刻,M0 与 M1 对应的剩余寿命预测置信区间均可以完全包含目标设备的真实剩余寿命,而 M2 对应的剩余寿命预测置信区间无法完全覆盖目标设备的真实剩余寿命,表明 M2 难以实现对剩余寿命的准确预测,这可能对后续的维修决策过程产生消极影响。其原因主要是该方法的有效性是建立在漂移系数和扩散系数满足特定共轭先验分布假设的基础上(该文献中为联合正态伽马分布),当特定共轭先验分布假设条件不能得到充分满足时,该方法的预测准确性将难以保证。

表 8.4 剩余寿命预测结果

模型	状态监测时刻/天	真实剩余寿命/天	剩余寿命预测值/天	剩余寿命 95%置信区间/天
M0	40	140	128.8	[110.0,144.0]
	80	100	92.7	[77.5,105.8]
	120	60	57.1	[42.3,67.3]
	160	20	21.8	[13.3,30.0]
M1	40	140	119.2	[88.0,142.5]
	80	100	86.2	[63.5,105.0]
	120	60	53.9	[39.0,68.0]
	160	20	21.4	[13.1,30.2]
M2	40	140	110.5	[91.5,127.3]
	80	100	75.4	[59.5,90.5]
	120	60	42.9	[30.3,55.3]
	160	20	14.6	[5.5,24.8]

进一步分析表 8.4 可以发现,M0 与 M1 的预测结果差异不大,但 M0 得到的剩余寿命预测值更接近于目标设备的真实剩余寿命,且 M0 具有更窄的预测置信区间。上述情况说明,M0 兼具更高的预测准确性与精度,具备更加优良的性能。该现象发生的原因是 M1 忽略了漂移系数与扩散系数的比例关系,使得退化模型的不确定性增大,剩余寿命预测精确性降低。

8.5.3 结论

本章主要建立了考虑漂移系数与扩散系数比例关系的加速退化模型,并就比例加速退化模型对设备剩余寿命预测结果与的影响进行了分析。本章的主要研究内容如下:

(1) 基于加速因子不变原则证明了漂移系数与扩散系数的比例关系,并将其融入传统加速退化建模,构建了具有比例关系的加速退化模型。与传统加速退化模型相比,比例加速退化建模具有更好的模型拟合性,能够更为准确地反映设备在加速应力条件下的退化规律,可以显著提升剩余寿命预测方法的性能。

(2) 针对加速退化试验仅有单一样本和多样本两种情况,分别提出了基于 EM-KF 算法的参数自适应估计方法和基于两步 MLE 算法的参数估计方法,克服了传统基于 MLE 算法和 EM 算法的参数估计方法在上述两种情况下应用的局限性,实现了对退化模型参数的准确估计。

参 考 文 献

[1] 蒲小勃．现代航空电子系统与综合[M]．北京:航空工业出版社,2013.

[2] Liao L, Köttig F. Review of Hybrid prognostics approaches for remaining useful life prediction of engineered systems, and an application to battery life prediction [J]. IEEE Transactions on Reliability, 2014, 63(1):197-207.

[3] 司小胜,胡昌华．数据驱动的设备剩余寿命预测理论及应用[M]．北京:国防工业出版社, 2016.

[4] Williard N, He W, Hendricks C, Pecht M. Lessons learned from the 787 dreamliner issue on the lithium-ion batteries reliability [J]. Energies, 2013, 6(9):4682-4695.

[5] 国务院．"十三五"国家科技创新规划[R]．北京:国务院,2016.

[6] 张彬．数据驱动的机械设备性能退化建模与剩余寿命预测研究[D]．北京:北京科技大学, 2016.

[7] 王泽洲, 陈云翔, 蔡忠义, 等．考虑随机失效阈值的设备剩余寿命在线预测[J]．系统工程与电子技术, 2019, 41(5):1162-1168.

[8] Wang W. A two-stage prognosis model in condition based maintenance[J]. European Journal of Operational Research, 2007, 182(3):1177-1187.

[9] Wei M H, Chen M Y, Zhou D H. Multi-sensor information based remaining useful life prediction with anticipated performance[J]. IEEE Transactions on Reliability, 2013, 62(1):183-198.

[10] Zio E, Compare M. Evaluating maintenance policies by quantitative modeling and analysis[J]. Reliability Engineering & System Safety, 2013, 109:53-65.

[11] 王泽洲．具有退化特征的机载设备剩余寿命预测与维修决策方法研究[D]．西安:空军工程大学,2020.

[12] Chen N, Ye Z, Xiang Y, Zhang L. Condition-based maintenance using the inverse Gaussian degradation model [J]. European Journal of Operational Research, 2015, 243(1):190-199.

[13] Zhang M M, Gaudoin O, Xie M. Degradation-based maintenance decision using stochastic filtering for systems under imperfect maintenance [J]. European Journal of Operational Research, 2015, 245(2):531-541.

[14] 蔡忠义．多种应力试验下航空设备可靠性评估方法研究[D]．西安:空军工程大学, 2016.

[15] Pecht M. Prognostics and health management of electronics [M]. New Jersey:Wiley Online Library, 2008.

[16] 胡昌华,施权,司小胜,等．数据驱动的寿命预测和健康管理技术研究进展[J]．信息与控制,2017,46(1):72-82.

[17] Lei Y, Li N, Guo L, Li N, et al. Machinery health prognostics:A systematic review from data acquisition to RUL prediction[J]. Mechanical Systems and Signal Processing, 2018, 104:799-834.

[18] Tseng K, Liang J, Chang W. Regression models using fully discharged voltage and internal resistance for state of health estimation of Lithium-Ion batteries [J]. Energies, 2015, 8(4):2889-2907.

[19] Djeziri M, Benmoussa S, Sanchez R. Hybrid method for remaining useful life prediction in wind turbine systems [J]. Renewable Energy, 2018, 116(2):173-187.

[20] Lei Y, Li N, Gontarz S, et al. A model-based method for remaining useful life prediction of machinery [J]. IEEE Transactions on Reliability, 2016, 65(3):1314-1326.

[21] Wu L, Fu X, Guan Y. Review of the Remaining useful life prognostics of vehicle lithium-ion batteries using data-driven methodologies [J]. Applied Sciences, 2016, 6(6), 166-176.

[22] Liu D, Zhou J, Pan D, et al. Lithium-ion battery remaining useful life estimation with an optimized relevance vector machine algorithm with incremental learning [J]. Measurement, 2015, 63(3):143-151.

[23] Guo L, Li N, Jia F, et al. A recurrent neural network based health indicator for remaining useful life prediction of bearings [J]. Neurocomputing, 2017, 240(3):98-109.

[24] 周东华,陈茂银,徐正国. 可靠性预测与最优维护技术[M]. 合肥:中国科学技术大学出版社,2013.

[25] Lu C, Meeker W. Using degradation measures to estimate a time-to-failure distribution [J]. Technometrics, 1993, 35(2):161-174.

[26] Yuan X, Pandey M. A nonlinear mixed-effects model for degradation data obtained from in-service inspections [J]. Reliability Engineering and System Safety, 2009, 94(2):509-519.

[27] Tang S, Yu C, Wang X, et al. Remaining useful life prediction of Lithium-ion batteries based on the Wiener process with measurement error [J]. Energies, 2014, 7(2):520-547.

[28] Son L, Fouladirad M, Barros A, et al. Remaining useful life estimation based on stochastic deterioration models:A comparative study [J]. Reliability Engineering and System Safety, 2013, 112(4):165-175.

[29] Huang J, Golubovi D, Koh S, et al. Lumen degradation modeling of white-light LEDs in step stress accelerated degradation test [J]. Reliability Engineering and System Safe, 2016, 154(10):152-159.

[30] Wang D, Zhao Y, Yang F, et al. Nonlinear-drifted Brownian motion with multiple hidden states for remaining useful life prediction of rechargeable batteries [J]. Mechanical Systems and Signal Processing, 2017, 93(9):531-544.

[31] Wang D, Tsui K. Brownian motion with adaptive drift for remaining useful life prediction:Revisited [J]. Mechanical Systems and Signal Processing, 2018, 99(1):691-701.

[32] Wang D, Tsui K L. Statistical modeling of bearing degradation signals [J]. IEEE Transactions on Reliability, 2017, 66(4):1331-1344.

[33] 唐圣金. 贮存系统的有效性评估与剩余寿命预测方法研究[D]. 西安:火箭军工程大学, 2015.

[34] Si X, Wang W, Hu C, et al. Remaining useful life estimation based on a nonlinear diffusion degradation process [J]. IEEE Transactions on Reliability, 2012, 61(1):50-67.

[35] Li N, Lei Y, Guo L, et al. Remaining useful life prediction based on a general expression of stochastic process models [J]. IEEE Transactions on Industrial Electronics, 2017, 64(7):5709-5718.

[36] Bae S, Yuan T, Ning S, et al. A Bayesian approach to modeling two-phase degradation using

change-point regression [J]. Reliability Engineering and System Safety, 2015, 134(2):66-74.

[37] Peng C, Tseng S. Mis-specification analysis of linear degradation models [J]. IEEE Transactions on Reliability, 2009, 58(3):444-455.

[38] Ye Z, Xie M. Stochastic modeling and analysis of degradation for highly reliable products [J]. Applied Stochastic Models in Business and Industry, 2014, 31(1):16-32.

[39] Zhai Q. Ye Z. RUL Prediction of deteriorating products using an adaptive Wiener process model [J]. IEEE Transactions on Industrial Informatics, 2017, 13(6):2911-2921.

[40] Wang X, Balakrishnan N, Guo B. Residual life estimation based on a generalized Wiener process with skew-normal random effects [J]. Communications in Statistics-Simulation and Computation, 2014, 45(6):2158-2181.

[41] Huang Z, Xu Z, Ke X, et al. Remaining useful life prediction for an adaptive skew-Wiener process model [J]. Mechanical Systems and Signal Processing, 2017, 87(3):294-306.

[42] Whitmore G. Estimating degradation by a wiener diffusion process subject to measurement error [J]. Lifetime Data Analysis, 1995, 1(3):307-319.

[43] Zhai Q, Ye Z. Robust degradation analysis with non-Gaussian measurement Errors [J]. IEEE Transactions on Instrumentation and Measurement, 2017, 66(11):2803-2812.

[44] Tang S, Guo X, Yu C, et al. Real time remaining useful life prediction based on nonlinear Wiener based degradation processes with measurement errors [J]. Journal of Central South University, 2014, 21(12):4590-4517.

[45] Lei Y, Li N, Lin J. A new method based on stochastic process models for machine remaining useful life prediction [J]. IEEE Transactions on Instrumentation and Measurement, 2016, 65(12):2671-2684.

[46] Si X, Wang W, Hu C, et al. Estimating remaining useful life with three-source variability in degradation modeling [J]. IEEE Transactions on Reliability, 2014, 63(1):167-190.

[47] Zheng J, Si X, Hu C, et al. A nonlinear prognostic model for degrading systems with three-source variability [J]. IEEE Transaction on Reliability, 2016, 65(2):736-750.

[48] Feng L, Wang H, Si X, et al. A state-space-based prognostic model for hidden and age-dependent nonlinear degradation process [J]. IEEE Transactions on Automation Science and Engineering, 2013, 10(4):1072-1086.

[49] 郑建飞, 胡昌华, 司小胜,等. 考虑不完全维护影响的随机退化设备剩余寿命预测[J]. 电子学报, 2017, 45(7):1740-1749.

[50] 裴洪, 胡昌华, 司小胜,等. 不完全维护下基于剩余寿命预测信息的设备维护决策模型[J]. 自动化学报, 2018, 44(4):719-729.

[51] Wang Z, Hu C, Si X, et al. Remaining useful life prediction of degrading systems subjected to imperfect maintenance: Application to draught fans [J]. Mechanical Systems and Signal Processing, 2018, 100:802-813.

[52] 蔡忠义, 陈云翔, 张诤敏,等. 非线性步进加速退化数据的可靠性评估方法[J]. 北京航空航天大学学报, 2016, 42(3):576-582.

[53] Ye Z, Chen N, Shen Y. A new class of Wiener process models for degradation analysis [J]. Reliability Engineering and System Safety, 2015, 139(7):58-67.

[54] Hao S, Yang J, Berenguer C. Nonlinear step - stress accelerated degradation modeling considering three sources of variability [J]. Reliability Engineering and System Safety, 2018, 172(1):207-215.
[55] Cai Z, Chen Y, Zhang Q, et al. Residual lifetime prediction model of nonlinear accelerated degradation data with measurement error [J]. Journal of Systems Engineering and Electronics, 2017, 28(5):1028-1038.
[56] Huang Z, Xu Z, Wang W, et al. Remaining useful life prediction for a nonlinear heterogeneous Wiener process model with an adaptive drift [J]. IEEE Transactions on Reliability, 2015, 64(2):687-700.
[57] Li N, Lei Y, Lin J, et al. An improved exponential model for predicting remaining useful life of rolling element bearings [J]. IEEE Transactions on Industrial Electronics, 2015, 62(12):7762-7773.
[58] 孙国玺, 张清华, 文成林, 等. 基于随机退化数据建模的设备剩余寿命自适应预测方法[J]. 电子学报, 2015, 43(6):1119-1126.
[59] 蔡忠义, 陈云翔, 李韶亮, 等.考虑随机退化和信息融合的剩余寿命预测方法[J]. 上海交通大学学报, 2016, 50(11):1778-1783.
[60] Gebraeel N, Lawley M, Li R, et al. Residual-life distributions from component degradation signals: A Bayesian approach [J]. IIE Transactions, 2005, 37(6):543-557.
[61] Si X, Wang W, Hu C, et al. A Wiener-process-based degradation model with a recursive filter algorithm for remaining useful life estimation [J]. Mechanical Systems and Signal Processing, 2013, 35(1-2):219-237.
[62] 阙子俊, 金晓航, 孙毅. 基于 UKF 的轴承剩余寿命预测方法研究[J]. 仪器仪表学报, 2016, 37(9):2036-2043.
[63] Jiang R. Optimization of alarm threshold and sequential inspection scheme[J]. Reliability Engineering and System Safety. 2010, 95(3):208-215.
[64] Ye Z S, Wang Y, Tsui K-L, et al. Degradation data analysis using Wiener processes with measurement errors[J], IEEE Transactions on Reliability. 2013, 62(4):772-780.
[65] Wang Y, Ye Z S, Tsui K L. Stochastic evaluation of magnetic head wears in hard disk drives [J]. IEEE Transactions on Magnetics. 2014, 50(5):1-7.
[66] Wang X L, Jiang P, Guo B, et al. Real-time reliability evaluation based on damaged measurement degradation data[J]. Journal of Central South University, 2012, 19(11):3162-3169.
[67] Wang W B, Carr M, Xu W J, et al. A model for residual life prediction based on Brownian motion with an adaptive drift[J]. Microelectronics Reliability, 2011, 51(2):288-293.
[68] Peng W, David W. Reliability and degradation modeling with random or uncertain failure threshold[J]. Institute of Electrical and Electronics Engineers, 2007:392-397.
[69] Jiang R, Jardine A K S. Health state evaluation of an item: A general framework and graphical representation[J]. Reliability Engineering & System Safety, 2008, 93(1):89-99.
[70] Jiang R. A multivariate CBM model with a random and time-dependent failure threshold[J]. Reliability Engineering & System Safety, 2013, 119:178-185.
[71] Usynin A, Hines J W, Urmanov A. Uncertain failure thresholds in cumulative damage models

[C]// Proceedings of the Reliability and Maintainability Symposium, 2008 RAMS 2008 Annual. Las Vegas:IEEE, 2008:334-340.

[72] Wang W B, Carr M, Xu W J, et al. A model for residual life prediction based on Brownian motion with an adaptive drift[J]. Microelectronics Reliability, 2011, 51(2):288-293.

[73] Huang J B, Kong D J, Cui L R. Bayesian reliability assessment and degradation modeling with calibrations and random failure threshold[J]. Journal of Shanghai Jiaotong University, 2016, 21(4):478-483.

[74] Wei M H, Chen M Y, Zhou D H. Multi-sensor information based remaining useful life prediction with anticipated performance[J]. IEEE Transactions on Reliability, 2013, 62(1):183-198.

[75] Tang S J, Yu C Q, Feng Y B, et al. Remaining useful life estimation based on Wiener degradation processes with random failure threshold[J]. Journal of Central South University, 2016, 23:2230-2241.

[76] 王前程. 基于信息融合的加速退化贝叶斯模型建模方法研究[D]. 北京:北京航空航天大学, 2013.

[77] 赵宇. 可靠性数据分析教程[M]. 北京:北京航空航天大学出版社, 2009.

[78] 彭宝华. 基于维纳过程的可靠性建模方法研究[D]. 长沙:国防科学技术大学,2010.

[79] Lawless J, Crowder M. Covariates and random effects in a Gamma process model with application to degradation and failure [J]. Lifetime Data Analysis, 2004,10(3):213-227.

[80] Tsai C C, Tseng S T, Balakrishnan N. Mis-Specification Analyses of Gamma and Wiener Degradation Processes [J]. Journal of Statistical Planning and Inference, 2011, 141(12):3725-3735.

[81] 金光. 基于退化的可靠性技术:模型、方法及应用[M]. 北京:国防工业出版社,2014.

[82] 中国人民解放军总装备部. 装备可靠性工作通用要求 GJB 451A-2005[S]. 北京:军标出版发行部,2005.

[83] Nelson M B. Accelerated testing:statistical models, test plans and data analysis [M]. New York:John Wiley& Sons, 1990.

[84] Liao C M, Tseng S T. Optimal Design for Step-Stress Accelerated Degradation Tests [J]. IEEE Transactions on Reliability, 2006, 55(1):59-66.

[85] 潘正强,周经伦,彭宝华. 基于维纳过程的多应力加速退化试验设计[J]. 系统工程理论与实践,2009, 29(8):64-71.

[86] 王立志. 基于多源信息的寿命预测技术研究[D]. 北京:北京航空航天大学, 2014.

[87] Sung K. Hong. Compensation of nonlinear thermal bias drift of Resonant Rate Sensor using fuzzy logic [J]. Sensors and Actuators, 1999, 78(2):143-148.

[88] 冯丽爽, 南书志, 金靖. 光纤陀螺温度建模及补偿技术研究[J]. 宇航学报, 2006, 27(5):939-94.

[89] 王立志,李晓阳,姜同敏,等. 基于 ADT 数据的 SLD 温度建模方法研究[J]. 红外与激光工程, 2011, 40(10):1904-1909.

[90] 向东. 强噪声背景下弱信号特征提取的小波分析[D]. 武汉:武汉大学,2003.

[91] 茆诗松. 寿命数据中的统计模型与方法[M]. 中国统计出版社, 1998.

[92] 赵宇. 可靠性数据分析[M]. 国防工业出版社,2012.
[93] Dempster A P, Laird N M, Rubin D B. Maximum likelihood from incomplete data via the EM algorithm [J]. Journal of the Royal Statistical Society Series B(Methodological), 1977, 39(1): 1-38.
[94] 韩崇昭,朱洪艳,段战胜. 多源信息融合:第 2 版[M]. 北京:清华大学出版社,2010.
[95] 郑建飞, 胡昌华, 司小胜,等. 考虑不确定测量和个体差异的非线性随机退化系统剩余寿命估计[J]. 自动化学报,2017,43(2):259-270.
[96] Meeker W Q, Escobar L A. Statistical methods for reliability data [M]. Hoboken: John Wiley & Sons, 1998.
[97] Wang X, Lin S, Wang S,et al. Remaining useful life prediction based on the Wiener process for an aviation axial piston pump [J]. Chinese Journal of Aeronautics, 2016, 29(3):779-788.
[98] 司小胜, 胡昌华, 张琪, 等. 不确定退化测量数据下的剩余寿命估计[J]. 电子学报, 2015, 43(1):30-35.
[99] Cai Z Y, Chen Y X, Zhang Q, et al. Remaining lifetime prediction for nonlinear degradation device with random effect [J]. Journal of systems engineering and electronics, 2018, 29(5): 1101-1110.
[100] Agogino A, Goebel K. Mill Data Set [DB/OL]. USA:NASA, 2007. http://ti. arc. nasa. gov/ project/ prognostic-data-repository.
[101] 彭宝华, 周经伦, 潘正强. 维纳过程性能退化产品可靠性评估的 Bayesian 方法[J]. 系统工程理论与实践, 2010, 30(3):543-549.
[102] 王小林, 郭波, 程志君. 基于分阶段 Wiener-Einstein 过程设备的实时可靠性评估[J]. 中南大学学报(自然科学版), 2012, 43(2):534-540.
[103] Ng H K T, Chan P S, Balakrishnan N. Estimation of parameters from progressively censored data using EM algorithm[J]. Computational Statistics and Data Analysis, 2002, 69:371-386.
[104] Wang Z Z, Chen Y X, Cai Z Y, et al. Methods for predicting the remaining useful life of e-quipment in consideration of the random failure threshold[J]. Journal of Systems Engineering and Electronics, 2020, 31(2):415-431.
[105] David R I, Fabrizio R, Michael P W. Bayesian analysis of stochastic process model[M]. New York:Wiley, 2012.
[106] 王梓坤. 随机过程通论:第 3 版[M]. 北京:北京师范大学出版社, 2010.
[107] Chen C, Lu N Y, Jiang B, et al. Condition-based maintenance optimization for continuously monitored degrading systems under imperfect maintenance actions[J]. Journal of Systems Engineering and Electronics, 2020, 31(4):841-851.
[108] Lall P, Wei J, Goebel K. Comparison of Lalman-filter and extended Kalman-filter for prognostics health management of electronics[C]// Thermal and Thermomechanical Phenomena in Electronic Systems (ITherm), 2012 13th IEEE Intersociety Conference on IEEE, 2012.
[109] Saxena A, Celaya J, Saha B, et al. Evaluating algorithm performance metrics tailored for prognostics[C]// Aerospace conference,IEEE, 2009.
[110] 陈循, 张春华, 汪亚顺,等. 加速寿命试验技术与应用[M]. 国防工业出版社,2013.
[111] 陈循, 张春华. 加速试验技术的研究、应用与发展[J]. 机械工程学报,2009, 45(8):

130-136.
[112] 姜同敏. 可靠性试验技术[M]. 北京:北京航空航天大学出版社,2012.
[113] 姜同敏. 可靠性与寿命试验[M]. 北京:国防工业出版社,2012.
[114] Ye Z, Wang Y, Tsui K L, et al. Degradation data analysis using Wiener processes with measurement errors [J]. IEEE Transactions on Reliability, 2013, 62(4):772-780.
[115] 唐圣金,郭晓松,周召发,等. 步进应力加速退化试验的建模与剩余寿命估计[J]. 机械工程学报, 2014, 50(16):33-40.
[116] 蔡忠义,陈云翔,张诤敏,等. 非线性步进加速退化数据的可靠性评估方法[J]. 北京航空航天大学学报,2015, 41(3):576-582.
[117] Whitmore G A, Schenkelberg F. Modelling accelerated degradation data using Wiener diffusion with a time scale transformation[J]. Lifetime Data Analysis, 1997, 3(1):27-45.
[118] Liao H, Elsayed E A. Reliability inference for field conditions from accelerated degradation testing[J]. Naval Research Logistics, 2006, 53(6):576-587.
[119] Liu H Z, Huang J C, Guan Y H, et al. Accelerated degradation model of nonlinear Wiener process based on fixed time index[J]. Mathematics, 2019, 7(5):416:1-16.
[120] Wang H W, Xu T X, Wang W Y. Remaining life prediction based on Wiener processes with ADT prior information[J]. Quality and Reliability Engineering International, 2016, 32(3):753-765.
[121] Pieruschka E. Relation between lifetime distribution and the stress level causing failure LMSD-400800[R]. Lockheed Missile and Space Division, Sunnyvale, California, 1961.
[122] 蔡忠义, 郭建胜, 陈云翔, 等. 基于步进加速退化建模的剩余寿命在线预测[J]. 系统工程与电子技术, 2018, 40(11):218-223.
[123] He D J, Tao M Z. Statistical analysis for the doubly accelerated degradation Wiener model:An objective Bayesian approach[J]. Applied Mathematical Modelling, 2020, 77:378-391.
[124] Peng C Y, Tseng S T. Progressive-stress accelerated degradation test for highly-reliable products[J]. IEEE Transactions on Reliability, 2010, 59(1):30-37.
[125] Jazwinski A H. Stochastic Processes and filtering theory[M]. New York, USA, Academic Press:1970.
[126] 王浩伟. 加速退化数据建模与统计分析方法及工程应用[M]. 北京:科学出版社, 2019.
[127] 王小林. 基于非线性维纳过程的产品退化建模与剩余寿命预测研究[D]. 长沙:国防科技大学, 2013.
[128] Wang H, Ma X B, Zhao Y. An improved Wiener process model with adaptive drift and diffusion for online remaining useful life prediction[J]. Mechanical Systems and Signal Processing, 2019, 127:370-387.
[129] Wang W, Christer A H. Towards a general condition-based maintenance model for a stochastic dynamic system[J]. The Journal of the Operational Research Society, 2000, 51(2):145-155.